本书受国家自然基金"社会网络中藏语话题情感分析和主题词分析"项目（No.61672553）
与国家科技支撑计划"少数民族网络舆情综合分析与云服务关键技术研究
及应用示范"项目（No.2014BAK10B03）资助

算法设计与优化

SUANFA SHEJI YU YOUHUA

邱莉榕　胥桂仙　翁　彧◎编著

中央民族大学出版社
China Minzu University Press

图书在版编目（CIP）数据

算法设计与优化/邱莉榕，胥桂仙，翁彧编著.—北京：中央民族大学出版社，
2016.12（2017.9重印）

ISBN 978-7-5660-1296-8

Ⅰ．①算… Ⅱ．①邱… ②胥… ③翁… Ⅲ．①算法设计 Ⅳ．①TP301.6

中国版本图书馆 CIP 数据核字（2016）第 285003 号

算法设计与优化

编　　著	邱莉榕　胥桂仙　翁　彧
责任编辑	满福玺
封面设计	汤建军
出 版 者	中央民族大学出版社
	北京市海淀区中关村南大街 27 号　　　邮编：100081
	电话：68472815（发行部）　传真：68932751（发行部）
	68932218（总编室）　　　68932447（办公室）
发 行 者	全国各地新华书店
印 刷 者	北京盛华达印刷有限公司
开　　本	787×1092（毫米）　1/16　印张：17.25
字　　数	365 千字
版　　次	2016 年 12 月第 1 版　2017 年 9 月第 3 次印刷
书　　号	ISBN 978-7-5660-1296-8
定　　价	60.00 元

前　　言

　　计算机科学技术发展迅速，已经深入各行各业，应用到各个领域。它有效地解决了各种应用中的数值计算问题，同时也有效地解决了文本处理、信息检索、数据库管理、语音识别、图像识别、人工智能、机器学习、网络信息挖掘等非数值的数据处理问题。随着互联网技术和信息技术的飞速发展，电子数据与日俱增，如何有效地进行编程和算法分析已成为人们研究的热点问题。算法分析与设计是研究各种数据结构的逻辑存储、物理存储及各种算法的时间复杂度、空间复杂度分析的课程，有助于程序员更有效地组织数据、设计高效的算法、完成高质量的程序，以满足错综复杂的实际需要。

　　算法设计与优化是计算机学科的必修课程，具有理论性、抽象性、实践性。它涵盖了计算机学科中的数值分析、操作系统、编译原理等课程所涉及的相关算法。数据结构和算法分析与设计在计算机学科中的地位十分重要，是操作系统、软件工程、数据库概论、编译技术、计算机图形学、人机交互、数据挖掘等专业基础课和专业课程的先修课程。

　　本书包括算法设计与优化的基本概念、基本结构、基本算法三大部分，共 10 章。第一部分是线性表、栈、队列、树、图这些基本的数据结构，讲解这些数据结构的物理结构、逻辑结构及基本操作。第二部分是查找、排序、复杂算法介绍，分析各种算法的优劣。第三部分是分类算法、聚类算法介绍，讲解数据挖掘中的经典算法。本书各章节内容相对独立，以便针对不同专业和不同层次的需求组织授课内容，同时便于读者根据实际需要选择相关内容进行学习。本书还可供从事计算机应用工作的工程技术人员和编程爱好者参考。

　　本书采用类 C 语言描述各种算法，深入分析每种算法，内容全面，缜密严格，适合作为计算机相关专业本科生的数据结构课程、研究生算法分析课程和数据挖掘课程教材。数据结构课程可以使用本书第 1～7 章，算法分析与设计课程可使用第 1～7 章、第 10 章，数据挖掘课程可使用第 8～10 章。

　　本书受国家自然基金"社会网络中藏语话题情感分析和主题词分析"项目（No.61672553）与国家科技支撑计划"少数民族网络舆情综合分析

1

与云服务关键技术研究及应用示范"项目（No.2014BAK10B03）资助。

本书在编写过程中，得到了杨国胜、翁彧等多位教师的大力支持，本书也得到了余佳、姚海申、李杰、王长志、张惠丽、齐琦、陈碧荣、徐亚等同学的帮助，特此感谢。

　　由于作者水平有限，书中的不妥之处在所难免，敬请读者批评指正。

编者
2016 年 11 月 20 日

目　　录

第一章　绪论

目前，计算机已深入到社会生活的各个领域，其应用已不再仅仅局限于科学计算，而更多的是用于控制、管理及数据处理等非数值计算领域。计算机科学是一门研究用计算机进行信息表示和处理的科学。这里面涉及两个问题，即信息的表示和信息的处理。

信息的表示和组织又直接关系到处理信息程序的效率。应用问题的不断复杂化，导致信息量剧增与信息范围的拓宽，使许多系统程序和应用程序的规模很大，结构又相当复杂。因此，必须分析待处理问题中对象的特征及各对象之间存在的关系，这就是高级算法设计这门课所要研究的问题。

编写解决实际问题程序的一般过程：如何用数据形式描述问题，即由问题抽象出一个适当的数学模型；问题所涉及的数据量大小及数据之间的关系；如何在计算机中存储数据及体现数据之间的关系？处理问题时需要对数据作何种运算？所编写的程序的性能是否良好?上面所列举的问题基本上也是由高级算法设计这门课程来回答的。

著名的计算机科学家 N.沃思提出了一个有名的公式：算法+数据结构=程序。由此可见，数据结构和算法是程序的两大要素，二者相辅相成，缺一不可。一种数据结构的优劣是在实现其各种运算的算法中体现的。对数据结构的分析实质上也就是对实现其多种运算的算法的分析。下面我们就分别来介绍数据结构与算法。

1.1 什么是数据结构

1.1.1 什么是数据结构

算法与数据结构是计算机科学中的一门综合性专业基础课，是介于数学、计算机硬件、计算机软件三者之间的一门核心课程，它不仅是一般程序设计的基础，而且是设计和实现编译程序、操作系统、数据库系统及其他系统程序和大型应用程序的重要基础，下面我们通过具体的例子来认识数据结构。

例：首先分析学籍档案类问题。设一个班级有 50 个学生，这个班级的学籍表如表 1-1 所示。

表 1-1　学籍表

序号	学号	姓名	性别	英语	数学	物理
01	20160301	李明	男	86	91	80
02	20160302	马琳	男	76	83	85
……	……	……	……	……	……	……
50	20160350	刘薇薇	女	88	93	90

我们可以把表 1-1 中每个学生的信息看成一个记录，表中的每个记录又由 7 个数据项组成。该学籍表由 50 个记录组成，记录之间是一种顺序关系。这种表通常称为线性表，数据之间的逻辑结构称为线性结构，其主要操作有检索、查找、插入或删除等。

又如，对于学院的行政机构，可以把该学院的名称看成树根，把下设的若干个系看成它的树枝，把每个系分出的若干专业方向看成树叶，这样就形成一个树形结构，如图 1-1 所示。

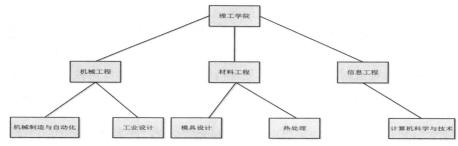

图 1-1　专业设置

树中的每个结点可以包含较多的信息，结点之间的关系不再是顺序的，而是分层、分叉的结构。树形结构的主要操作有遍历、查找、插入或删除等。最后分析交通问题。如果把若干个城镇看成若干个顶点，再把城镇之间的道路看成边，它们可以构成一个网状的图（如图 1-2 所示），这种关系称为图形结构或网状结构。在实际应用中，假设某地区有 5 个城镇，有一调查小组要对该地区每个城镇进行调查研究，并且每个城镇仅能调查一次，试问调查路线怎样设计才能以最高的效率完成此项工作？这是一个图论方面的问题。交通图的存储和管理确实不属于单纯的数值计算问题，而是一种非数值的信息处理问题。

图 1-2　交通示意图

1.1.2 基本概念和术语

数据（Data）：是客观事物的符号表示。在计算机科学中指的是所有能输入到计算机中并被计算机程序处理的符号的总称。

数据元素（Data Element）：是数据的基本单位，在程序中通常作为一个整体来考虑和处理。

一个数据元素可由若干个数据项（Data Item）组成。数据项是数据的不可分割的最小单位。数据项是对客观事物某一方面特性的数据描述。

数据对象（Data Object）：是性质相同的数据元素的集合，是数据的一个子集。如字符集合 C={ 'A'，'B'，'C'，……} 。

数据结构（Data Structure）：是指相互之间具有（存在）一定联系（关系）的数据元素的集合。元素之间的相互联系（关系）称为逻辑结构。数据元素之间的逻辑结构有四种基本类型，如图 1-3 所示。

（1）集合：结构中的数据元素除了"同属于一个集合"外，没有其他关系。

（2）线性结构：结构中的数据元素之间存在一对一的关系。

（3）树形结构：结构中的数据元素之间存在一对多的关系。

（4）图状结构或网状结构：结构中的数据元素之间存在多对多的关系。

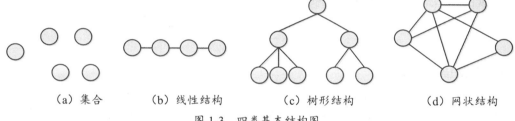

（a）集合　　　（b）线性结构　　　（c）树形结构　　　（d）网状结构

图 1-3　四类基本结构图

1.1.3 数据结构的存储方式

数据结构在计算机内存中的存储包括数据元素的存储和元素之间的关系的表示。元素之间的关系在计算机中有两种不同的表示方法：顺序表示和非顺序表示。由此得出两种不同的存储结构：顺序存储结构和链式存储结构。

顺序存储结构：用数据元素在存储器中的相对位置来表示数据元素之间的逻辑结构（关系）。

链式存储结构：在每一个数据元素中增加一个存放另一个元素地址的指针（pointer），用该指针来表示数据元素之间的逻辑结构（关系）。

例如有数据集合 A={3.0, 2.3，5.0 ，-8.5 ，11.0} ，对应两种不同的存储结构。顺序结构：数据元素存放的地址是连续的；链式结构：数据元素存放的地址是否连续没有要求。

数据的逻辑结构和物理结构是密不可分的，一个算法的设计取决于所选定的逻辑结构，而算法的实现依赖于所采用的存储结构。

1.2 算法描述与分析

1.2.1 什么是算法

在解决实际问题时，当确定了数据的逻辑结构和存储结构之后，需进一步研究与之相关的一组操作（也称运算），主要有插入、删除、排序、查找等。为了实现某种操作（如查找），常常需要设计一种算法。算法（Algorithm）是对特定问题求解步骤的一种描述，是指令的有限序列。描述算法需要一种语言，可以是自然语言、数学语言或者是某种计算机语言。算法一般具有下列 5 个重要特性：

（1）输入：一个算法应该有零个、一个或多个输入。

（2）有穷性：一个算法必须在执行有穷步骤之后正常结束，而不能形成无穷循环。

（3）确定性：算法中的每一条指令必须有确切的含义，不能产生多义性。

（4）可行性：算法中的每一个指令必须是切实可执行的，即原则上可以通过已经实现的基本运算执行有限次来实现。

（5）输出：一个算法应该至少有一个输出，这些输出是同输入有特定关系的量。

1.2.2 算法描述工具

如何选择描述数据结构和算法的语言是十分重要的问题。传统的描述方法是用 PASCAL 语言。在 Windows 环境下涌现出一系列功能强大、面向对象的描述工具，如 Visual C++，Borland C++，Visual Basic，Visual FoxPro 等。近年来在计算机科学研究、系统开发、教学以及应用开发中，C 语言的使用越来越广泛。因此，本教材采用 C 语言进行算法描述。为了能够简明扼要地描述算法，突出算法的思路，而不拘泥于语言语法的细节，本书有以下约定：

（1）问题的规模尺寸用 MAXSIZE 表示，约定在宏定义中已经预先定义过，例如：#define MAXSIZE 100。

（2）数据元素的类型一般写成 ELEMTP，可以认为在宏定义中预先定义过，例如：#define ELEMTP int 在上机实验时根据需要，可临时用其他某个具体的类型标识符来代替。

（3）一个算法要以函数形式给出：类型标识符函数名（带类型说明的形参表）{语句组}例如：

```
int add （int a，int b）{int c;
c=a+b;
```

```
return（c）；
}
```

除了形参类型说明放在圆括号中之外，在描述算法的函数中其他变量的类型说明一般省略不写，这样使算法的处理过程更加突出明了。

（4）关于数据存储结构的类型定义以及全局变量的说明等均应在写算法之前进行说明。

下面的例子给出了书写算法的一般步骤。

例 1-1：有 n 个整数，将它们按由大到小的顺序排列，并且输出。

分析：n 个数据的逻辑结构是线性表（a1，a2，a3，……，an）；选用一维数组作存储结构。每个数组元素有两个域：一个是数据的序号域，一个是数据的值域。

```
struct node
{int num; /*序号域*/
int data; /*值域*/
}
/*算法描述*/
void simsort（struct node a [MAXSIZE]， int n）/*数组 a 的数据由主函数提供*/
{
int i，j，m;
for（i=1;i<n;i++）
for（j=1;j<=n;j++）
if（a[i].data<a[j].data）
{m=a[i];a[i]=a[j];a[j]=m;}
for（i=i;i<=n;i++）
printf（"%8d %8d %10d\n"，i，a[i].num，a[j].data）；
}
```

1.2.3 算法分析技术初步

评价一个算法应从四个方面进行：正确性、简单性、运行时间、占用空间。但主要看这个算法所要占用机器资源的多少。而在这些资源中时间和空间是两个最主要的方面，因此算法分析中最关心的也就是算法所需的时间代价和空间代价。

1.空间

算法的空间代价（或称空间复杂性），是指当问题的规模以某种单位由 1 增至 n 时，解决该问题的算法实现所占用的空间也以某种单位由 1 增至 f（n），并称该算法的空间代价是 f（n）。存储空间一般包括三个方面：指令常数变量所占用的存储空间；输入数据所占用的存储空间；辅助（存储）空间。一般地，算法的空间复杂度指的是辅助空间。一维数组 a[n] 的空间复杂度为 O（n）；二维数组 a[n][m] 的空间复杂度为 O（n*m）。

2.时间

（1）语句频度（Frequency Count）：指的是在一个算法中该语句重复执行的次数。

（2）算法的渐近时间复杂度（Asymptotic Time Complexity）：算法中基本操作重复执行的次数依据算法中最大语句频度来估算，它是问题规模 n 的某个函数 f(n)，算法的时间量度记作 T（n）=O（f（n）），表示随着问题规模 n 的增大，算法执行时间的增长率和 f(n) 的增长率相同，称作算法的渐近时间复杂度，简称时间复杂度。时间复杂度往往不是精确的执行次数，而是估算的数量级。它着重体现的是随着问题规模的增大，算法执行时间增长的变化趋势。

1.2.4 常用算法实现及分析

例 1-2：在下列三个程序段中：

（a）　x=x+1;

（b）　for（i=1;i<=n;i++）　x=x+1;

（c）　for（j=1;j<=n;j++）

for（k=1;k<=n;k++）　x=x+1;

语句 x=x+1 的频度分别为 1、n 和 n2，则（a）、（b）、（c）的时间复杂度分别是 O（1）、O（n）、O（n2）。由此可见，随着问题规模的增大，其时间消耗也在增加。下面以（c）程序段为例，进行时间复杂度的分析。

步骤 1：把所有语句改为基本操作。

j=1; 1

a: if j<=n n+1

{k=1; n*1

b: if k<=n n*（n+1）

{

x=x+1; n*n

k++; n*n

goto b;

}

j++; n*1

goto a;

}

步骤 2：分析每一条语句的频度，标到每条语句后边，如上。

步骤 3：统计总的语句频度：$1+n+1+n+n（n+1）+n2+n2+n=3n2+4n+2$。

步骤 4：判断最大语句频度为 n^2，所以时间复杂度为 O（n^2）。其中 O 表示等价无穷小。

现在来分析例 1-1 中算法的时间复杂度。算法中有一个二重循环，if 语句的执行频度为 n+（n－1）+（n－2）+…+3+2+1＝2n/（n +1）数量级为 O（n²）。算法中输出语句的频度为 n，数量级为 O（n）。该算法的时间复杂度以 if 语句的执行频度来估算（忽略输出部分），则记为 O（n²）。算法还可能呈现的时间复杂度有指数阶 O（lbⁿ）等。

参考文献

[1] 严蔚敏，吴伟民，.数据结构（C 语言版）[M].清华大学出版社，2011.

[2] 夏克俭.数据结构与算法[M].国防工业出版社，2014.

[3] Gotlieb C C，　Gotlieb L R. Data Types and Structures[M]. Prentice-Hall Inc，1978.

[4] Clifford A Shaffer 著，张铭，刘晓丹译.数据结构与算法分析[M].电子工业出版社，2014.

[5] Wirth N. Algorithms ＋ Dada Structures= Programs[M]. Prentice-Hall1，Inc，1976.

第二章　线性表

2.1 线性表定义和基本运算

2.1.1 线性表定义

　　线性表[1]（linear-list）是一个含有 n 个数据元素的有限序列，它是最常用且最简单的一种数据结构。线性表每个数据元素既可以是由若干个数据项组成，也可以是单个数据项，每个数据元素必须具有相同内部结构即具有相同数据类型，相邻数据元素之间存在着序偶关系。线性表中数据元素个数是有限的，不容许为无限；序列是指线性表中数据元素的先后位置关系，而不是一定要有序（由大到小或由小到大）。线性表可表示为：

$$L = (e_1, e_2, ..., e_{i-1}, e_i, e_{i+1}, ...e_n) \qquad (2.1)$$

　　其中 e_i 表示第 i（i =1，2，…，n）个数据元素；e_1 称为表头（或头结点），e_n 称为表尾（或尾结点）；n（n≥0）为线性表 L 的长度，表示数据元素的数目。表长度为 0 的线性表称为空表。

　　在线性表中，数据元素 e_{i-1} 领先于 e_i，称 e_{i-1} 是 e_i 的前驱，e_{i+1} 紧排在 e_i 之后，称 e_{i+1} 是 e_i 的后继。除了第一个元素外，每个数据元素有且仅有一个直接前驱，除了最后一个元素外，每个元素有且仅有一个直接后继。线性表 L 用图表示如图 2-1 所示。

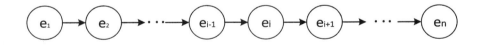

图 2-1　线性表

　　图 2-1 中箭头表示数据元素在逻辑上的邻接关系，而不考虑存储层次，逻辑上线性表是一条直线状态，所以称为"线性"表。

　　逻辑结构[2]表示数据之间的相互关系，与计算机结构无关。数据并不是孤立存在的，只有弄清数据之间的相互关系，计算机才能更好地处理加工数据。从逻辑上可以将数据结构分为线性的，即一对一关系（1:1）和非线性的，即一对多关系（1:n）或多对多关系（n: m）。数据的逻辑结构不同，处理数据的算法也不同。

　　物理结构[2]表示数据在计算机内部如何存储。线性表有两种存储结构，即顺序在不同的问题中，数据元素代表的具体含义不同，它可以是一个数字、一个字符，也可以是一句话，甚至其他更复杂的信息。例如：

线性表 L1：（12，　58，　45，　2，　45，　46），其元素为数字；

线性表 L2：（a，　g，　r，　d，　s，　t），其元素为字母。

在更复杂的线性表中，一个数据元素可以由若干个数据项组成，这时常把数据元素称为记录，含有大量记录的线性表称为文件。

2.1.2 线性表基本运算

线性表是一个相当灵活的数据结构，即可对数据元素进行访问，也可以进行插入和删除操作等。线性表的基本运算[3]有：

（1）INITIATE （&L）：初始化运算。该函数用于设定一个空的线性表 L。

（2）SETNULL（&L）：置空表。该函数用于将 L 重置为空表。

（3）LENGTH （L）：求表长度。该函数返回给定线性表 L 中数据元素的个数。

（4）GET（L，　I，　&x）：取结点操作。若 $1 \leq i \leq$ Length（L），则函数值为给定线性表中第 i 个数据元素，用 x 返回所取元素的值，否则为空元素 NULL。

（5）LOCATE（L，x）：定位操作。如果线性表中存在和 x 相等的数据元素，则返回该数据元素的位序。若满足条件的元素不唯一，则返回最小的位序。

（6）INSERT（&L，　I，　x）：插入元素操作。若 $1 \leq i \leq$ Length（L）+1，则在线性表 L 中第 i 个元素之前插入新结点 x。

（7）DELETE（&L，　i）：删除元素操作。若 $1 \leq i \leq$ Length（L），则删除线性表 L 中第 i 个元素。

（8）EMPTY （L）：判断表是否为空函数。若 L 为空表，则返回值为 1（表示"真"），否则返回值为 0（表示"假"）。

（9）PRIOR （L，　x）：求前驱函数。当 x 在线性表 L 中，且其位序大于 1，则函数值为 x 的直接前驱，否则为空元素。

（10）NEXT（L，　x）：求后继函数。当 x 在线性表 L 中，且其位序小于 Length（L），　则函数值为 x 的直接后继，否则为空元素。

利用这些基本运算还可实现对线性表的各种复杂操作。如将两个线性表进行合并，重新复制一个线性表，对线性表中的元素按某个数据项递增（或递减）的顺序重新排序等。

例 2-1 利用两个线性表 LA 和 LB 分别表示两个集合 A 和 B，求集合 A=AUB。

$$LA=（3，7，9，12，8）$$
$$LB=（8，4，5，10，13）$$

基本思想是：依次处理 LB 中每一个元素 b_i （i=1，2，3，…），查 LA 中是否存在 b_i，若无，则将 b_i 插入到 LA 中。

算法描述如下：

/*　算法描述 2.1　*/

```
void union（List  &LA， List LB）
  // 将所有在线性表 Lb 中但不在 La 中的数据元素插入到 La 中
{
    n=LENGTH（LA）; m= LENGTH（LB） ;
    for （i=1;i <= m ; i++ ）
    {
      x=GET（LB，i）;      //取出 bi//
      if（LOCATE（LA，x，equal）!=0）    //LA 中存在和 bi 相同的元素//
      {
          INSERT（LA，n++，x）;
      }
    }
}
```

其算法复杂度为 O（LENGTH（LA）×LENGTH（LB） ）。

例 2-2 已知两个线性表 LA 和 LB 中的数据元素按值非递减有序排列，现要求将 LA 和 LB 归并为一个新的线性表 LC，且 LC 中的数据元仍按值非递减有序排列。

$$LA=（3，7，9，12，8）$$
$$LB=（8，4，5，10，13）$$

则

$$LC=（3，4，5，7，8，8，9，10，12，13）$$

算法描述如下：

```
/*  算法描述 2.2   */
void MergeList（List La， List Lb， List &Lc）
  // 已知线性表 La 和 Lb 中的元素按值非递减排列。
  // 归并 La 和 Lb 得到新的线性表 Lc，Lc 的元素也按值非递减排列。
{
    int i=1，  j=1， k=0;
    INITIATE （Lc）;
    n= LENGTH （La）；  m = LENGTH （Lb）;
    while （(i <= n) && （j <= m） ）             // La 和 Lb 均非空
    {
      GET （La，i， ai）;
      GET （Lb，j， bj）;
      if （ai <= bj） {
          INSERT （Lc， ++k， ai）;
          ++i;
      }
      else{
          INSERT （Lc， ++k， bj）;
```

```
        ++j;
    }
}
while （i <= n） {
    GET （La, i++, ai）; INSERT （Lc, ++k, ai）;
}
while （j <= m） {
     GET （Lb, j++, bj）; INSERT （Lc, ++k, bj）;
}
}
```

其时间复杂度为 O（LENGTH（LA）×LENGTH（LB）　）。

在这些基本运算的基础上，可以解决更复杂的问题。基本运算的实现完全取决于存储结构。不同的存储方式，基本运算的实现效益也不同。

2.2 线性表顺序存储结构

在计算机内，线性表可以用不同的方式来存储。其中最简单、最常用的方式就是顺序存储，即用一组连续的存储单元依次存放线性表中的元素。这种顺序存储的线性表称为顺序表，又叫向量[4]。

假设线性表每个元素占 s 个存储单元，并以其所占的第一个单元的存储地址作为数据元素的存储位置，则线性表中第 i+1 个元素的存储位置 Loc（a_{i+1}）和第 i 个数据元素的存储位置 Loc（a_i）之间满足下列关系[1]：Loc（a_{i+1}） = Loc（a_i） + s。

设线性表的起始位置（或称基址）是 Loc（a_1），因每个元素所占用的空间大小相同，则元素 ai 的存放位置为：

$$Loc（a_i） = Loc（a_1） +s*（i-1）$$

由此可见，线性表的顺序存储结构是用数据元素在计算机内"物理位置相邻"来表示数据元素之间的逻辑相邻关系，其特点是向量中逻辑上相邻的结点在计算机的存储结构中也相邻，如图 2-2 所示。

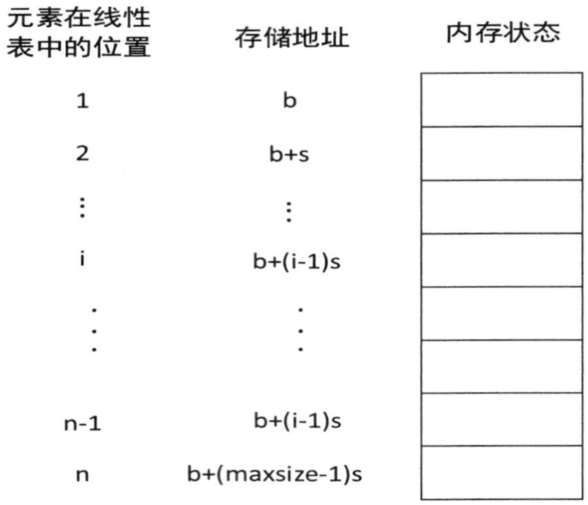

图 2-2　线性表的顺序存储结构示意图

可以看出，只要知道了线性表的基地址，便可确定线性表中任一数据元素的地址，从而对可随机存取，所以线性表的顺序存储结构是一种随机存取的存储结构[5]。

在 c 语言中，顺序表的存储结构描述如下：

define maxsize 10　　　//最大允许长度
typedef　**int**　datatype;
typedef struct
{　　**datatype**　data[maxsize+1];　　//存储数组
　　int last;　　　　　　　　//终端结点在数组的位置
　} Sequenlist;

上述描述方法，将线性表顺序存储结构中的信息封装隐藏在类型 Sequenlist 结构中。data 数组描述了线性表中数据元素占用的空间，数组中第 i 个分量就是线性表中第 i 个数据元素。last 描述了当前表中数据元素的个数即表长。

构造一个空的顺序表，算法描述如下：

```
/*   算法描述 2.3   */
Sequenlist  * InitList （）
{       Sequenlist * L ;
        L= （ Sequenlist * ） malloc （ sizeof（Sequenlist） ） ;
        L->last =0;
        return （L） ;
}
```

时间复杂度 T（n）=O（1）。

由此也可以创建一个含有具体内容的顺序表，其算法描述如下：

```
/*  算法描述 2.4   */
Sequenlist *creat（） //创建一个有具体内容的顺序表
{
    Sequenlist * L; Int i=1，n;
    L=InitList（）；
    printf（"请插入数据，以 0 结束\n"）;
    scanf（"%d"，&n）;
    while（data!=0 && L->last<maxsize）{
        L->data[i]=n;
        i=i++;
        L->last++;
        scanf（"%d"，&n）;
    }
    return（L）;
}
```

说明：在 C 语言中，数组的下标是从 0 开始的，但为了算法描述方便，本章节中凡涉及数组的算法，规定下标从 1 开始，这样，读者可不必考虑下标为 0 的数组元素。

顺序表中定位操作的算法描述如下：

```
/*  算法描述 2.5   */
int Locate  （Sequenlist *L，  Datatype x）
{
    int   i=1;
    while  （(i<L->last)  &&  （L->data[i]!=x）)
        i++;
    if  （i<=L->last）
        return  （i）;
    else
        return  （0 ）;
}
```

若线性表 L 中存在值和 x 相等的数据元素 ai，则需进行 i（1≤i≤L.last） 次比较，否则，进行 L.last 次比较，直至 i 超出表长。所以该算法的时间复杂度为 O（n）。

之前提到了线性表的插入操作，其指的是在线性表的第 i 个数据元素之前插入一个新的数据元素，即将 $e_i \sim e_n$ 依次后移，在第 i 个位置上插入如图 2-3 所示，线性表长度变为 n+1。即将

$$(e_1, e_2, ..., e_{i-1}, e_i, ..., e_n)$$

变为

$$(e_1, e_2, ..., e_{i-1}, x, e_i, ..., e_n)$$

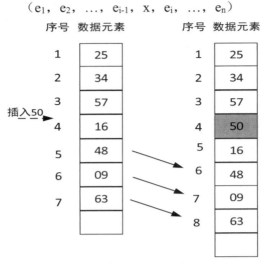

图 2-3 顺序表的插入操作过程

显然数据元素 e_i 和 e_{i+1} 的逻辑关系发生了变化，对向量而言，逻辑上相邻的数据元素在物理位置上也相邻，因此，必须将第 i （i<n+1）至第 n 个元素依次向后移一个位置，空出位置放入 x，才能反映这个逻辑关系上的变化。

其算法描述如下：

```
/*  算法描述 2.6  */
int Insert （ Sequenlist *L， Datatype x， int i ）
    //在表中第 i 个位置插入新元素 x
{
    if （i < 1|| i > L->last +1|| L->last == maxsize）
        return 0;              //插入不成功
    else {
        for （j = L->last; j > =i; j--） {
            L->data[j+1] = L->data[j];
        }
        L->data[i] = x;
        L->last++;
        return 1;              //插入成功
    }
}
```

可以看出顺序表中进行数据插入操作其时间主要耗费在移动元素上，所以可通过移动次数来衡量其时间复杂度。

最好的情况，插入在第n+1个位置上，移动次数为0,时间复杂度为T(n)=O(1)。

最坏的情况，插入在首位，数据元素需移动 n 次，时间复杂度为 T（n）=O（n）。

假设 pi 是在第 i 个元素之前插入一个元素的概率，则在长度为 n 的线性表中插入一个元素时所需移动元素次数的期望值（平均次数）为：

$$E_s = \sum_{i=1}^{n+1} p_i(n-i+1) \qquad （2.2）$$

假定在线性表的任何位置上插入元素都是等概率的，即

$$p_i = \frac{1}{n+1}$$

则式（2.2）可化为下式：

$$E_s = \frac{1}{n+1} \sum_{i=1}^{n+1} (n-i+1) = \frac{1}{n+1}(n+\cdots+1+0) = \frac{1}{n+1}\frac{n（n+1）}{2}$$

$$= \frac{n}{2} \qquad （2.3）$$

故插入操作算法的平均时间复杂度为 O（n）。

下面讨论线性表的删除操作在顺序存储表示时的实现方法。

删除操作指的是删除线性表中的第 i（i<n）个数据元素，即将 $e_i \sim e_n$ 依次前移，线性表长度变为 n-1。即将

$$（e_1，e_2，\ldots，e_{i-1}，e_i，e_{i+1}\ldots，e_n）$$

变为

$$（e_1，e_2，\ldots，e_{i-1}，e_{i+1}，\ldots，e_n）$$

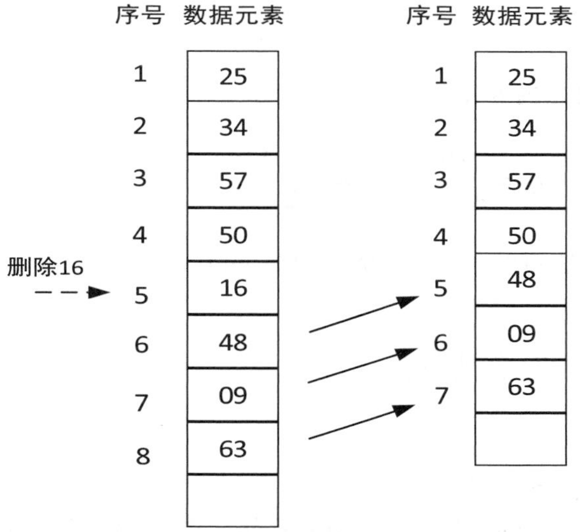

图 2-4 顺序表的删除操作过程

与向量的插入运算道理相同，当删除线性表中第 i 个元素时，也改变了原数据间的逻辑关系，故需将第 i+1（i<n+1）至第 n 个元素依次向前移一个位置来反映这

个变化。

算法描述如下：

```
/*  算法描述 2.7  */
 int Delete  (  Sequenlist *L,   int i  )
 {
     //在表中删除节点 i
     if  (  i <1 || i >L->last)
         return 0;
     for  (  j = i+1; j <=L->last; j++  )
         L->data[j-1] = L->data[j];
     L->last = L->last -1;
     return 1;                          //成功删除
 }
```

同样以元素移动次数来衡量算法时间复杂度。

最好的情况，删除表尾，移动次数为 0，时间复杂度为 T（n）=O（1）。

最坏的情况，删除首位，数据元素需移动 n-1 次，时间复杂度为 T（n）=O（n）；

假设 q_i 是删除第 i 个元素的概率，则在长度为 n 的线性表中删除一个元素时所需移动元素次数的期望值（平均次数）为：

$$E_l = \sum_{i=1}^{n} q_i(n - i) \qquad (2.4)$$

同样，假定在线性表的任何位置上删除元素都是等概率的，即

$$q_i = \frac{1}{n}$$

则式（2.4）可化为下式：

$$E_l = \sum_{i=1}^{n} q_i(n - i) = \frac{1}{n} \frac{(n - 1)n}{2} = \frac{n - 1}{2} \qquad (2.5)$$

故删除操作算法的平均时间复杂度为 O（n）。

2.3 线性表链式存储结构

2.3.1 单向线性链表

1. 单链表及其存储结构

与线性表的顺序存储结构不同，链式存储结构用一组任意的存储单元（可以是连续的，也可以是不连续的）来存储线性表的数据元素[6]。为表示相邻数据元素之间的逻辑关系，将每个存储结点分为两个域：数据域用来存放一个数据元素的自身

信息；指针域用来存放该数据元素直接后继的存储位置。这样，可以通过指针域中存放的信息（称为指针或链）将 n 个结点连接成一个链表，即成为线性表的链式存储结构[1]。由于这种存储结构中每个结点只有一个指针域，故又将其称为线性单链表或单向链表。n 个结点（e_i（$1 \leq i \leq n$））连接成一个链表，即为线性表

$$（e_1，e_2，\ldots，e_i，\ldots，e_n）$$

的链式存储结构。

图 2-5 给出了线性表（A，B，C，D）的链式存储结构。由于最后一个元素没有直接后继，则其结点的指针域应为"空"（NULL）。另外，由图 2-5 可以看出，头指针指向链表中第一个结点的存储位置，每个元素的存储位置都包含在其直接前驱结点的指针域中，因此，单向链表的存取必须从头指针开始，它是一种非随机存取的存储结构。

头指针head	存储地址	内存状态	
		数据域	指针域
2000H	2000H	A	2002H
	2002H	B	2006H
	⋮	⋮	⋮
	2006H	C	3205H
	⋮	⋮	⋮
	3205H	D	NULL

图 2-5　单向链表的存储结构示意图

用线性链表表示线性表时，数据元素之间的逻辑关系由结点中的指针指示，故逻辑上相邻的数据元素其物理位置不要求紧邻，这与线性表的顺序存储结构完全不同[7]。

我们在使用链表时往往只关心它所表示的数据元素之间的逻辑顺序，而不关心每个元素在存储器中的实际位置。因此，为了分析方便，把链表画成用箭头相连接的结点的序列，结点之间的箭头表示链域中的指针，　如图 2-5 可画成图 2-6 所示的形式。

head

图 2-6　单向链表的逻辑状态

由以上叙述可知，单链表可由头指针唯一确定，用 c 语言可描述为：

typedef　int datatype;
typedef struct Node　　　　//链表结点
　{　datatype　data;　　　//结点数据域

```
        struct Node    *next;          //结点链域
    }Linklist;
    LinkList    *list;                 //链表头指针
```

其中 datatype 可根据需要用 char、double 等类型来代替；当然这里的数据域也可以是一个记录（如学生记录）。

一个单向链表对应一个头指针 head，head 是一个 LinkList 类型的变量，即它是一个指向 Node 类型结点的指针变量，并指向单向链表的第 1 个结点，通过它可以访问该单向链表。若头指针为"空"（即 head=NULL），则表示一个空表。

一般在单向链表中附加一个头结点，其指针域指向链表的第一个结点，而其数据域可以存储一些如链表长度之类的附加信息，也可以什么都不存储。这样，链表的头指针将指向头结点。如图 2-7 所示，表空的条件是头结点的指针域为"空"，即 head->next=NULL。

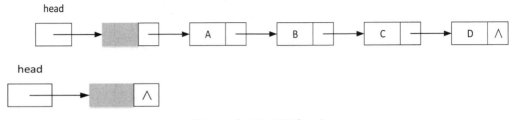

图 2-7 带头结点的单链表

创建不带表头结点的单链表，其算法描述如下：

```
/*  算法描述 2.8   */
    Linklist *creatLink（  ）         //利用头插法建立单链表
    {
        char ch;      Linklist   *head，  *s;
        head=NULL;                     //建立一个空表
        ch=getchar（）;
        while（ch!='$'）
          {
            s=（Linklist *）malloc（sizeof（Linklist））; //生成新结点
            s->data=ch;                //存储数据元素
            s->next=head;
            head=s；     //插入表头
            ch=getchar（）；
          }
        return（ head）;
    }
```

上面算法中引用了 C 语言的标准函数 malloc（）。设 s 为 Linklist 型变量，则执行 s=（Linklist）malloc（sizeof （Linklist）） 的作用是向系统申请一个 Linklists 型的结点，同时让 s 指向该结点。

此外，我们也可以用一维数组来描述线性链表，称为静态链表[8]。存储结构可描述为：

#define　MAXSIZE = 100;　　　//静态链表的最大长度
typedef struct {
　　ElemType　data;
　　int　cur;　　//游标，代替指针指示结点在数组中的位置
} component，SLinkList[MAXSIZE];

使用数组来描述线性链表的目的是为了在不设指针类型的高级程序设计语言中使用链表结构。在静态链表中，数组的一个分量表示一个节点，同时用游标（指示器 cur）代替指针指示结点在数组中的相对位置。数组的第零分量可看成头结点，其指针域指示链表的第一个结点。

图 2-8 中用静态链表表示如下：

0		1
1	A	2
2	B	3
3	C	4
4	D	0
5		

图 2-8　静态链表示例

这种存储结构仍需要预先分配一个较大的空间，但在作线性表的插入和删除操作时不需移动元素，仅需修改指针，故仍具有链式存储结构的主要优点。

2. 单链表上的基本运算

（1）创建带有头结点的单链表

● 头插法创建带有头结点的单链表

算法描述如下：

```
/*  算法描述 2.9  */
Linklist *creat （Linklist &L， int n ）
// 输入 n 个数据元素的值，建立带头结点的单链表 L
{
    Linklist  p;
    int i;
    L = （Linklist） malloc （ sizeof （Linklist） ）;
    L->next = NULL; // 先建立一个带头结点的空链表
```

```
    for  ( i = n; i > 0; i-- )
    {
        p = （Linklist） malloc （ sizeof （Linklist） ）;
        scanf （"%d" , &p->data ）;
        p->next = L->next;
        L->next = p;
    }
}
```

● 尾插法创建带有头结点的单链表

基本思想是：首先建立一个空表：

然后依次将新结点插入到链表的尾部：

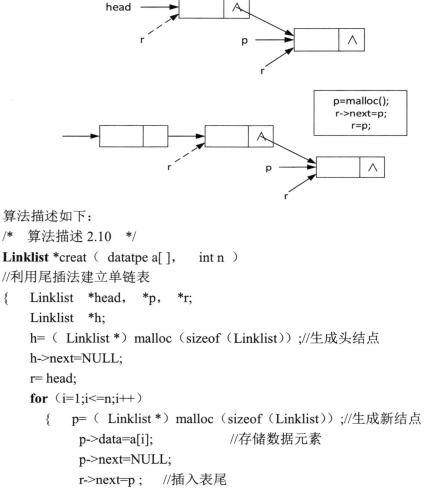

算法描述如下：

/* 算法描述 2.10 */

Linklist *creat （ datatpe a[ ],   int n ）

//利用尾插法建立单链表

```
{   Linklist  *head， *p， *r;
    Linklist   *h;
    h=（ Linklist *） malloc （sizeof （Linklist））;//生成头结点
    h->next=NULL;
    r= head;
    for （i=1;i<=n;i++）
        {   p=（ Linklist *） malloc （sizeof （Linklist））;//生成新结点
            p->data=a[i];            //存储数据元素
            p->next=NULL;
            r->next=p ;   //插入表尾
```

```
                r=p ;                              //r 总是指向表尾
            }
        return （ head）;
    }
```

（2）取链表元素 GET（L，i，&x）

该函数返回线性表 L 中第 i 个数据元素的值。算法思路：从头指针出发，借用指针 p，从第 1 个结点开始，顺着后继指针向后寻找第 i 个元素。若存在第 i 个元素，即 1≤i<Length（L），则通过 p 返回该元素的值。

算法描述如下：

```
/*  算法描述 2.11   */
int Get  （Linklist  L， int  i，  ElemType &x）
{
    Linklist   p;
    int   j =1;
    p=L->next;
    while （ p!=NULL && j<i ）  {
        p=p->next; j++;
    }
    if  （p== NULL || j>i ）
        printf（"no this data!\n"）;
    x=p->data;
}
```

该算法的基本操作是比较 j 和 i 并后移指针，若第 i 个元素存在，则需执行基本操作 i-1 次，否则执行 n 次，故算法 2.9 的时间复杂度均为 O（n）。

（3）定位函数 LOCATE（L，x）

该函数在线性链表中寻找值与 x 相等的数据元素，若有，则返回其存储位置，否则返回 NULL。其算法 2.10 思路与算法 2.9 相似， 其时间复杂度均为 O（n）。

```
/*  算法描述 2.12   */
Linklist   Locate  （Linklist   L，  Datatype x）
{
    Linklist   p;
    p=L->next;
    while   （p!=NULL && p->data!=x ）
        p=p->next;
    return  （p）;
}
```

（4）单链表的插入 INSERT（&L，i，x）

该函数在线性链表第 i 个元素之前插入一个数据元素 x。算法思路：先生成一个包含数据元素 x 的新结点（用 s 指向它），再找到链表中第 i-1 个结点（用 p 指向它），修改这两个结点的指针即可。指针修改如图 2-9 所示，用语句描述为：

$$s\text{->}next=p\text{->}next;$$

$$p\text{->}next=s;$$

注意：修改指针的顺序，若先修改第 i−1 个结点的指针，使其指向待插结点，那么，第 i 个结点的地址将丢失，链表"断开"，待插结点将无法与第 i 个结点链接。

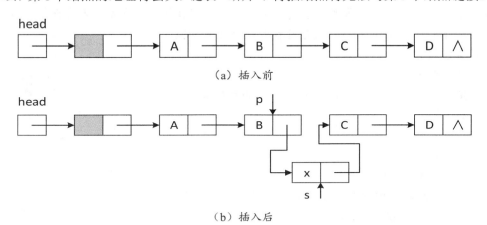

（a）插入前

（b）插入后

图 2-9　单链表插入结点时指针的变化情况

```
/*　算法描述 2.13　*/
void INSERT （Linklist　L，　int i，　Datatype x）
{
    Linklist　p，　s;
    int　j=0;
    p= L;
    while　（p!=NULL && j<i-1　）　{
        p=p->next;　j++;
    }
    if　（p= = NULL || j>i-1）
        printf（"No this position!\n"）；
    else {
        s=（ Linklist ）　malloc （sizeof （Node） ）；
        s->data=x;
        s->next=p->next;
        p->next=s;
    }
}
```

（5）单链表删除操作 DELETE （&L，i）

该函数删除线性链表中第 i 个数据结点。显然，只要找到第 i-1 个结点修改其指针使它跳过第 i 个结点，而直接指向第 i+1 个结点即可。但要注意，删除的结点应及时向系统释放，以便系统再次利用。指针变化如图 2-10 所示，语句描述为：

p->next=p->next->next ;

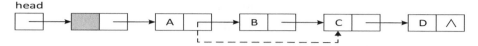

图 2-10　单链表中删除结点时指针的变化情况

其具体算法描述如下：

```
/*  算法描述 2.14  */
void Delete （Linklist L， int i）
{
    Linklist p， q;
    int  j=0;
    p=L;
    while （ p!=NULL && j<i-1 ） {
        p=p->next; j++;
    }
    if （ p= = NULL || j>i-1）
        printf （" No this data!\n"）;
    else {
        q=p->next;
        p->next =p->next->next;
        free （q）;
    }
}
```

由于在单向链表中插入和删除结点时，仅需修改相应结点的指针，而不需移动元素，该程序的执行时间主要耗费在查找结点上，由算法 2.9 知访问结点的时间复杂度为 O（n）， 所以算法 2.11 和算法 2.12 的时间复杂度均为 O（n）。

2.3.2　循环链表

循环链表是另一种形式的链式存储结构[9][1]。其特点是表中最后一个结点的指针域指向头结点，整个链表呈环状。从表中任意结点出发都可到达其他结点，如图 2-11 所示为单循环链表。

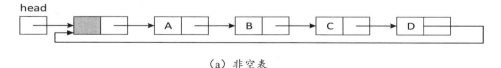

（a）非空表

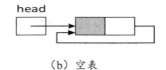

（b）空表

图 2-11　单循环链表

循环链表的查找算法的描述如下：

```
/*   算法描述 2.15   */
Linklist * Find （Linklist  *head，  datatype  x ）
//在链表中从头搜索其数据值为 x 的结点
{    Linklist *p = head->next;
     //活动指针  p  指向第一个结点
     while  （ p!=head&& p->data != x ）
         p = p->next;
     return p;
}
```

循环链表和单链表算法基本相同，差别仅在于前者算法中的循环条件是判断 p 或 p->next 是否为空，而后者是判断它们是否等于头指针。有时为了简化某些操作在链表中设立尾指针，而不是头指针。例如，将两个用循环链表存储的线性表合并成一个线性表,此时仅需将一个表的表尾和另一个表的表头相连。指针变化如图 2-12 所示，用语句描述为：

```
p=A->next;
A->next =B->next->next ;
B->next=p;
```

操作只改变了两个指针值，其算法的时间复杂度均为 O（1）。

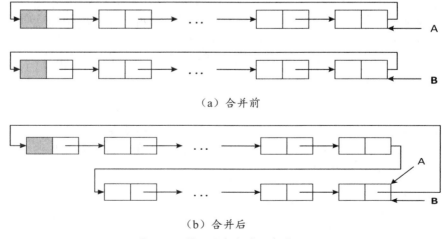

（a）合并前

（b）合并后

图 2-12　循环链表合并示意图

2.3.3 双向链表

单向链表的结点只有一个指示其直接后继的指针域，顺着某结点的指针可很容易地访问其后诸结点。但若要访问某结点的直接前驱，前驱虽与该结点相邻却无法直达，此时需从表头出发，且寻访时要记录相关信息。为克服单向链表这种访问方式的单向性，特设计了双向链表[10]， 如图 2-13（b）所示。

显然，在双向链表的结点中应有两个指针域，一个指向直接后继，一个指向直接前驱，如图 2-13（a）所示。双向链表在 C 语言中可描述如下：

```
typedef   struct   DLnode
{   datatype   data;
    struct   DLnode   *prior;
    struct   DLnode   *next;
} DLnode，   *Dlinklist;
```

图 2-13 双向链表示例

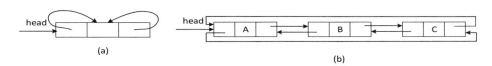

图 2-14 双向循环链表示例

在双向链表中，Length（L），Get（L，i），Locate（L，x）等操作仅涉及一个方向的指针，其算法描述与单链表相同。但插入和删除操作有所不同，在双向链表中需同时修改两个方向的指针，图 2-15 和图 2-16 分别显示了删除和插入结点时指针的修改情况，其具体算法读者可自己完成。

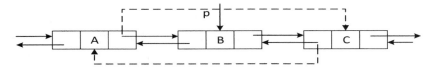

图 2-15 双向链表中删除结点时指针的修改情况

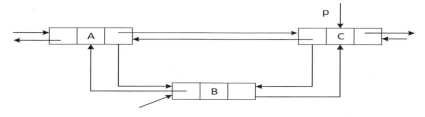

图 2-16　双向链表中插入结点时指针的修改情况

在双向链表中删除结点时指针的变化用语句描述为：

    p->prior->next=p->next;

    p->next->prior=p->prior;

    free（p）;

在双向链表中插入结点时指针的变化用语句描述为：

    s->prior=p->prior;

    p->prior->next=s;

    s->next=p;

    p->prior=s;

2.4 线性表顺序和链式存储对比

线性表在逻辑关系上是一对一的关系，在存储结构上因具体问题不同，存储结构与算法的选择也不同，当然执行的效率也存在差异[10][12]。

顺序和链式存储结构各有优点和缺点，而这两种存储结构优缺点正好相反。在实际应用中要根据具体问题的实际要求来分析，综合考虑权衡后选择何种存储结构效率最高。

1.顺序存储结构

- 优点：顺序存储可以用公式 loc（a_i）=loc（a_1）+（i-1）*s （i 是顺序存储表中的任意数据元素，s 是存储数据元素单元的字节长度）随机存取顺序存储表中的任意数据元素；顺序存储的一个存储单元存储一个数据元素，即存储密度大，不需要为表示表中元素之间的逻辑关系而增加额外的存储空间。

- 缺点：采用静态分配内存空间，存储容量难以事先确定。如果分配太大的存储空间就会浪费，如果分配的存储容量太小就不够用；在顺序存储表上进行大量的插入和删除操作时，需要移动大量的数据元素，使操作运行时间长。

- 适用范围：适合线性表的长度变化不大，易于事先确定其大小；由于顺序表能随机存取，比较适合进行查找、读取数据的操作。

2.链式存储结构
- 优点：链式存储的存储空间采用动态分配，存储空间的利用率很高，不会存在分配不够用或者浪费的情况；链式存储进行插入和删除数据元素时，不需要移动大量的数据元素，而只要修改指针即可。
- 缺点：链式存储不能进行随机存储，每次访问数据元素都需要从头指针开始进行；链式存储数据元素之间的逻辑关系与物理存储位置不对应，需要增设指示结点之间关系的指针域，因而在存储空间要付出代价。
- 适用范围：适合于线性表长度变化大，难以估计其存储规模时采用；适合做大量插入和删除操作。

2.5 线性表应用实例

下面以多项式相加问题来说明线性表的具体应用。

1.存储结构的选取[13]

任一一元多项式可表示为 $Pn(x) = P_0 + P_1 x + P_2 x^2 + ... + P_n x^n$，显然，由其 $n+1$ 个系数可唯一确定该多项式。故一元多项式可用一个仅存储其系数的线性表来表示，多项式指数 i 隐含于 P_i 的序号中。$P = (P_0, P_1, P_2, ..., P_n)$ 若采用顺序存储结构来存储这个线性表，那么多项式相加的算法实现十分容易，同位序元素相加即可。

但当多项式的次数很高而且变化很大时，采用这种顺序存储结构极不合理。例如，多项式 $S(x) = 1 + 5x + 8x^{999}$ 需用一长度为 1000 的线性表来表示，而表中仅有三个非零元素，这样将大量浪费内存空间。此时可考虑另一种表示方法，如线性表 $S(x)$ 可表示成 $S = ((1, 0), (5, 1), (8, 999))$，其元素包含两个数据项：系数项和指数项。

这种表示方法在计算机内对应两种存储方式：当只对多项式进行访问、求值等不改变多项式指数（即表的长度不变化）的操作时，宜采用顺序存储结构；当要对多项式进行加法、减法、乘法等改变多项式指数的操作时，宜采用链式存储结构。

2.一元多项加法运算的实现

采用单链表结构来实现多项加法运算，无非是前述单向链表基本运算的综合应用。其数据结构描述如下：

```
typedef stuct Dnode
{    float coef;
     int exp;
     struct Dnode *next;
}Dnode,   *Ploytp;
```

图 2-17 给出了多项式 $A(x) = 15 + 6x + 9x^7 + 3x^{18}$ 和 $B(x) = 4x + 5x^6 + 16x^7$ 的链式存储结构（设一元多项式均按升幂形式存储，首指针为-1）。

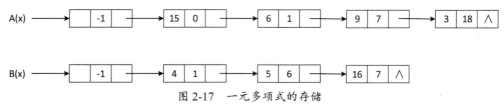

图 2-17　一元多项式的存储

若上例 A+B 结果仍存于 A 中，根据一元多项式相加的运算规则，其实质是将 B 逐项按指数分情况合并于"和多项式"A 中。设 p，q 分别指向 A，B 的第一个结点，如图 2-18 所示，其算法思路如下：

（1）p->exp<q->exp，应使指针后移 p=p->next，如图 2-18（a）所示。

（2）p->exp=q->exp，将两个结点系数相加，若系数和不为零，则修改 p->ceof，并借助 s 释放当前 q 结点，而使 q 指向多项式 B 的下一个结点，如图 2-18（b）所示；若系数和为零，则应借助 s 释放 p，q 结点，而使 p，q 分别指向多项式 A，B 的下一个结点。

（3）p->exp > q->exp，将 q 结点在 p 结点之前插入 A 中，并使 q 指向多项式 B 的下一个结点，如图 2-18（c）所示。

直到 q=NULL 为止或 p=NULL，将 B 的剩余项链接到 A 尾部为止。最后释放 B 的头结点。

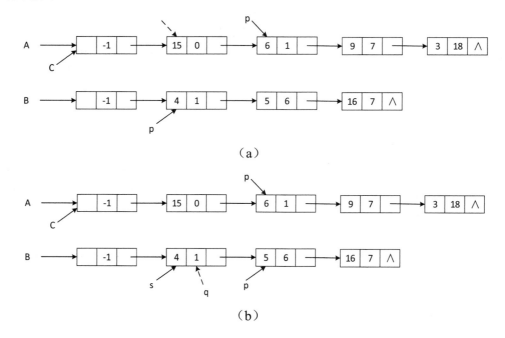

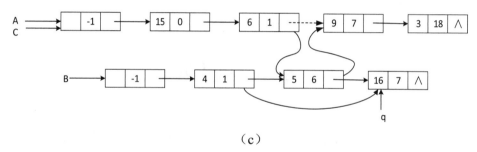

（c）

图 2-18 多项式相加运算示例

参考文献

[1] 严蔚敏，吴伟民.数据结构（c 语言版）[M].北京：清华大学出版社，2007：18-21.

[2] 严蔚敏，吴伟民.数据结构[M].2 版.北京：清华大学出版社，1992：19-22.

[3] 许卓群，杨冬青.数据结构与算法[M].北京：高等教育出版社，2004：19-21.

[4] 许卓群，张乃孝.数据结构[M].北京：高等教育出版社，1987：2-5.

[5] 齐德昱.数据结构与算法[M].北京：清华大学出版社，2003：45-49.

[6] 张勇，杨喜权.数据结构[M].北京：中国林业出版社，北京希望电子出版社，
2006：20-21.

[7] 徐孝凯.数据结构[M].北京：电子工业出版社，2004：59-61.

[8] 徐孝凯.数据结构实用教程，第二版[M].北京：清华大学出版社，2008：48-49.

[9] 夏克俭，王绍斌.数据结构[M].北京：国防工业出版社，2007：16-17.

[10] 赵文静，祁飞.数据结构与算法[M].北京：科学出版社，2005：8-13.

[11] 刘大有.唐海鹰.数据结构[M].北京：高等教育出版社，2001：35-36.

[12] 唐宁九.数据结构与算法分析[M].四川：四川大学出版社，2006：23-25.

[13] 刘玉龙.数据结构与算法[M].北京：电子工业出版社，2007：17-19.

第三章　栈和队列

栈和队列是计算机科学中非常重要的数据结构。栈和队列是两种特殊的线性表，它们的逻辑结构和线性表相同，只是其操作规则较线性表有更多的限制，所以又可称它们为操作受限的线性表。栈和队列被广泛应用于各种程序设计中。

3.1　栈

3.1.1　栈的定义

在计算机科学中，栈[1]是一个基本的数据结构，它可以看作特殊的线性表。通常把允许插入和删除的一端称为栈顶（top），另一端称为栈底（bottom），不含元素的空表称为空栈。栈有两个主要的操作：push（入栈），它将一个元素添加到栈中；pop（出栈），它移除了栈顶的元素。假设栈集合 S=（a_0，a_1，...，a_{n-1}），则称a_0为栈底元素，a_{n-1}为栈顶元素，push 和 pop 都是对栈顶进行操作。因为每次出栈的元素都是最后入栈的，所以栈又称为后进先出（last in first off）的线性表，简称 LIFO结构。

假设有 A，B，C，D 四个元素顺序入栈，依次出栈的是 D，C，B，A。图 3-1给出具体的入栈和出栈的详细流程。

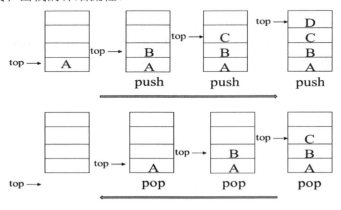

图 3-1　栈的 push 和 pop

3.1.2 栈的基本操作

栈的操作是线性表操作的特例。栈除了入栈和出栈操作外还有栈初始化，判栈空、判栈满、取栈顶元素等操作。以下是栈的相关操作的基本定义。

（1）InitStack（S）

构造空栈 S。

（2）ClearStack（S）

清空栈 S。

（3）IsEmpty（S）

判栈空。若 S 为空栈，则返回 TRUE，否则返回 FALSE。

（4）IsFull（S）

判栈满。若 S 为满栈，则返回 TRUE，否则返回 FALSE。该运算只适用于栈的顺序存储结构。

（5）Push（S，x）

进栈。若栈 S 不满，则将元素 x 插入 S 的栈顶。

（6）Pop（S）

退栈。若栈 S 非空，则将 S 的栈顶元素删去，并返回该元素。

（7）GetTop（S）

取栈顶元素。若栈 S 非空，则返回栈顶元素，但不改变栈的状态。

上述基本操作的定义在下面章节顺序栈和链式栈都会详细设计，由于两种存储结构不同，实现的算法可能稍有不同。

3.1.3 栈的实现

由于栈也是线性表，因此线性表的存储结构对栈也适用，通常栈有顺序栈和链栈两种存储结构。

顺序栈是利用一组地址连续的存储单元一次存放自栈底到栈顶的数据元素，同时设指针 top 指示栈顶元素在顺序栈中的位置。通过数组可以很容易地实现一个顺序栈。

- 顺序栈的类型定义

```
#define StackSize 100 //栈的初始容量
typedef struct{
    DataType data[StackSize];          //DataType 为数据类型
    int top;
    }Stack;
```

- 顺序栈的基本操作

  假设 S 是 Stack 类型的指针变量，S->data[0]是栈底元素。

  进栈时，需要将 S->top 加 1，S->top=StackSize-1 表示栈满。

  退栈时，需将 S->top 减 1，S->top=-1 表示空栈。

  （1）　置栈空

```
void InitStack（Stack *S）
    {
        S->top=-1;
    }
```

  （2）　判栈空

```
bool IsEmpty（Stack *S）
    {
        return S->top==-1;
    }
```

  （3）　判栈满

```
bool IsFull（Stack *S）
    {
        return S->top==StackSize-1;
    }
```

  （4）　入栈

```
int Push（Stack *S，　DataType x）//若栈满返回 0，　否则新元素 x 进栈并返
回 1
    {
        if （IsFull（S））
            return 0;
        S->data[++S->top]=x;//栈顶指针加 1 后将 x 入栈
        return 1;
    }
```

  （5）　退栈

```
DataType Pop（Stack *S）//若栈空返回 0，　否则栈顶元素读到 x 并返回 1
    {
        if（IsEmpty（S））
            return null; //栈空，返回 null
        return S->data[S->top--];//栈顶元素返回后将栈顶指针减 1
    }
```

  （6）　取栈顶元素

```
DataType GetTop（S）
    {
```

```
    if（isEmpty（S））
        return null;
    return S->data[S->top];
    }
```

共享栈指的是两个顺序栈共享一个顺序栈的空间，共享栈如图 3-2 所示。

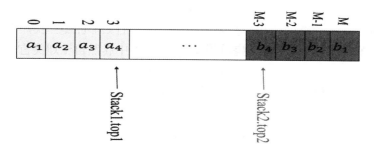

图 3-2　共享栈示意图

共享栈的数据类型定义如下：

typedef struct

{ datatype data[maxsize+1];

　　int top1，top2; //两个栈的栈顶指针

} dseqstack;

共享栈初始化时，两个栈 top 指针在区间的两端，top1=0，top2=maxsize，默认 stack1 从区间低处开始。Stack1 入栈时，需要将 top1 加 1，Stack2 入栈时，需要将 top2 减 1 ，top2=top1 表示栈满。Stack1 退栈时，需将 top1 减 1，Stack2 退栈时，需将 top2 加 1，top2-top1=maxsize 表示空栈。

共享栈可以最大化地利用数组的空间。

经过上面的陈述，我们知道了顺序栈的实现比较容易，但顺序栈具有容量难以扩充的弱点，链式栈很好地解决了这个缺陷。

若是栈中元素的数目变化范围较大或不清楚栈元素的数目，就应该考虑使用链式存储结构。人们将用链式存储结构表示的栈称作"链栈"。链栈通常用一个无头结点的单链表表示，如图 3-3 所示。

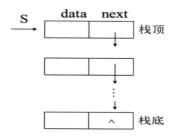

图 3-3　链栈示意图

链栈是没有附加头结点的运算受限的单链表。栈顶指针就是链表的头指针。

● 链式栈的类型定义

```
typedef struct stacknode{
            DataType data
            struct stacknode *next
}StackNode;
StackNode *top;   //top 确定链栈
```

● 链式栈的基本操作

（1）置栈空

```
Void InitStack （StackNode *top）
{
        top=NULL;
}
```

（2）判栈空

```
bool IsEmpty （StackNode *top）
{
        return top==NULL;
}
```

（3）进栈

```
void Push （StackNode *top，DataType x）
{//将元素 x 插入链栈头部，头插法
        StackNode *p=（StackNode *）malloc（sizeof（StackNode））;
        p->data=x;
        p->next= top;//将新结点*p 插入链栈头部
        top=p;//将刚插入的结点设为栈顶
}
```

（4）出栈

```
DataType Pop （StackNode *top）
{
        DataType x;
        StackNode *p=top;//保存栈顶指针
        if（IsEmpty（top））
                return null;   //链式栈为空
        x=p->data;   //保存栈顶结点数据
        top=p->next;   //将栈顶结点从链上摘下
```

```
            free（p）；
            return x;
        }
```
（5）取栈顶元素
```
    DataType GetTop（StackNode *top）
    {
        if（IsEmpty（top））
            return null;//链式栈为空，返回
        return top->data;
    }
```
链栈中的结点是动态分配的，所以可以不考虑上溢，无须定义 IsFull 操作。

3.2 栈的应用

栈的操作特性是后进先出线性表，只要符合这个特性都可以利用栈来处理。下面将介绍几个常见利用栈解决的例子。

3.2.1 数制转换

将一个非负的十进制整数 N 转换为另一个等价的基为 B 的 n 进制数的问题，很容易通过"除 B 取余法"来解决。

【例】将十进制数 159 转化为八进制数。

解答：按除 8 取余法，得到的余数依次是 7，3，2，则十进制数转化为八进制数为 237，如下图 3-4 所示。

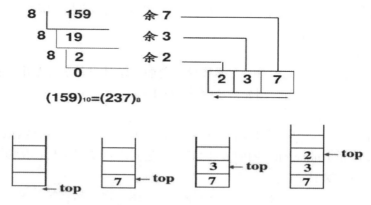

图 3-4 数制转换流程

分析：由于最先得到的余数是转化结果的最低位，最后得到的余数是转化结果

的最高位，符合后进先出的特点，因此适合用栈来解决。下面给出任意非负十进制整数，输出其他任意 N 进制的整数。

```
    void Conversion（int N，int B）
{//假设 N 是非负十进制整数，输出等值的 B 进制数
            int i;
            Stack S;
            InitStack（&S）;
            while（N）{   //从右向左产生 B 进制的各位数字，并将其进栈
                push（&S，N%B）; //将 bi 进栈 0<=i<=j
                N=N/B;
            }
            while（!IsEmpty（&S））{   //栈非空时退栈输出
                i=Pop（&S）;
                printf（"%d"，i）;
            }
    }
```

3.2.2 表达式求值

算术表达式中最常见的表示法形式有中缀、前缀和后缀表示法。中缀表示法是书写表达式的常见方式，而前缀和后缀表示法主要用于计算机科学领域。

（1）中缀表示法

中缀表示法是算术表达式的常规表示法。称它为中缀表示法是因为每个操作符都位于其操作数的中间，这种表示法只适用于操作符恰好对应两个操作数的情况（在操作符是二元操作符如加、减、乘、除以及取模的情况下）。对以中缀表示法书写的表达式进行语法分析时，需要用括号和优先规则排除多义性。例如：（A+B)*C-D/（E+F）。

（2）前缀表示法

前缀表示法中，操作符写在操作数的前面。这种表示法经常用于计算机科学，特别是编译器设计方面。例如：-*+ABC/D+EF。

（3）后缀表示法[2]

在后缀表示法中，操作符位于操作数后面。后缀表示法也称逆波兰表示法（reverse Polish notation，RPN），因其使表达式求值变得轻松，所以被普遍使用。例如：AB+C*DEF+/-。

利用中缀表达式求值，需要两个栈，一个用来寄存运算符，另一个来存放操作数或运算结果。而后缀表达式只需要一个栈来存放运算的数据以及产生的运算结果。在后缀表达式中不用再考虑操作符的优先级了，算法自左向右扫描后缀表达式，直

到遇到结束符为止。遇到操作数就入栈，遇到运算符就从栈中退出两个数据，进行运算，然后将结果入栈，然后重复这个过程直到全部执行完毕。

后缀表达式求值的代码如下：

```
Double PostExpression_Eval（char *Express）{
    int i=0;
    Stack OPND;//运算数值栈
    InitStack（&OPND）；
    while（c=Express[i]!='#'）//判断是否结束符
    {   if（!isOptr（c））  Push（OPND，toNum（Express，i））;
                              //将数组中的字符转为数字压入栈
        else {b=Pop（OPND）;a=Pop（OPND）;
            Push（OPND，Operate（a，c，b））;//将两个操作数和操作符结
果再压入栈
            }
        i++;
    }
    return （GetTop（OPND））;//返回栈中最后的值，即表达式结果
}
```

通常我们生活中的表达式都是中缀表达式，然而如何将中缀表达式转换成后缀表达式，需要一个运算栈，用来存放运算符。然后自左向右扫描中缀表达式，直到遇到结束符为止，遇到运算数就加入 Post[]，遇到运算符 op，就取出栈顶运算符 top_op，下面操作符比较的优先级，优先级越高，越大。

若 op>top_op :op 入栈；

若 op<top_op :出栈，top_op 加入 Post[]；

若 op==top_op :出栈。

中缀表达式:"a*（b-c/d）+e#"

后缀表达式:"abcd/-*e+"

中缀表达式转后缀表达式代码如下：

```
void Epress_MidToPost（char *Mid，char *Post）{
    int M_i=0，P_i=0;char c，top_op;
    Stack OPTR;
    InitStack（&OPTR）;Push（OPTR，'#'）;
    c=Mid[M_i++];
    while（c!='#'||GetTop（OPTR）! ='#'）{
        if （!isOPTR（c））//处理运算数
        {
            for （;!isOPTR（c）; c=Mid[M_i++]）
```

```
                    Post[P_i++]=c;
        }
          top_op=GetTop（OPTR）;
          switch（Precede（top_op，c））
            // Precede 判定运算符栈的栈顶和 c 之间的优先关系
            {case '<':Push（OPTR，c）;c=Mid[M_i++];break;//top_op<c;
             case '=':Pop（OPTR）;c=Mid[M_i++];break;
             case '>':Pop（OPTR）;Post[P_i++]=top_op;break;//top_op>c
            }
        }
    }
```

3.2.3 符号匹配

编译器检查程序的语法问题错误，其中就会检测程序的括号是否匹配，每一个右花括号、右方括号及右圆括号都必然对应其左括号。序列"（[]）"就是合法的，而"[（]）"就是非法的。

伪代码如下所示：

建立一个空的栈。

```
    while（ 文件没有结束 ） {
        读取一个字符。
        if 遇到一个左括号，把它入栈。
        else if 遇到右括号 then 检查栈，{
            if 堆栈为空 then 报告错误，终止程序（括号不匹配）。
            else if 堆栈非空 then {
                if 栈顶不是对应的左括号 then 报错，终止程序。
                弹出栈顶。
            }
        }
    if 栈非空 then 报错。
```

3.2.4 栈与递归

递归算法是把问题转化为规模缩小了的同类问题的子问题。然后递归调用函数（或过程）来表示问题的解。

例如阶乘的定义可以表示成：

$$n! = \begin{cases} 1 & \text{当 } n = 0 \\ n * (n-1)! & \text{当 } n > 0 \end{cases}$$

为了计算 n!，必须先计算（n-1）!，为了计算（n-1）!必须先计算（n-2）!；一直到 0!；由 0!=1，一步一步回去计算 1!，2!，3!…，（n-1）!，n!，这是一个简单的递归例子。

一般来讲，使用递归算法解决问题的有如下特点：

（1）递归就是在过程或函数里调用自身。

（2）在使用递归策略时，必须有一个明确的递归结束条件，称为递归出口。

（3）递归算法解题通常显得很简洁，但递归算法解题的运行效率较低。所以一般不提倡用递归算法设计程序。

（4）在递归调用的过程当中系统为每一层的返回点、局部量等开辟了栈来存储。递归次数过多容易造成栈溢出等。所以一般不提倡用递归算法设计程序。

汉诺塔[3]问题是用递归解决问题的经典范例。

汉诺（Hanoi）塔问题：古代有一个梵塔，塔内有三个座 a、b、c，a 座上有 n 个盘子，盘子大小不等，大的在下，小的在上（如图 3-5，3 阶初始状态）。有一个和尚想把这 n 个盘子从 a 座移到 b 座，但每次只能允许移动一个盘子，并且在移动过程中，3 个座上的盘子始终保持大盘在下，小盘在上。在移动过程中可以利用 B 座，要求打印移动的步骤。

分析：如果 n=1，则不需要利用 b 座，直接将盘子从 a 移动到 c。

如果 n=2，可以先将盘子 1 上的盘子 2 移动到 b；将盘子 1 移动到 c；将盘子 2 移动到 c。这说明：可以借助 b 将两个盘子从 a 移动到 c，当然，也可以借助 c 将两个盘子从 a 移动到 b。

如果 n=3，那么根据两个盘子的结论，可以借助 c 将盘子 1 上的两个盘子从 a 移动到 b；将盘子 1 从 a 移动到 c，a 变成空座；借助 a 座，将 b 上的两个盘子移动到 c。这说明：可以借助一个空座，将 3 个盘子从一个座移动到另一个。

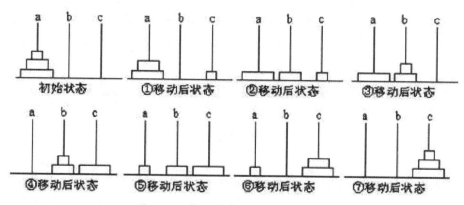

图 3-5　3 阶汉诺塔的过程示意图

当初始圆盘越来越多的时候，问题变得越来越复杂，当 n>1 时，可以利用中间塔座 b，将 a 最下面的圆盘转移到 c 上，此时 b 塔座有 n-1 个圆盘，然后可以利用塔座 a 来将 b 塔座上的 n-1 个圆盘转移到 c 上。详细算法如下所示：

```
void hanoi（int n，char a，char b，char c）
{
    if（n==1）
    {
     printf（"Move disk %d from %c to %c\n"，n，a，c）；
    }
    else
     {
        hanoi（n-1，a，c，b）；
        printf（"Move disk %d from %c to %c\n"，n，a，c）；
        hanoi（n-1，b，c，b）；
     }
}
```

3.3 队列

3.3.1 队列的定义

队列（Queue）[4]也是一种操作受限的线性表，它的操作限制比栈复杂一点，是表两头都有限制，插入只能在表的一端进行（只进不出），而删除只能在表的另一端进行（只出不进），允许删除的一端称为队头（front），允许插入的一端称为队尾（rear）。当队列中没有元素时称为空队列。队列的修改是依先进先出的原则进行的，新来的成员总是加入队尾，每次离开的成员总是队列头上的。所以队列亦称作先进先出（First In First Out）的线性表，简称为 FIFO 表。在队列中依次加入元素 a1，a2，…，an 之后，a1 是队头元素，an 是队尾元素。退出队列的次序只能是 a1，a2，…，an。队列的示意图如图 3-6 所示。

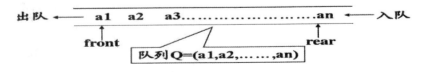

图 3-6　队列的示意图

还有一种特别的数据结构，双端队列[5]是一种具有队列和栈的性质的数据结构。双端队列中的元素可以从两端弹出，其限定插入和删除操作在表的两端进行。

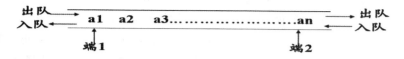

图 3-7　双端队列示意图

双端队列是限定插入和删除操作在表的两端进行的线性表。这两端分别称作端点 1 和端点 2。也可像栈一样，可以用一个铁道转轨网络来比喻双端队列。在实际使用中，还可以有输出受限的双端队列（即一个端点允许插入和删除，另一个端点只允许插入的双端队列）和输入受限的双端队列（即一个端点允许插入和删除，另一个端点只允许删除的双端队列）。而如果限定双端队列从某个端点插入的元素只能从该端点删除，则该双端队列就蜕变为两个栈底相邻的栈了。

尽管双端队列具有栈和队列的双重性质，但是在实际应用中远远不如栈和队列的解决问题有效。

3.3.2 队列的基本操作

队列的基本操作和栈的操作类似，以下是队列操作的定义。

（1）InitQueue（Q）

　　置空队列。构造一个空队列 Q。

（2）QueueEmpty（Q）

　　判队空。若队列 Q 为空，则返回真值，否则返回假值。

（3）　QueueFull（Q）

　　判队满。若队列 Q 为满，则返回真值，否则返回假值。此操作只适用于队列的顺序存储结构。

（4）　EnQueue（Q，x）

　　若队列 Q 非满，则将元素 x 插入 Q 的队尾。此操作简称入队。

（5）　DeQueue（Q）

　　若队列 Q 非空，则删去 Q 的队头元素，并返回该元素。此操作简称出队。

（6）　QueueFront（Q）

　　若队列 Q 非空，则返回队头元素，但不改变队列 Q 的状态。

3.3.3 队列的实现

队列和栈一样，也有两种不同的存储结构表示。在队列的顺序存储结构中，用一组连续的地址单元存储队列中的元素，还需要两个额外的指针 front 和 rear 来指示队列头部和队列尾部元素的位置。它们的初始值都设置为 0，每当删除队列头元素时，front 头指针加 1，在队尾插入新的元素时，队尾加 1。

由于入队和出队操作中头尾指针只增加不减小，被删元素的空间永远无法重新利用。当队列中实际的元素个数远远小于向量空间的规模时，也可能由于尾指针已超越向量空间的上界而不能做入队操作。该现象称为"假上溢"现象。

为充分利用向量空间，克服"假上溢"现象的方法是：将向量空间想象为一个首尾相接的圆环，并称这种向量为循环向量。存储在其中的队列称为循环队列（Circular Queue）。如图 3-8 所示。

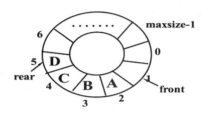

图 3-8 循环队列示意图

● 循环队列的类型定义

```
#define QueueSize 100        //应根据具体情况定义该值
 typedef char DataType;       //DataType 的类型依赖于具体的设定
 typedef struct {
        int front;                        //头指针，队非空时指向队头元素
        int rear;                         //尾指针，队非空时指向队尾元素的下一位置
        DataType data[QueueSize]
    }CirQueue;
```

● 循环队列的基本操作

循环队列中进行出队、入队操作时，头尾指针仍要加 1，朝前移动。只不过当头尾指针指向向量上界（QueueSize-1）时，其加 1 操作的结果是指向向量的下界 0。这种循环意义下的加 1 操作可以利用模运算 i=（i+1）%QueueSize。

下图 3-9 模拟循环队列的入队和出队等各种状态。

循环队列中，由于入队时尾指针向前追赶头指针，出队时头指针向前追赶尾指针，造成队空和队满时头尾指针均相等。因此，无法通过条件 front=rear 来判别队列是"空"还是"满"。解决这个问题通常有两种做法：

（1）另设一布尔变量以区别队列的空和满；

（2）少用一个元素的空间。约定入队前，测试尾指针在循环意义下加 1 后是否等于头指针，若相等则认为队满。

在这里我们采用第二种方式来避免"假上溢"现象。

（1）置队空

```
void InitQueue （CirQueue *Q）
 {
    Q->front=Q->rear=0;
```

}

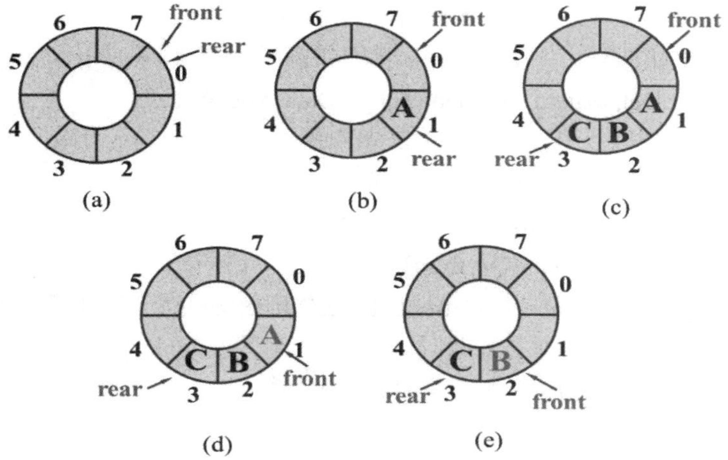

图 3-9 循环队列的进出栈模拟

（a）空队列 （b）A 入队 （c）BC 入队

（d）A 出队 （e）B 退队

（2） 判队空

```
int QueueEmpty（CirQueue *Q）
  {
      if （Q ->rear＝＝Q ->front） return 1;//队列为空
        return 0;
  }
```

（3）判队满

```
int QueueFull（CirQueue *Q）
    {
        if （Q ->front＝＝（ Q ->rear+1）% maxsize ）
            return 1;//队列满
        else
            return 0;
    }
```

（4）入队

```
int EnQueue（CirQueuq *Q，DataType x）
  {
      if（QueueFull（Q））
          return 0        //队满上溢
      Q->data[Q->rear]=x;                      //新元素插入队尾
```

```
            Q->rear=（Q->rear+1）%QueueSize;        //循环意义下将尾指针加 1
              return 1;
          }
```

（5）出队

```
    int DeQueue（CirQueue *Q，  DataType &x）
        {
            if（QueueEmpty（（Q））
                return 0;        //队空
            x=Q->data[Q->front];
            Q->front=（Q->front+1）&QueueSize;        //循环意义下的头指针
加 1
            return 1;
          }
```

（6）取队头元素

```
    DataType QueueFront（CirQueue *Q）
        {
            if（QueueEmpty（Q））
                return null;
            return Q->data[Q->front];
        }
```

由于循环队列在实际操作中不能动态地扩充队列的容量，所以循环队列适合于那些确定元素的数量的任务，对于数量无法预先估计的任务最好还是选择链式队列。

队列的链式存储结构简称链队列。它是限制仅在表头删除和表尾插入的单链表。

● 链队列的类型定义

```
    typedef struct {
        DataType data;                    //队列结点数据
        QueueNode *next;        //结点链指针
    }QueueNode;
    typedef struct {
    QueueNode *rear，  *front;//两个指针，分别指向队尾和队头
    } LinkQueue;
```

● 链队列的基本操作

链队列和基本单链表不同的地方，其增加指向链表上的最后一个结点的尾指针，便于在表尾做插入操作。

（1）置空队

```
    void InitQueue（LinkQueue *Q）
        {
```

```
        Q->front=Q->rear=NULL;
    }
```
（2）判队空
```
    bool QueueEmpty（LinkQueue *Q）
    {
        return Q->front==NULL&&Q->rear==Null;
        //只须判断队头指针是否为空即可
    }
```
（3）入队
```
    void EnQueue（LinkQueue *Q，DataType x）
    {//将元素 x 插入链队列尾部
        QueueNode *p=（QueueNode *）malloc（sizeof（QueueNode））;//
```
申请新结点
```
        p->data=x;    p->next=NULL;
        if（QueueEmpty（Q））
            Q->front=Q->rear=p;  //将 x 插入空队列
        else { //x 插入非空队列的尾
            Q->rear->next=p;      //*p 链到原队尾结点后
            Q->rear=p;            //队尾指针指向新的尾
        }
    }
```
（4）出队
```
    DataType DeQueue （LinkQueue *Q）
    {
        DataType x;
        QueueNode *p;
        if（QueueEmpty（Q））
            return null;      //队列空，返回 null
        p=Q->front;                    //指向队头结点
        x=p->data;                     //保存队头结点的数据
        Q->front=p->next;              //将队头结点从链上摘下
        if（Q->rear==p）
        //原队中只有一个结点，删去后队列变空，此时队头指针已为空
            Q->rear=NULL;
        free（p）;    //释放被删队头结点
        return x;    //返回原队头数据
    }
```

（5）取队头元素

```
DataType QueueFront（LinkQueue *Q）
{
    if（QueueEmpty（Q））
        return null;// 队列为空，返回 null
    return Q->front->data;
}
```

链队列和链栈类似，无须考虑判队满的运算。

在出队算法中，一般只需修改队头指针。但当原队中只有一个结点时，该结点既是队头也是队尾，故删去此结点时亦需修改尾指针，且删去此结点后队列变空。

以上讨论的是无头结点链队列的基本运算。

3.4 队列的应用

队列在计算机科学中广泛应用，常应用于调度算法，对于分层结构和图结构，可以用队列来逐层处理。例如操作系统中的作业排队等待处理、并行处理中的数据队列、图的广度有线搜索算法实现，以及离散时间模拟等。

3.4.1 打印机缓冲区

在主机将数据输出到打印机时，会出现主机速度与打印机的打印速度不匹配的问题。这时主机就要停下来等待打印机。显然，这样会降低主机的使用效率。为此人们设想了一种办法：为打印机设置一个打印数据缓冲区，当主机需要打印数据时，先将数据依次写入这个缓冲区，写满后主机转去做其他事情，而打印机就从缓冲区中按照先进先出的原则依次读取数据并打印，这样做即保证了打印数据的正确性，又提高了主机的使用效率。由此可见，打印机缓冲区实际上就是一个队列结构的应用。

3.4.2 舞伴问题

假设在周末舞会上，男士们和女士们进入舞厅时，各自排成一队。跳舞开始时，依次从男队和女队的队头上各出一人配成舞伴。若两队初始人数不相同，则较长的那一队中未配对者等待下一轮舞曲。现要求写一算法模拟上述舞伴配对问题。

分析：先入队的男士或女士亦先出队配成舞伴。因此该问题具体有典型的先进先出特性，可用队列作为算法的数据结构。

在算法中，假设男士和女士的记录存放在一个数组中作为输入，然后依次扫描该数组的各元素，并根据性别来决定是进入男队还是女队。当这两个队列构造完成之后，依次将两队当前的队头元素出队来配成舞伴，直至某队变空为止。此时，若某队仍有等待配对者，算法输出此队列中等待者的人数及排在队头的等待者的名字，他（或她）将是下一轮舞曲开始时第一个可获得舞伴的人。

具体算法如下所示：

```
typedef struct{
    char name[20];
    char sex;   //性别，"F"表示女性，"M"表示男性
  }Person;
    typedef Person DataType;   //将队列中元素的数据类型改为Person
    void DancePartner（Person dancer[]，int num）
    {//结构数组dancer中存放跳舞的男女，num是跳舞的人数。
        int i;
        Person p;
        CirQueue Mdancers，Fdancers;
        InitQueue（&Mdancers）;//男士队列初始化
        InitQueue（&Fdancers）;//女士队列初始化
        for（i=0;i<num;i++）{//依次将跳舞者依其性别入队
            p=dancer[i];
            if（p.sex=='F'）
                EnQueue（&Fdancers.p）;   //排入女队
            else
                EnQueue（&Mdancers.p）;   //排入男队
        }
        printf（"The dancing partners are: \n \n"）;
        while（!QueueEmpty（&Fdancers）&&!QueueEmpty（&Mdancers））
{
            //依次输入男女舞伴名
            p=DeQueue（&Fdancers）;       //女士出队
            printf（"%s           "，p.name）;//打印出队女士名字
            p=DeQueue（&Mdancers）;        //男士出队
            printf（"%s\n"，p.name）;       //打印出队男士名字
        }
    if（!QueueEmpty（&Fdancers））{//输出女士剩余人数及队头女士的名字
    printf("\n There are %d women waitin for the next round.\n"，Fdancers.count);
            p=QueueFront（&Fdancers）;   //取队头
            printf（"%s will be the first to get a partner. \n"，p.name）;
        }else
```

```
        if（!QueueEmpty（&Mdancers）） {//输出男队剩余人数及队头者名字
                printf（"\n%d\n"，Mdacers.count）；
                p=QueueFront（&Mdancers）；
                printf（"%s will be the first to get a partner.\n"，p.name）；
        }
}//DancerPartners
```

3.4.3 CPU 分时系统

　　在一个带有多个终端的计算机系统中,同时有多个用户需要使用 CPU 运行各自的应用程序,它们分别通过各自的终端向操作系统提出使用 CPU 的请求,操作系统通常按照每个请求在时间上的先后顺序,将它们排成一个队列,每次把 CPU 分配给当前队首的请求用户,即将该用户的应用程序投入运行,当该程序运行完毕或用完规定的时间片后,操作系统再将 CPU 分配给新的队首请求用户,这样即可以满足每个用户的请求,又可以使 CPU 正常工作。

参考文献

[1] 严蔚敏,吴伟民.数据结构（c 语言版）[M].北京：清华大学出版社,2007.

[2] Mark Allen Weiss. Data Structures and Algorithm Analysis in C Second Edition [M]. 北京：机械工业出版社,2015.

[3] Stack（abstract data type）[EB/OL].[2016-11-14]
https://en.wikipedia.org/wiki/Stack_（abstract_data_type）.

[4] Data Structures[EB/OL].[2009-06-3]
https://en.wikibooks.org/wiki/Category:Data_Structures.

[5] Queue （abstract data type） [EB/OL].[2016-11-9]
https://en.wikipedia.org/wiki/Queue_（abstract_data_type）.

第四章　树

　　树形结构是一类重要的非线性结构。树形结构是结点之间有分支，并且具有层次关系的结构，它类似于自然界中的树。树结构在客观世界国是大量存在的，例如家谱、行政组织机构都可用树形象地表示。树在计算机领域中也有着广泛的应用，例如在编译程序中，用树来表示源程序的语法结构；在数据库系统中，可用树来组织信息；在分析算法的行为时，可用树来描述其执行过程等。

4.1 树的定义和基本概念

4.1.1 树的定义

　　树（Tree）是 n（n>=0）个结点的有限集 T，T 为空时称为空树，否则它满足如下两个条件：

　　（1）有且仅有一个特定的称为根（Root）的结点；

　　（2）其余的结点可分为 m（m≥0）个互不相交的子集 T1，T2，T3…Tm，其中每个子集又是一棵树，并称其为子树（Subtree）。

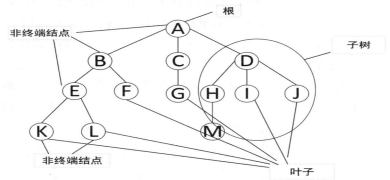

4.1.2 树的基本概念

　　下面列出一些树的基本术语：

　　1.结点的度和树的度

　　树的结点包含一个数据元素及若干指向其子树的分支。结点拥有的子树的数目称为结点的度（Degree）。而树的度是指树中结点的度的最大值。如图 4-1 中，B 结点有两个子树，则它的度为 2。在树 T 中，A 结点的度最大，值为 3，也就是说，树 T 的度为 3。

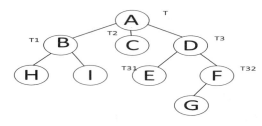

图 4-1　树 T

2.分支结点和叶子结点

称度不为 0 的结点为分支结点，也叫非终端结点。称度为 0 的结点为叶子（Leaf）或终端结点。如图 4-1 中，分支结点分别为 A，B，D，F，而叶子结点分别为 H，I，C，E，G。

3.孩子、双亲、兄弟、子孙、祖先

结点的子树的根称为该结点的孩子（Child），相应地，该结点称为孩子的双亲（Parent）。同一个双亲的孩子之间互称兄弟（Sibling）。如图 4-1 中，B，C，D 分别是根结点 A 的子树的根，三个都是 A 的孩子，相应地，A 是它们的双亲，其中，B，C，D 三者是兄弟。一棵树上除根结点以外的其他结点称为根结点的子孙。对于树中某结点，从根结点开始到该结点的双亲是该结点的祖先。

4.结点的层次和树的高度

结点的层次（Level）从根结点开始定义，根为第一层，根结点的孩子为第二层，依此类推，其余结点的层次值为双亲结点层次值加 1。树中结点的最大层次值称为树的高度或深度（Depth）。如图 4-1 所示的树 T 高度为 4。

5.无序树、有序树、森林

若树中结点的各子树看成从左至右是有次序的（即不能互换），则称该树为有序树，否则称为无序树。在有序树中最左边的子树的根称为第一个孩子，最右边的称为最后一个孩子。森林（Forest）是 m（m≥0）棵互不相交的树的集合。对树中每个结点而言，其子树的集合即为森林。

表 4-1　树与线性结构的对照

线性结构	树结构
存在唯一的没有前驱的"首元素"	存在唯一的没有前驱的"根节点"
存在唯一的没有后继的"尾元素"	存在多个没有后继的"叶子"
其余元素均存在唯一的"前驱元素"和唯一的"后继元素"	其余节点均存在唯一的"前驱（双亲）节点"和多个"后继（孩子）节点"

4.1.3 树与线性结构的对照

树与线性表既有不同之处也有相同之处，具体对比如表 4-1 所示。

4.2 二叉树

二叉树在树结构的应用中起着非常重要的作用，因为对二叉树的许多操作算法简单，而任何树都可以与二叉树相互转换，这样就解决了树的存储结构及其运算中存在的复杂性。

4.2.1 二叉树的定义和基本术语

定义：二叉树是由 n（n≥0）个结点的有限集合构成，此集合或者为空集，或者由一个根结点及两棵互不相交的左右子树组成，并且左右子树都是二叉树。

这也是一个递归定义。二叉树可以是空集合，根可以有空的左子树或空的右子树。二叉树不是树的特殊情况，它们是两个概念。

二叉树结点的子树要区分左子树和右子树，即使只有一棵子树也要进行区分。这是二叉树与树最主要的差别。图 4-2 列出了二叉树的 5 种基本形态。

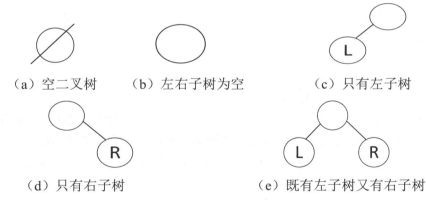

（a）空二叉树　　（b）左右子树为空　　（c）只有左子树

（d）只有右子树　　　　（e）既有左子树又有右子树

图 4-2　二叉树的 5 种形态

从以上分析得知二叉树与普通树比较，有以下特点：

（1）二叉树可以为空树。

（2）二叉树的度不大于 2（即每个结点至多只有两棵子树）。

（3）二叉树是有序树，其左子树和右子树是严格区分且不能随意颠倒的。

4.2.2 二叉树的性质

性质 1：　在二叉树的第 i 层上至多有 2i-1 个结点（i≥1）。

采用归纳法证明此性质。

当 i=1 时，只有一个根结点，2i-1=20 =1，命题成立。

现在假定所有的 j，1≤j<i，命题成立，即第 j 层上至多有 2j-2 个结点，那么可以证明 j＝i 时命题也成立。由归纳假设可知，第 i-1 层上至多有 2i-2 个结点。

由于二叉树每个结点的度最大为 2，故在第 i 层上最大结点数为第 i-1 层上最大结点数的两倍， 即 2×2i-2＝2i-1。

命题得到证明。

性质 2：深度为 k 的二叉树至多有 2k-1 个结点（k≥1）。

深度为 k 的二叉树最大的结点数为二叉树中每层上的最大结点数之和，由性质 1 得到每层上的最大结点数，EkI=1（第 i 层上的最大结点数）= EkI=12i-1=2k - 1

性质 3： 对任何一棵二叉树，如果其终端结点数为 n0，度为 2 的结点数为 n2，则 n0＝n2＋1。

设二叉树中度为 1 的结点数为 n1，二叉树中总结点数为 N，因为二叉树中所有结点均小于或等于 2，所以有：N＝n0+n1+n2　　　　　（4-1）

再看二叉树中的分支数，除根结点外，其余结点都有一个进入分支，设 B 为二叉树中的分支总数，

则有：N＝B＋1。

由于这些分支都是由度为 1 和 2 的结点射出的，所以有：

$$B＝n1+2×n2$$
$$N＝B+1=n1+2×n2+1　　　　　（4-2）$$

由式（4-1）和（4-2）得到：

$$n0+n1+n2=n1+2*n2+1$$
$$n0=n2＋1$$

下面介绍两种特殊形态的二叉树：满二叉树和完全二叉树。

满二叉树：深度为 k 且含有 2k -1 个结点的二叉树为满二叉树，这种树的特点是每层上的结点数都是最大结点数，如图 4-3 所示。对满二叉树的结点可以从根结点开始自上向下、自左至右顺序编号，图 4-3 中每个结点边的数字即是该结点的编号。

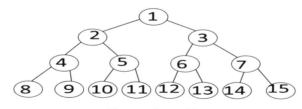

图 4-3　满二叉树

完全二叉树：如果深度为 k、由 n 个结点的二叉树中的结点能够与深度为 k 的顺序编号的满二叉树从 1 到 n 标号的结点相对应，则称这样的二叉树为完全二叉树，图 4-4（b）、（c）是 2 棵非完全二叉树。满二叉树是完全二叉树的特例。

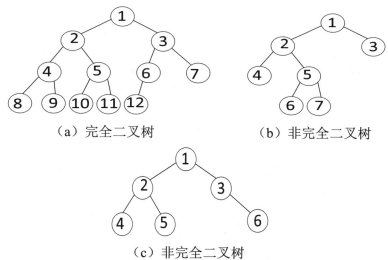

（a）完全二叉树　　　　（b）非完全二叉树

（c）非完全二叉树

图 4-4　完全二叉树和非完全二叉树

其中完全二叉树的特点是：

（1）所有的叶结点都出现在第 k 层或 k−1 层。

（2）对任一结点，如果其右子树的最大层次为 i，则其左子树的最大层次为 i 或 i+1。

性质 4： 具有 n 个结点的完全二叉树的深度为[log2n]＋1。

符号[x]表示不大于 x 的最大整数。

假设此二叉树的深度为 k，则根据性质 2 及完全二叉树的定义得到：2k-1-1<n ≤2k-1　 或　2k-1≤n<2k

性质 5： 如果对一棵有 n 个结点的完全二叉树的结点按层序编号（从第 1 层到第[log2n]+1 层，每层从左到右），则对任一结点 i（1≤i≤n），有：

（1）如果 i＝1，则结点 i 无双亲，是二叉树的根；如果 i>1，则其双亲是结点 [i/2]。

（2）如果 2i>n，则结点 i 为叶子结点，无左孩子；否则，其左孩子是结点 2i。

（3）如果 2i＋1>n，则结点 i 无右孩子；否则，其右孩子是结点 2i+1。

4.2.3　二叉树的存储结构

1.顺序存储结构

它是用一组连续的存储单元存储二叉树的数据元素。因此，必须把二叉树的所有结点安排为一个恰当的序列，结点在这个序列中的相互位置能反映出结点之间的逻辑关系，用编号的方法为：

```
#define max-tree-size    100;
Typedef    telemtype sqbitree[max-tree-size];
```

Sqbitree   bt;

从树根起，自上层至下层，每层自左至右的给所有结点编号缺点是有可能对存储空间造成极大的浪费，在最坏的情况下，一个深度为 H 且只有 H 个结点的右单支树需要 2h-1 个结点存储空间。而且，若经常需要插入与删除树中结点时，顺序存储方式不是很好！

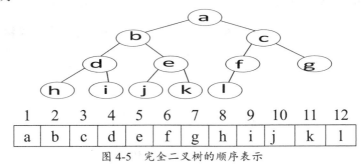

1	2	3	4	5	6	7	8	9	10	11	12
a	b	c	d	e	f	g	h	i	j	k	l

图 4-5   完全二叉树的顺序表示

由于（性质 5）完全二叉树按层次编号后，可确定各结点与其双亲及孩子的关系，则完全二叉树按编号次序进行顺序表示。

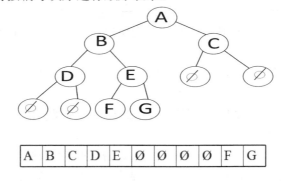

A	B	C	D	E	Ø	Ø	Ø	Ø	F	G

图 4-6   非完全二叉树的顺序表示

图中 Ø 表示该处没有元素存在仅仅为了好理解。

顺序存储结构的算法：

```
Status   CreateBiTree（BiTree *T）      {
    scanf（&ch）;
  if（ch= ="）  T=NULL;
  else{
  if（!（T=（BiTNode *）malloc（sizeof（BiTNode））））
   exit（OVERFLOW）;
    T－>data=ch;
  CreateBiTree（T－>lchild）;
    CreateBiTree（T－>rchildd）;
```

```
        }
    return OK;
    }
```

2.二叉链表法

设计不同的结点结构可构成不同形式的链式存储结构。由二叉树的定义得知，二叉树的结点（如图 4-7（a）所示）由一个数据元素和分别指向其左、右子树的两个分支构成，则表示二叉树的链表中的结点至少包含 3 个域：数据域和左、右指针域，如图 4-7（b）所示。有时，为了便于找到结点的双亲，还可在结点结构中增加一个指向其双亲结点的指针域，如图 4-7（c）所示。利用这两种结点结构所得二叉树的存储结构分别称为二叉链表和三叉链表。容易证得:在含有 n 个结点的二叉链表中有，n+1 个空链域。在 4.3 节中我们将会看到可以利用这些空链域存储其他有用信息，从而得到另一种链式存储结构"线索链表"。以下是二叉链表的定义和部分基本操作的函数原型说明。

（a）二叉树的结点

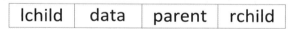

（b）含有两个指针域的结点结构

| lchild | data | parent | rchild |

（c）含有三个指针域的结点结构

图 4-7　二叉树的节点及其存储结构

二叉树的二叉链表存储表示

```
Typedef struct    BiTNode    {
        TelemType data;
        struct BiTNode *lchild，*rchild;
} BiTNode，*BiTree;
```

有时也可用数组的下标来模拟指针,即开辟三个一维数组 Data,lchild,rchild 分别存储结点的元素及其左、右指针域;

4.3 遍历二叉树

在二叉树的应用中，常常需要在树中搜索具有某种特征的结点，或对树中全部的结点逐一处理。这就涉及一个遍历二叉树的问题。遍历二叉树是指以一定的次序访问二叉树中的每个结点，并且每个结点仅被访问一次。访问结点，就是指对结点进行各种操作。例如，查询结点数据域的内容，或输出它的值，或找出结点位置，或执行对结点的其他操作。遍历二叉树的过程实质是把二叉树的结点进行线性排列。对于线性结构来说，遍历很容易实现，顺序扫描结构中的每个数据元素即可。但二叉树是非线性结构，遍历时是先访问根结点还是先访问子树，是先访问左子树还是先访问右子树必须有所规定，这就是遍历规则。采用不同的遍历规则会产生不同的遍历结果，因此必须人为设定遍历规则。

由于一棵非空二叉树是由根结点、左子树和右子树三个基本部分组成的，遍历二叉树时只要按顺序依次遍历这三部分即可。假定我们以 D，L，R 分别表示访问根结点、遍历左子树和遍历右子树，则可以有六种遍历形式：DLR，LDR，LRD，DRL，RDL，RLD，若依习惯规定先左后右，则上述六种形式可归并为三种形式，即：DLR 先根遍历、LDR 中根遍历、LRD 后根遍历。

4.3.1 先根遍历

先根遍历可以递归地描述如下：

如果根不空，则依次执行，访问根结点、历左子树、按先根次序遍历右子树，否则返回按先根次序遍历。

先根遍历的递归算法如下：

```
/*算法描述 4.1 先根遍历的递归算法*/
void preorder（struct treenode2*P）
{if（p!=NULL）
{printf（"%c\n"，p —>data）；    /*访问根结点*/
preorder（p —>lch）；/*按先根次序遍历左子树*/
preorder（p —>rch）；/*按先根次序遍历右子树*/
}/*preorder*/
```

4.3.2 中根遍历

中根遍历可以递归地描述如下：

如果根不空，则依次执行①按中根次序遍历左子树，②访问根结点，③按中根次序遍历右子树，否则返回。

中根遍历递归算法如下：

/*算法描述 4.2 中根遍历的递归算法*/

..

void inorder（struct treenode2 *p）

{if （p!=NULL）

{inorder（p —>lch）；　　　　/*中根遍历左子树*/

printf（"oho Can"，p —>data）；　　　　/*访问根结点*/

inorder（p —>rch）；　　　　　　/*中根遍历右子树*/

}/*inorder*/

4.3.3 后根遍历

后根遍历可以递归地描述如下：

如果根不空，则依次执行，按后根次序遍历左子树、后根次序遍历右子树、访问根结点，否则返回。

后根遍历递归算法如下：

　/*算法描述 4.3 后根遍历的递归算法*/

void postorder （stud treenode2*p）

{if（p!=NULL）

{postorder （ p->lch）;/*后根遍历左子树*/

postorder （ p->rch）;/*后根遍历右子树*/

printf （"%c \ n"， p->data）;/*访问根结点*/

}

}/*postorder*/

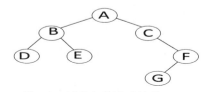

图 4-8　树的各种遍历结果

对 4-8 中树的各种遍历结果如下所示：

前序遍历序列：a b d e c f g

中序遍历序列：d b e a c g f

后序遍历序列：d e b g f c a

从表达式来看，以上 3 个序列恰好为表达式的前缀表示（波兰式）、中缀表示和后缀表示（逆波兰式）。

4.3.4 二叉树遍历算法的应用

1.统计二叉树中结点个数 m 和叶子结点个数 n

算法思路分析：在调用遍历算法时设计两个计数器变量 m，n。我们知道，所谓遍历二叉树，即以某种次序去访问二叉树的每个结点，且每个结点仅访问一次，这就提供了便利的条件。每当访问一个结点时，在原访问语句 printf 后边，加上一计数器语句 m++和一个判断该结点是否为叶子的语句，便可解决问题。在这里，所谓的访问结点操作己拓宽为一组语句，见下列算法的第 4，5，6 行。

假设用中根遍历方法统计叶子结点的个数，算法如下：

/*算法描述 4.4 中根遍历方法统计叶子结点的个数*/

```
void injishu （struct treenode2*t)
   {if （t!=NULL)
   {injishu （ t->lch ） ;/*中根遍历左子树*/
     printf （"0}oc\n", t->data ） ;/*访问根结点*/
     m ++;/*结点计数*/
     if ((t->lch==NULL) && （t->rch==NULL))n++;/*叶子结点计数*/
injishu（t —>rch);/*中根遍历右子树*/
   }
}/*injishu*/
```

如果数据域类型不是字符型而是整型，语句应该为 printf("%d \n" ， t->data)。假设数据域类型更为复杂，则应结合实际重新设计输出模块。上面函数中 m， n 是全局变量，在主程序先置 0，在调用 injishu 函数结束后，m 值便是结点总个数，n 值便是叶子结点的个数。主函数示意如下：

```
main （）
{ t=creatQ;/*建立二叉树 t，为全局变量*/
m=0, n=0;/*全局变量 m， n 置初值*/
injishu（t）;/*求树中结点总数 m，叶子结点个数 n}/
printf （"m=%d, n=%d", m, n） ;/*输出结果*/
}
```

当然，也可用先根或后根遍历方法统计节点个数。

2.求二叉树的树深

首先看如下算法。

/*算法描述 4.5 求二叉树的树深*/

```
   void predeep （struct treenode2*t ， int i)
   {if （t!=NULL)
   } printf （"%c \ n" ， t->data） ;/*访问根结点*/
i++;
if （k<i) k=i;
predeep （t —>lch，i) ;          /*先根遍历左子树*/
predeep （t —>rch，i) ;          /*先根遍历右子树*/
```

}/*pre deep*/

可以看出，此算法利用了先根遍历二叉树的思路，只是在这里"访问结点"操作较复杂了，如算法中第 3，4，5 行。其中 k 为全局变量，在主程序中置初值 0，在调用函数 predeep 之后，k 值就是树的深度。形参 i 在主程序调用时，用一个初值为 0 的实参代入。当深度递归调用时，i 会不断增大，k 记下它的值。当返回时，退到哪一个调用层次，i 会保持在本层次的原先较小值。而在返回时不论退到哪一个调用层次，k 将保持较大值不变。这样，k 值就是树深。相应主函数示意如下：

main（）

{ t=creat（）;/*建立二叉树 t，为全局变量*/

k=0;i=0;　　　 /*k，i 置初值，其中 k 为全局变量*/

predeep（t，i）;/*求树 t 的深度，i 为一个辅助变量*/

printf（"k=%d"，k）;/*输出树深 k*/

}

4.4 线索二叉树

4.4.1 线索二叉树的基本概念

我们发现，具有 n 个结点的二叉树中有 n-1 条边指向其左、右孩子，这意味着在二叉链表中的 2n 个孩子指针域中只用到了 n-1 个域，还有 n+1 个指针域是空的。我们可充分利用这些空指针来存放结点的线性前驱和后继信息。

试作如下规定：若结点有左子树，则其 lch 域指示其左孩子，否则令 lch 域指示其直接前驱;若结点有右子树，则其 rch 域指示其右孩子，否则令 rch 域指示其直接后继。为了严格区分结点的孩子指针域究竟指向孩子结点还是指向前驱或后继结点，需在原结点结构中增加两个标志域。新的节点结构为：

lch	ltag	data	rtag	rch

其中：

ltag=0 表示 lch 指示结点的左孩子。

ltag=1 表示 lch 指示结点的直接前驱。

rtag=0 表示 rch 指示结点的右孩子。

rtag=1 表示 rch 指示结点的直接后继。

算法描述为：

struct xtreenode

　{char data;

　 struct xtreenode*lch，　*rch;

　 int ltag，rtag;/*左、右标志域*/

}

通常把指向前驱或后继的指针称作线索。对二叉树以某种次序进行遍历并且加上线索的过程称作线索化。经过线索化之后生成的二叉链表表示称为线索二叉树。见图 4-9 所示。

对一个已建好的二叉树的二叉链表进行线索化时规定（对 p 结点）：

（1） p 有左孩子时，则令左特征域 p->ltag = 0;

（2） p 无左孩子时，令 p->ltag = 1，并且 p->lch 指向 p 的前驱结点;

（3） p 有右孩子时，令 p->rtag = 0;

（4） p 无右孩子时，令 p->rtag = 1，并且让 p->rch 指向 p 的后继结点。

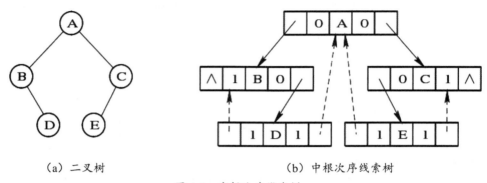

（a）二叉树　　　　　　　　　　　（b）中根次序线索树

图 4-9　中根次序线索树

在后序线索树中找结点后继较复杂些，可分为 3 种情况：

（1）若结点 x 是二叉树的根，则其后继为空;

（2）若结点 x 是其双亲的右孩子或是其双亲的左孩子且其双亲没有右子树，则其后继即为双亲结点;

（3）若结点 x 是其双亲的左孩子，且其双亲有右子树，则其后继为双亲的右子树上按后序遍历列出的第一个结点。例如图 4-9 所示为后序后继线索二叉树，结点 B 的后继为结点 C，结点 C 的后继为结点 D。结点 F 的后继为结点 G，而结点 D 的后继为结点 E。可见，在后序线索化树上找后继时需知道结点双亲，即需带标志域的三叉链表作存储结构。

可见，在中序线索二叉树上遍历二叉树，虽则时间复杂度亦为 O（n），但常数因子要比上节讨论的算法小，且不需要设栈。因此，若在某程序中所用二叉树需经常遍历或查找结点在遍历所得线性序列中的前驱和后继，则应采用线索链表作存储结构。

4.4.2 线索二叉树的逻辑表示图

按照不同的次序进行线索化，可得到不同的线索二叉树，即先根线索二叉树、中根线索二叉树和后根线索二叉树。对图 4-10（a）所示的二叉树进行线索化，可得到图 4-10（b）、（c）、（d）所示的三种线索二叉树的逻辑表示。

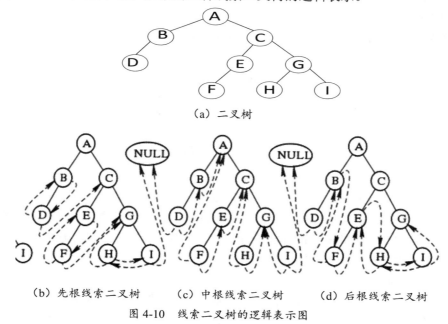

（a）二叉树

（b）先根线索二叉树　　（c）中根线索二叉树　　（d）后根线索二叉树

图 4-10　线索二叉树的逻辑表示图

4.5 树和森林

4.5.1 树的存储结构

树的存储结构有顺序结构和链表结构。顺序存储结构即向量，一般将树结点按自上而下、自左至右的顺序一一存放。如前文所介绍的完全二叉树就可以采用顺序存储结构。对于一般树结构更适合使用链表存储结构。这里我们介绍 3 种常用的链表结构。

1.双亲表示法

假设以一组连续空间存储树的结点，同时在每个结点中附设一个指示器指示其双亲结点在链表中的位置，其形式说明如下：

```
//----------树的双亲表存储表示--------------
#define MAX_TREE 一 SIZE    100
typedef struct PTNode//结点结构
    TElemType    data;
    int          parent;//双亲位置域
}PTNode;
typedef struct（//树结构
```

```
PTNode    nodes[MAX_TREE_SI2E};
int       r，n;//根的位置和结点数
}PTree;
```

例如，图 4-11 展示一棵树及其双亲表示的存储结构。

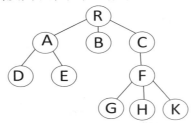

图 4-11　树的双亲表示法示例

这种存储结构利用了每个结点（除根以外）只有唯一的双亲的性质。PARENT（T，x）操作可以在常量时间内实现。反复调用 PARENT 操作，直到遇见无双亲的结点时，便找到了树的根，这就是 ROOT（X）操作的执行过程。但是在这种表示法中，求结点的孩子时需要遍历整个结构。

2.孩子表示法

由于树中每个结点可能有多棵子树，则可用多重链表，即每个结点有多个指针域，其中每个指针指向一棵子树的根结点，此时链表中的结点有如下两种结点格式：

data	Child1	Child2	....	Childd

data	degree	Child1	Child2	....	Childd

若采用第一种结点格式，则多重链表中的结点是同构的，其中 d 为树的度。由于树中很多结点的度小于 d，所以链表中有很多空链域，空间较浪费，不难推出，在一棵有 n 个结点度为 k 的树中必有 n(k-1)+1 个空链域。若采用第二种结点格式，则多重链表中的结点是不同构的，其中 d 为结点的度，degree 域的值同 d。此时，虽能节约存储空间，但操作不方便。

另一种办法是把每个结点的孩子结点排列起来，看成一个线性表，且以单链表作存储结构，则 n 个结点有 n 个孩子链表（叶子的孩子链表为空表）。而 n 个头指针又组成一个线性表，为了便于查找，可采用顺序存储结构。这种存储结构的形式说明如下：

```
//----一树的孩子链表存储表示-----
typedef struct CTNode{          //孩子结点
    int     child;
    struct CTNode *next;
}*ChildPtr;
```

```
typedef struct{
    TElemType    data;
    ChildPtr    firstchild;//孩子链表头指针
}CTBox;
typedef struct{
    CTBox    nodes[MAX_TREE_ SIZE];
    int       n,   r;//结点数和根的位置;
}CTree;
```

图 4-12（a）是图 4-11 中树的孩子表示法。与双亲表示法相反，孩子表示法便于那些涉及孩子的操作的实现，却不适用于 PARENT（T，x）操作。我们可以把双亲表示法和孩子表示法结合起来，即将双亲表示和孩子链表合在一起。图 4-12（ b）就是这种存储结构的一例，它和图 4-12 表示的是同一棵树。

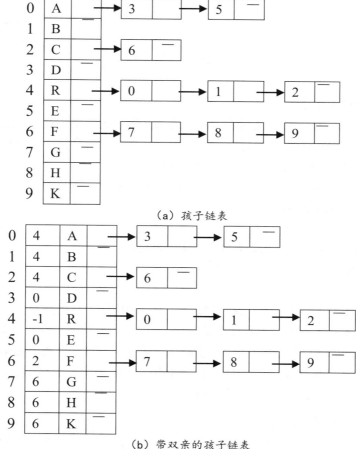

（a）孩子链表

（b）带双亲的孩子链表

图 4-12　树的另外两种表示法

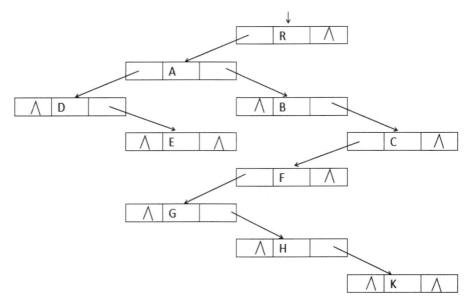

图 4-13　树的二叉链表表示法

3.孩子兄弟表示法

孩子兄弟表示法又称二叉树表示法，或二叉链表表示法。即以二叉链表作树的存储结构。链表中结点的两个链域分别指向该结点的第一个孩子结点和下一个兄弟结点，分别命名为 firstchild 域和 nextsibling 域。

//----一树的二叉链表（孩子一兄弟）存储表示-----

```
typedef struct CSNode（
  ElemType        data;
  struct CSNode    * firstchild，  * nextsibling;
}CSNode，*CSTree;
```

图 4-13 是图 4-11 中的树的孩子兄弟链表。利用这种存储结构便于实现各种树的操作。首先易于实现找结点孩子等的操作。例如：若要访问结点 x 的第 i 个孩子，则只要先从 firstchild 域找到第 1 个孩子结点，然后沿着孩子结点的 nextsibling 域连续走 i-1 步，便可找到 x 的第 i 个孩子。当然，如果为每个结点增设一个 PARENT 域，则同样能方便地实现 PARENT（T， x）操作。

4.5.2 森林与二叉树的转换

由于二叉树和树都可用二叉链表作为存储结构，则以二叉链表作为媒介可导出树与二叉树之间的一个对应关系。也就是说，给定一棵树，可以找到唯一的一棵二叉树与之对应，从物理结构来看，它们的二叉链表是相同的，只是解释不同而已。

1.森林转换为二叉树

如果 F={T1，T2，T3，……，Tm}是森林，则可按如下规则转换成一棵二叉树 B=

（root，LB，RB）。

若 F 为空，即 m=0，则 B 为空树；

若 F 非空,即 m!=0,则 B 的根 root 即为森林中第一棵树的根 ROOT（ T1 ）；B 的左子树 LB 是从 T1 中根结点的子树森林 F1={ T11，T12，T13，…，T1m }转换而成的二叉树；其右子树 RB 是从森林 F'={ T2，T3，…，Tm }转换而成的二叉树，如图 4-14 所示。

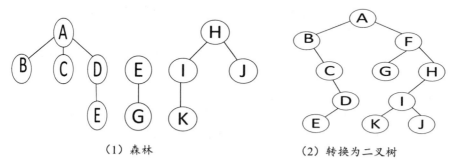

（1）森林　　　　　　　　　（2）转换为二叉树

图 4-14　森林转换为二叉树

2.二叉树转换成森林

如果 B =（root，LB，RB)是一棵二叉树,则可按如下规则转换成森林 F={ T1，T2，T3，…，Tm }：

（1）若 B 为空，则 F 为空；

（2）若 B 非空，则 F 中第一棵树 T1 的根 ROOT （ T1)即为二叉树 B 的根 root； T1 中根结点的子树森林 F1 是由 B 的左子树 LB 转换而成的森林；F 中除 T1 之外其余树组成的森林 F'={ T2，T3，…，Tm }是由 B 的右子树 RB 转换而成的森林。

从上述递归定义容易写出相互转换的递归算法。同时，森林和树的操作亦可转换成二叉树的操作来实现，如图 4-15。

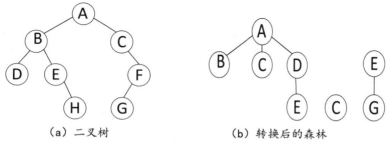

（a）二叉树　　　　　　　　　（b）转换后的森林

图 4-15　二叉树转换为森林

4.5.3 树与二叉树的转换

对于一般树，树中孩子的次序并不重要，只要双亲与孩子的关系正确即可。但在二叉树中，左、右孩子的次序是严格区分的。所以在讨论二叉树与一般树之间的转换时，为了不引起混淆，就约定按树上现有结点次序进行转换。

1.一般树转化为二叉树

将一般树转化为二叉树的思路，主要根据树的孩子兄弟存储方式而来，步骤是：

（1）加线：在各兄弟结点之间用虚线相连。可理解为每个结点的兄弟指针指向它的一个兄弟。

（2）抹线：对每个结点仅保留它与其最左一个孩子的连线抹去该结点与其他孩子之间的连线。可理解为每个结点仅有一个孩子指针，让它指向自己的长子。

（3）旋转：右斜下方向。把虚线改为实线从水平方向向下旋转45º，成原树中实线成左斜下方向。这样就形成一棵二叉树。

由于二叉树中各结点的右孩子都是原一般树中该结点的兄弟，而一般树的根结点又没有兄弟结点，因此所生成的二叉树的根结点没有右子树。在所生成的二叉树中某一结点的左孩子仍是原来树中该结点的长子，并且是它的最左孩子。图4-16是一个由一般树转为二叉树的实例。

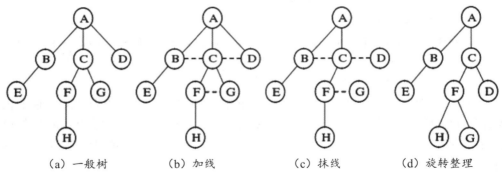

（a）一般树　　　（b）加线　　　（c）抹线　　　（d）旋转整理

图 4-16　一般树转换为二叉树

2.二叉树还原为一般树

二叉树还原为一般树时，二叉树必须是由某一树转换而来的且没有右子树。并非任意一棵二叉树都能还原成一般树。其还原过程也分为三步：

（1）加线：若某结点i是双亲结点的左孩子，则将该结点i的右孩子以及当且仅当连续地沿着右孩子的右链不断搜索到所有右孩子都分别与结点i的双亲结点用虚线连接。

（2）抹线：把原二叉树中所有双亲结点与其右孩子的连线抹去。这里的右孩子实质上是原一般树中结点的兄弟，抹去的连线是兄弟间的关系。

（3）整理：把虚线改为实线，把结点按层次排列，如图4-17。

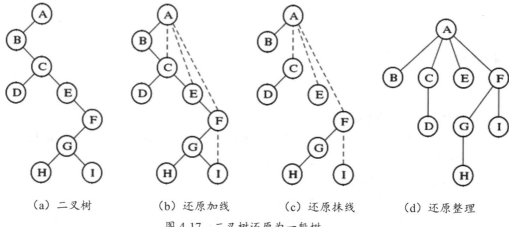

（a）二叉树　　　　（b）还原加线　　　　（c）还原抹线　　　　（d）还原整理

图 4-17　二叉树还原为一般树

4.5.4 树和森林的遍历

由树结构的定义可引出两种次序遍历树的方法：一种是先根（次序）遍历树，即先访问树的根结点，然后依次先根遍历根的每棵子树；另一种是后根（次序）遍历，即先依次后根遍历每棵子树，然后访问根结点。

1.先序遍历森林

若森林非空，则可按下述规则遍历之：

（1）访问森林中第一棵树的根结点；

（2）先序遍历第一棵树中根结点的子树森林；

（3）先序遍历除去第一棵树之后剩余的树构成的森林。

2.中序遍历森林

若森林非空，则可按下述规则遍历之：

（1）中序遍历森林中第一棵树的根结点的子树森林；

（2）访问第一棵树的根结点；

（3）中序遍历除去第一棵树之后剩余的树构成的森林。

若对图 6.17 中森林进行先序遍历和中序遍历，则分别得到森林的先序序列为

　　ABCDEFGHIJ

中序序列为

　　BCDAFEHJIG

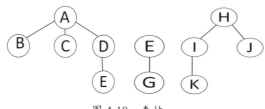

图 4-18　森林

4.6 哈夫曼树及其应用

4.6.1 **最优二叉树（哈夫曼树）**

哈夫曼（Huffman）树，又称最优二叉树，是一类带权路径长度最短的树，有着广泛的应用。

1.哈夫曼树的基本概念

首先我们要学习一些与哈夫曼树有关的术语。

两个结点之间的路径长度：树中一个结点到另一个结点之间的分支数目。

树的路径长度：从根结点到每个结点的路径长度之和。

树的带权路径长度：设一棵二叉树有 n 个叶子，每个叶子结点拥有一个权值 W1，W2，……，Wn 从根结点到每个叶子结点的路径长度分别为 L1，L2，……，Ln，那么树的带权路径长度为每个叶子的路径长度与该叶子权值乘积之和，通常记作：

$$\mathbf{WPL} = \sum_{k=1}^{n} \mathbf{W_k L_k}$$

为了直观起见，在图 4-19 中，把带权的叶子结点画成方形，其他非叶子结点仍为圆形。请看图 4-19 中的三棵二叉树以及它们的带权路径长度。

（1）WPL=2 X 2+4 X 2+5 X 2+8 X 2=3 8

（2）WPL=4 X 2+5 X 3+8 X 3+2 X 1=49

（3）WPL=8 X 1 +5 X 2+4 X 3+2 X 3=36

注意：这三棵二叉树叶子结点数相同，它们的权值也相同但是它们的 WPL 带权路径长各不相同。图 4-19（c）所示二叉树的 WPL 最小。它就是哈夫曼树，最优树。

哈夫曼树：在具有同一组权值的叶子结点的不同二叉树中，带权路径长度最短的树。

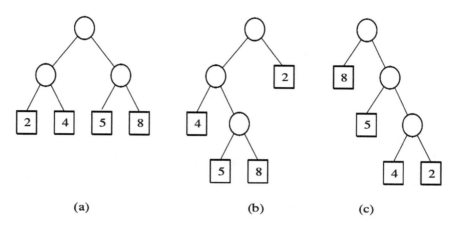

图 4-19 具有不同带权路径长度的树

2.哈夫曼树的构造及其算法：

那么，如何构造哈夫曼树呢？哈夫曼最早给出了一个带有一般规律的算法，俗称哈夫曼算法，如图 4-20。现叙述如下：

（1）根据给定的 n 个权值{W1，W2，W3，……，Wn。}构成 n 棵二叉树的集合 F={T1，T2，……，Tn}，其中每棵二叉树 Ti 中只有一个带权为 wi，的根结点，其左右子树均空。

（2）在 F 中选取两棵根结点的权值最小的树作为左右子树构造一棵新的二叉树，且置新的二叉树的根结点的权值为其左、右子树上根结点的权值之和。

（3）在 F 中删除这两棵树，同时将新得到的二叉树加人 F 中。

（4）重复（2）和（3），直到 F 只含一棵树为止，这棵树便是哈夫曼树。

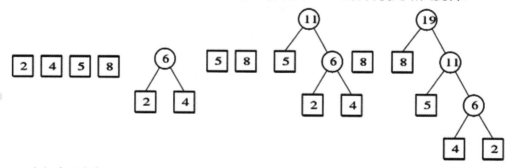

（a）森林中有四棵树　（b）森林中有三棵树（c）森林中有两棵树　（d）生成一棵树

图 4-20 哈夫曼树构造过程

3.哈夫曼算法实现

讨论算法实现需选择合适的存储结构，因为哈夫曼树中没有度为 1 的结点。这里选用顺序存储结构。由二叉树性质可知 $n0=n2+1$，而现在总结点数为 $n0+n2$，也即 $2n0-1$。叶子数 $n0$ 若用 n 表示，则二叉树结点总数为 $2n-1$，向量的大小就定义为 $2n-1$。

假设 n<10，存储结构如下：

```
struct hftreenode
    { int data;          /*权值域*/
    int lch，rch；        /*左、右孩子结点在数组中的下标*/
    int tag；            /*tag=0 结点独立，tag= 1 结点已并入树中*/
    }
struct hftreenode r[20];
```

首先需将叶子权值输入 r 向量，lch，rch，tag 域全置零，如果用前边的一组数值{2， 4， 5，8}初始化向量 r（见图 4-21（a）），然后执行算法，可得出如图 4-21（b）所示的结果。设 t 为指向哈夫曼树的根结点（在此是数组元素）的指针，则算法如算法 4.6 所示。

0	0	2	0	1	0	2	0
0	0	4	0	1	0	4	0
0	0	5	0	1	0	5	0
0	0	8	0	1	0	8	0
				1	1	6	2
				1	3	11	5
				0	4	19	6

（a）初始状态　　　　　　　　　　（b）最终状态

图 4-21　哈夫曼树向量存储结构示意图

```
/*算法描述 4.6 哈夫曼算法*/
int huffman （struct hftreenode r[20]）
{ scanf（"n=0%d"，&n）；           /}n 为叶子结点的个数*/
  for （j=1; j <=n;j++)
    {scanf（"%d"，&r[j].data）；
    r[j].tag=0;r[j].lch=0;r[j].rch=0;
    }
  i=0;
  while  （i<n-1)/*合并 n-1 次*/
    { xl=0; m1=32767;            /*ml 是最小值单元，x1 为下标号*/
x2=0; m2=32767;    /*m2 为次小值单元，x2 为下标号*/
for（j=1 ;j<=n+i;j++)
    {if（（r[j].data<m 1 ）&&（r[j].tag==0)）
        {m2=m 1;x2=x1;
        ml=r[j].data;x1= j;
        }
```

```
    else if  （（r[j].data<m2）&&（r[j].tag==0））
            {m2=r[j].data;
            x2= j;
              }
          }
   r[x 1].tag=1;r[x2].tag=1;i++;
   r[n+i].data=r[x 1].data+r[x2].data;              /*m 1 +m2*/
   r[n+i].tag=0;r[n+i].lch=x 1;r[n+i].rch=x2;
   }
   t=2*n-1;return（t）;
   }/*ends/
```

在算法 4.6 中主要有一个二重循环，内循环的平均循环次数均为 O（n），外循环大约为 n 次，所以该算法的时间复杂度为 O（n²）。

4.6.2 哈夫曼编码

目前，进行快速远距离通信的主要手段是电报，即将需传送的文字转换成由二进制的字符组成的字符串。例如，假设需传送的电文为"ABACCDA"，它只有 4 种字符，只需两个字符的串便可分辨。假设 A，B，C，D 的编码分别为 00，01，10 和 11，则上述 7 个字符的电文便为'00010010101100'，总长 14 位，对方接收时，可按二位一分进行译码。

当然，在传送电文时，希望总长尽可能地短。如果对每个字符设计长度不等的编码，且让电文中出现次数较多的字符采用尽可能短的编码，则传送电文的总长便可减少。如果设计 A，B，C，D 的编码分别为，00，1 和 01，则上述 7 个字符的电文可转换成总长为 9 的字符串"000011010"。但是，这样的电文无法翻译，例如传送过去的字符串中前 4 个字符的子串'0000'就可有多种译法，或是"AAAA"，或是"ABA"，也可以是"BB"等。因此，若要设计长短不等的编码，则必须是任一个字符的编码都不是另一个字符的编码的前缀，这种编码称作前缀编码。

可以利用二叉树来设计二进制的前缀编码。假设有一棵如图 4-22 所示的二叉树，其 4 个叶子结点分别表示 A，B，C，D 这 4 个字符，且约定左分支表示字符'0'，右分支表示字符'1'，则可以从根结点到叶子结点的路径上分支字符组成的字符串作为该叶子结点字符的编码。读者可以证明，如此得到的必为二进制前缀编码。如由图 4-22 所得 A，B，C，D 的二进制前缀编码分别为 0，10，110 和 111。

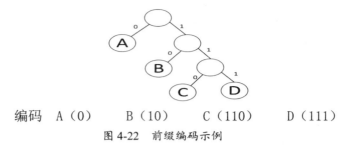

编码 　A（0）　　 B（10）　　 C（110）　　 D（111）

图 4-22　前缀编码示例

又如何得到使电文总长最短的二进制前缀编码呢?假设每种字符在电文中出现的次数为 wi，其编码长度为 li；电文中只有两种字符，则电文总长为名 $\sum_{i=1}^{n} w_i l_i$。对应到二叉树上，若置 wi 为叶子结点的权，li 恰为从根到叶子的路径长度。则 $\sum_{i=1}^{n} w_i l_i$ 恰为二叉树上带权路径长度。由此可见，设计电文总长最短的二进制前缀编码即为以 n 种字符出现的频率作权，设计一棵哈夫曼树的问题，由此得到的二进制前缀编码便称为赫夫曼编码。

下面讨论具体做法。由于哈夫曼树中没有度为 1 的结点（这类树又称严格的（strict）或正则的二叉树），则一棵有 n 个叶子结点的哈夫曼树共有 2n-1 个结点，可以存储在一个大小为 2n-1 的一维数组中。如何选定结点结构?由于在构成哈夫曼树之后，为求编码需从叶子结点出发走一条从叶子到根的路径；而为译码需从根出发走一条从根到叶子的路径。则对每个结点而言，既需知双亲的信息，又需知孩子结点的信息。由此设定下述存储结构：

```
//----一哈夫曼树和赫夫曼编码的存储表示---一
typedef struct{
    unsigned int    weight;
    unsigned int    parent，lchild，rchiid;
}HTHode，*HuffmanTreei//动态分配数组存储哈夫曼树
typedef char*    *HuffmanCode;//动态分配数组存储赫夫曼编码表
```

求哈夫曼编码的算法如算法 4.6 所示。

```
void HuffmanCodinq（HuffmanTree &HT，HuffmanCode &HC，int *w，int n）
{
```

//w 存放 n 个字符的权值（均>0），构造哈夫曼树 HT，并求出 n 个字符的赫夫曼编码 HC。

```
    if （n<=1） return;
    m=2 * n-1i
    HT = （HuffmanTree）malloc （（m + 1） *sizeaf （HTNode）） ;//0 号单元未用-
    for （p=HT，i=1;i<=n;++i，++P"++w）    *P={*w，0，0，0};
```

```
for（; i<= m:++i，++P）*P={0，0，0，0}:
for （i=n+1 ;i<=m;++i）　　{//建哈夫曼树
```
//在 HT[1......i-1]选择 parent 为 0 且 weight 最小的两个结点，其序号分别为 s1.和 s2。
```
    elect（HT，i-1，s1，s2 ）;
    HT[s1].parent=i;　　HT[s2].parent=i;
    HT[i].lchild=si;HT[i].rchild=s2;
    HT[i].wezght=HT[s1].weight+HT[s2].weight;
    } //从叶子到根逆向求每个字符的哈夫曼编码
HC =（HuffmanGode）malloc（（n t 1）*sizeof（char,））;//分配 n 个字符编码的头指针向量
cd=（char *）malloc（n *sizeof（char））;　　//分配求编码的工作空间
cd[n-1]=||"\0";　　　　//编码结束符
for（i= l; i<=n;++i）{　　　　//逐个字符求赫夫曼编码
    start=n-1;　　　　　　//编码结束符位置
for（c=i，f=HT[i]）.parant;f!=0;c=f，f=HT[f].parent）//从叶子到根逆向求编码
        if （HT[f].lchild==c）　　cd[--start] ="0";
        else cd[--start]="1";
    HC[i]=（char *）malloc（（n-start）* siaeof（char））;//为第 i 个字符编码分配空间
    strcpy（HC[i]，&cd[start]）;　　　　//从 cd 复制编码（串）到 HG
}
free（cd）;　　　　//释放工作空间
}// HuffanCading
```
在图 4-23 中已知某系统在通信联络中只可能出现 8 种字符,其概率分别为 0.05，0.29，0.07，0.08，0.14，0.23，0.03，0.11，试设计赫夫曼编码。设权 w =（5，29，7，8，14，23，3，11），n=8，则 m=15，按上述算法可构造一棵哈夫曼树如图 4-23 所示。其存储结构 HT 的初始状态如图 4-23（a）所示，其终结状态如图 4-23 （b）所示，所得赫夫曼编码如图 4-23（c）所示。

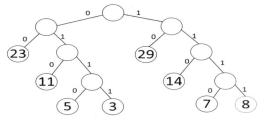

图 4-23　示例赫夫曼树

HT	WEIGHT	PAREN T	LCHIL D	RCHIL D	WEIGHT	PARE N T	LCHI L D	RCHIL D
1	5	0	0	0	5	9	0	0
2	29	0	0	0	29	14	0	0
3	7	0	0	0	7	10	0	0
4	8	0	0	0	8	10	0	0
5	14	0	0	0	14	12	0	0
6	23	0	0	0	23	13	0	0
7	3	0	0	0	3	9	0	0
8	11	0	0	0	11	11	0	0
9	--	0	0	0	8	11	1	7
10	--	0	0	0	15	12	3	4
11	--	0	0	0	19	13	8	9
12	--	0	0	0	29	14	5	10
13	--	0	0	0	42	15	6	11
14	--	0	0	0	58	15	2	12
15	--	0	0	0	100	0	13	14

（a）HT 的初态　　　　　　　　　　　　　　　　　　（b）HT 的终态

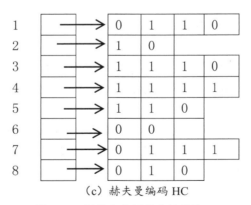

（c）赫夫曼编码 HC

图 4-24　例赫夫曼树的存储结构

参考文献

[1] 严蔚敏，吴伟民.数据结构（c 语言版）[M].北京：清华大学出版社，2007.

[2] Mark Allen Weiss．Data Structures and Algorithm Analysis in C Second Edition [M]．北京：机械工业出版社，2015.

[3]Knuth D E. The Art of Computer Programming，volume1/Fundamental Algorithms[M] olume3/Sorting and Searching.Addison-Wesley Publishing Company,Inc,1973.

[4] Gotlieb C C，Gotlieb L R. Data Types and Structures[M]. Prentice-Hall Inc，1978.

[5] Tenenbaum A M，　Augensetein M J. Data Structures Using PASCAL[M]. Prentice-Hall，　Inc，1981.

[6] Baron R J，　Shapiro L G. Data Structures and their Implementation[M]. Van Nostrand Reinhold company，1980.

[7] Aho A V，　Hopcroft J E，　U11man J D:Data Structures and Algorithms[M]. Addison-Wesley PublishingCompany，　Inc，　1983.

第五章　图

图（Graph）是一种比线性表和树更为复杂的数据结构。在线性结构中研究的是数据元素之间的一对一关系。在这种结构中，除第一个和最后一个元素外，任何一个元素都有唯一的一个直接前驱和直接后继。在树结构中研究的是数据元素之间的一对多的关系。在这种结构中，每个元素对下（层）可以有 0 个或多个元素相联系，对上（层）只有唯一的一个元素相关，数据元素之间有明显的层次关系。然而在图结构中研究的是数据元素之间多对多的关系。在这种结构中，任意两个元素之间可能存在关系。即结点之间的关系可以是任意的，图中任意元素之间都可能相关。

图的应用极为广泛，已渗入诸如语言学、逻辑学、物理、化学、电讯、计算机科学以及数学的其他分支。

5.1　图的定义和术语

一个图（G）定义为一个偶对（V，E），记为 G=（V，E）。其中：V 是顶点（Vertex）的非空有限集合，记为 V（G）；E 是无序集合 V&V 的一个子集，记为 E（G），其元素是图的弧（Arc）。

将顶点集合为空的图称为空图。其形式化定义为：

G=（V，E）

V={v|v　data object}

E={<v，w>| v，w　V∧p（v，w）}

P（v，w）表示从顶点 v 到顶点 w 有一条直接通路。

弧（Arc）：表示两个顶点 v 和 w 之间存在一个关系，用顶点偶对<v，w>表示。通常根据图的顶点偶对将图分为有向图和无向图。

有向图（Directed graph）：如果图中每条边都是顶点有序对，即每条边在图示时都用箭头表示方向，则称此图为有向图。有向图的边也称为弧。如图 5-1 中 G_1 是有向图，它由 V（G_1）和 E（G_1）组成。其中：

V（G1）= {v_1，v_2，v_3}

E（G1）= {<$v_1 v_2$>，<$v_2 v_3$>，<$v_1 v_3$>}

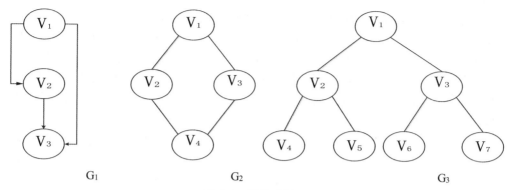

G_1 　　　　　　G_2 　　　　　　G_3

图 5-1　图的示例

无向图（Undirected graph）：如果图中每条边都是顶点无序对，则称此图为无向图。无向边用圆括号括起的两个相关顶点来表示。所以在无向图中，（v_1 v_2）和（v_2 v_1）表示的是同一条边。

如图 5-1 中的 G_2 和 G_3 都是无向图。其中：

V（G_2）={v_1，v_2，v_3，v_4}

E（G_2）={（v_1，v_2），（v_1，v_3），（v_2，v_3），（v_2，v_4），（v_3，v_4）}

V（G_3）={v_1，v_2，v_3，v_4，v_5，v_6，v_7}

E（G_3）={（v_1，v_2），（v_1，v_3），（v_2，v_4），（v_2，v_5），（v_3，v_6），（v_3，v_7）}

无向完全图（Completed Undirected）和有向完全图（Completed Directed graph）：若一个无向图有 n 个顶点，而每一个顶点与其他 $n-1$ 个顶点之间都有边，这样的图称为无向完全图，即共有 n（$n-1$）/2 条边。类似的，在有 n 个顶点的有向图中，若有 n（$n-1$）条弧，即任意两个顶点之间都有方向相反的两条弧连接，则称此图为有向完全图。

子图和生成子图：设有图 G=（V，E）和 G'=（V'，E'），若 V'⊂V 且 E'⊂E，则称图 G' 是 G 的子图；若 V'=V 且 E'⊂E 则称图 G' 是 G 的一个生成子图。

顶点的邻接（Adjacent）：对于无向图 G=（V，E），若边（v，w）　E，则称顶点 v 和 w 互为邻接点，即 v 和 w 相邻接。边（v，w）依附（incident）与顶点 v 和 w。对于有向图 G=（V，E），若有向弧<v，w>=E，则称顶点 v "邻接到"顶点 w，顶点 w "邻接自"顶点 v，弧<v，w> 于顶点 v 和 w "相关联"。

路径（Path）：在图 G 中，从顶点 v_p 到 v_q 的一条路径是顶点序列（v_p，v_{i1}，v_{i2}，…，v_{in}，v_q）且（v_p，v_{i1}），（v_{i1}，v_{i2}），…，（v_{in}，v_q）是 E（G）中的边，路径上边的数目称之为该路径长度。对于有向图，其路径也是有向的，路径由弧组成。

简单路径（Simple Path）：如果一条路径上所有顶点除起始点和终止点外彼此都不同，称该路径是简单路径。

回路（Cycle）和简单回路：在一条路径中，如果起始点和终止点是同一顶点，则称为回路。简单路径相应的回路称为简单回路。

连通图（Connected Graph）和强连通图（Strongly Connected Graph）：在无向图 G 中，若从 v_i 到 v_j 有路径，则称 v_i 和 v_j 是连通的。若 G 中任意两顶点都是连通的，则称 G 是连通图。对于有向图而言，若 G 中每一对不同顶点 v_i 和 v_j 之间都有 v_i 到 v_j 和 v_j 到 v_i 的路径，则称 G 为强连通图。否则称为非强连通图。若 G 是非强连通图，则极大的强连通子图称为 G 的强连通分量。其中"极大"的含义指的是对子图再增加图 G 中的其他顶点，子图就不再连通。

度（Degree）、入度（Indegree）和出度（Outdegree）：若（v_i，v_j）是 E（G）中的一条边，则称顶点 v_i 和 v_j 是邻接的，并称边（v_i，v_j）依附于顶点 v_i 和 v_j。顶点的度，就是依附于该顶点的边数。在有向图中，以某顶点为头，即终止于该顶点的弧的数目称为该顶点的入度；以某顶点为尾，即起始于该顶点的弧的数目称为该顶点的出度。该顶点的入度和出度之和称为该顶点的度。

生成树、生成森林：一个连通图（无向图）的生成树是一个极小连通子图，它含有图中全部 n 个顶点和只有足以构成一棵树的 n-1 条边，称为图的生成树，如图 5-2 所示。

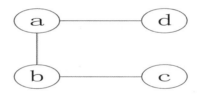

图 5-2 图 G2 的一棵生成树

关于无向图的生成树的几个结论：

（1）一棵有 n 个顶点的生成树有且仅有 n-1 条边；

（2）如果一个图有 n 个顶点和小于 n-1 条边，则是非连通图；

（3）如果多于 n-1 条边，则一定有环；

（4）有 n-1 条边的图不一定是生成树。

有向图的生成森林是这样一个子图，由若干棵有向树组成，含有图中全部顶点。有向树是只有一个顶点的入度为 0 ，其余顶点的入度均为 1 的有向图，如图 5-3 所示。

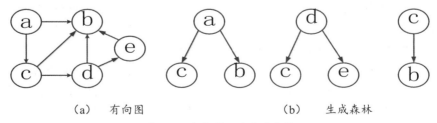

（a） 有向图   （b） 生成森林

图 5-3 有向图及其生成森林

网：每个边（或弧）都附加一个权值的图，称为带权图。带权的连通图（包括弱连通的有向图）称为网或网络。网络是工程上常用的一个概念，用来表示一个工程或某种流程，如图 5-4 所示。

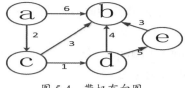

图 5-4 带权有向图

5.2 图的存储结构

图的存储结构比较复杂，其复杂性主要表现在：

（1）任意顶点之间可能存在联系，无法以数据元素在存储区中的物理位置来表示元素之间的关系。

（2）图中顶点的度不一样，有的可能相差很大，若按度数最大的顶点设计结构，则会浪费很多存储单元，反之按每个顶点自己的度设计不同的结构，又会影响操作。因此图的常用的存储结构有：邻接矩阵、邻接链表、十字链表、邻接多重表。

5.2.1 邻接矩阵

基本思想：对于有 n 个顶点的图，用一维数组 vexs[n]存储顶点信息，用二维数组 A[n][n]存储顶点之间关系的信息。该二维数组称为邻接矩阵。在邻接矩阵中，以顶点在 vexs 数组中的下标代表顶点，邻接矩阵中的元素 A[i][j]存放的是顶点 i 到顶点 j 之间关系的信息。可按如下定义 n 阶方阵：

$$A[i][j]=\begin{cases} 1 & 若（vi，vj）或<vi，vj>\in E（G） \\ 0 & 反之 \end{cases}$$

例如，图 5-1 中 G1，G2，G3 的邻接矩阵分别表示为 B1，B2 和 B3，矩阵的行列号对应于图中结点的序号。

$$B_1 = \begin{bmatrix} 0 & 1 & 1 \\ 0 & 0 & 1 \\ 0 & 0 & 0 \end{bmatrix} \quad B_2 = \begin{bmatrix} 0 & 1 & 1 & 0 \\ 1 & 0 & 1 & 1 \\ 1 & 1 & 0 & 1 \\ 0 & 1 & 1 & 0 \end{bmatrix} \quad B_3 = \begin{bmatrix} 0 & 1 & 1 & 0 & 0 & 0 & 0 \\ 1 & 0 & 0 & 1 & 1 & 0 & 0 \\ 1 & 0 & 0 & 0 & 0 & 1 & 1 \\ 0 & 1 & 0 & 0 & 0 & 0 & 0 \\ 0 & 1 & 0 & 0 & 0 & 0 & 0 \\ 0 & 0 & 1 & 0 & 0 & 0 & 0 \\ 0 & 0 & 1 & 0 & 0 & 0 & 0 \end{bmatrix}$$

对于 3 个图的矩阵存储，不难看出，无向图的邻接矩阵是对称的，而有向图的邻矩阵不一定对称。在 C 语言中，图的邻接矩阵存储表示如下：

（1）图的创建

```
AdjGraph  *Create_Graph（MGraph * G）
{    printf（"请输入图的种类标志："）；
scanf（"%d"，  &G->kind）；
G->vexnum=0；          /*  初始化顶点个数  */
return（G）；
}
```

（2）图的顶点定位

图的顶点定位操作实际上是确定一个顶点在 vexs 数组中的位置（下标），其过程完全等同于在顺序存储的线性表中查找一个数据元素。算法实现：

```
int  LocateVex（MGraph *G，  VexType *vp）
    {   int  k；
       for （k=0；k<G->vexnum；k++）
            if （G->vexs[k]==*vp）  return（k）；
       return（-1）；       /*  图中无此顶点  */
    }
```

（3）向图中增加顶点

向图中增加一个顶点的操作，类似于在顺序存储的线性表的末尾增加一个数据元素。算法实现：

```
int  AddVertex（MGraph *G，  VexType *vp）
{   int  k， j；
if （G->vexnum>=MAX_VEX）
{  printf（"Vertex Overflow !\n"）；return（-1）；  }
if （LocateVex（G，  vp）!=-1）
{  printf（"Vertex has existed !\n"）；return（-1）；}
k=G->vexnum；G->vexs[G->vexnum++]=*vp；
if （G->kind==DG||G->kind==AG）
for （j=0；j<G->vexnum；j++）
G->adj[j][k].ArcVal=G->adj[k][j].ArcVal=0；
        /*  是不带权的有向图或无向图  */
    Else
    for （j=0；j<G->vexnum；j++）
    {   G->adj[j][k].ArcVal=INFINITY；
     G->adj[k][j].ArcVal=INFINITY；
        /*  是带权的有向图或无向图  */
```

```
    }
    return（k）；
    }
```

（4）向图中增加一条弧

根据给定的弧或边所依附的顶点，修改邻接矩阵中所对应的数组元素。算法实现：

```
int    AddArc（MGraph *G ，  ArcType *arc）
{    int  k ，  j；
k=LocateVex（G ，  &arc->vex1）   ；
j=LocateVex（G ，  &arc->vex1）    ；
if  （k==-1||j==-1）
{  printf（"Arc's Vertex do not existed !\n"）  ；
return（-1）   ；
}
if  （G->kind==DG||G->kind==WDG）
{  G->adj[k][j].ArcVal=arc->ArcVal;
G->adj[k][j].ArcInfo=arc->ArcInfo ；
    /*   是有向图或带权的有向图*/
}
else
{   G->adj[k][j].ArcVal=arc->ArcVal ；
G->adj[j][k].ArcVal=arc->ArcVal ；
G->adj[k][j].ArcInfo=arc->ArcInfo ；
G->adj[j][k].ArcInfo=arc->ArcInfo ；
    /*   是无向图或带权的无向图，需对称赋值   */
}
return（1）   ；
}
```

5.2.2 邻接链表

基本思想：对图的每个顶点建立一个单链表，存储该顶点所有邻接顶点及其相关信息。每一个单链表设一个表头结点。第 i 个单链表表示依附于顶点 V_i 的边（对有向图是以顶点 V_i 为头或尾的弧）。

图的邻接链表存储结构是一种顺序分配和链式分配相结合的存储结构。它包括两个部分，对应一部分是向量，另一部分是链表。原则上，在链表部分共有 n 个链表，即每个顶点一个链表。

每个链表由一个表头结点和若干个表结点组成。表头结点用来指示第 i 个顶点 v_i 是否被访问过和所对应的链表指针；表结点由顶点域（Vertex）和链域（Next）所组成。顶点域指示了与 v_i 相邻接的顶点的序号，所以一个表结点实际代表了一条依附于 v_i 的边；链域指示了依附于 v_i 的另一条边的表结点。因此，第 i 个链表就表示了依附于 v_i 的所有边。对有向图来讲，第 i 个链表就表示了从 v_i 发出的所有弧。

邻接链表中的表头部分是向量，用来存储 n 个表头结点。向量的下标指示了顶点的序号。

例如，对于图 5-1 中的 G1 和 G2，其邻接链表分别如图 5-5（a）、（b）所示。

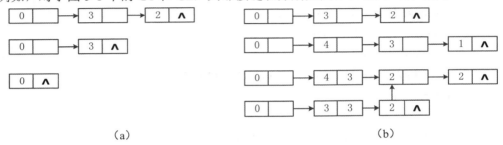

(a)　　　　　　　　　　　　　　　　　(b)

图 5-5　邻接链表

邻接链表的特点：

（1）表头向量中每个分量就是一个单链表的头结点，分量个数就是图中的顶点数目；

（2）在边或弧稀疏的条件下，用邻接表表示比用邻接矩阵表示节省存储空间；

（3）在无向图中，顶点 Vi 的度是第 i 个链表的结点数；

（4）对有向图可以建立正邻接表或逆邻接表。正邻接表是以顶点 Vi 为出度（即为弧的起点）而建立的邻接表；逆邻接表是以顶点 Vi 为入度（即为弧的终点）而建立的邻接表；

（5）在有向图中，第 i 个链表中的结点数是顶点 Vi 的出 （或入）度；求入 （或出）度，须遍历整个邻接表；

（6）在邻接表上容易找出任一顶点的第一个邻接点和下一个邻接点。

在 C 语言中，图的邻接表存储表示如下：

```
/* 结点及其类型定义 */
#define MAX_VEX   30        /*  最大顶点数  */
Typedef int InfoType;
typedef enum {DG,   AG,   WDG，WAG} GraphKind ;
typedef struct LinkNode
{   int   adjvex ;           // 邻接点在头结点数组中的位置（下标）
InfoType     info ;        // 与边或弧相关的信息， 如权值
struct LinkNode *nextarc ;    // 指向下一个表结点
}LinkNode ;    /*  表结点类型定义    */
```

```
    typedef struct VexNode
    {   VexType   data;        // 顶点信息
    int   indegree ;    //   顶点的度，  有向图是入度或出度或没有
    LinkNode   *firstarc ;      //   指向第一个表结点
    }VexNode ;      /*   顶点结点类型定义     */
    typedef struct ArcType
    {   VexType   vex1，  vex2 ;      /*   弧或边所依附的两个顶点  */
    InfoType     info  ;          //   与边或弧相关的信息，   如权值
}ArcType ;      /*   弧或边的结构定义    */
typedef struct
{   GraphKind   kind ;          /*   图的种类标志     */
int vexnum ;
VexNode      AdjList[MAX_VEX] ;
}ALGraph ;      /*   图的结构定义     */
```

利用上述存储结构描述，可方便地实现图的基本操作。

（1）图的创建

```
ALGraph *Create_Graph（ALGraph * G）
{    printf（"请输入图的种类标志："）  ；
scanf（"%d"，   &G->kind）  ；
G->vexnum=0 ;        /*   初始化顶点个数  */
return（G）  ；
}
```

（2）图的顶点定位

图的顶点定位实际上是确定一个顶点在 AdjList 数组中的某个元素的 data 域内容。算法实现：

```
int   LocateVex（ALGraph *G ，   VexType *vp）
{   int   k ;
for  （k=0 ; k<G->vexnum ; k++）
if  （G->AdjList[k].data==*vp）    return（k）  ；
return（-1）  ；      /*   图中无此顶点   */
}
```

（3）向图中增加顶点

向图中增加一个顶点的操作，在 AdjList 数组的末尾增加一个数据元素。算法实现：

```
int   AddVertex（ALGraph *G ，   VexType *vp）
{   int   k ， j;
if   （G->vexnum>=MAX_VEX）
```

```
{   printf（"Vertex Overflow !\n"）；  return（-1）；}
if   （LocateVex（G，  vp）!=-1）
{   printf（"Vertex has existed !\n"）；return（-1）；}
G->AdjList[G->vexnum].data=*vp；
G->AdjList[G->vexnum].degree=0；
G->AdjList[G->vexnum].firstarc=NULL；
k=++G->vexnum；
return（k）；
}
```

（4）向图中增加一条弧

根据给定的弧或边所依附的顶点，修改单链表：无向图修改两个单链表；有向图修改一个单链表。算法实现：

```
int   AddArc（ALGraph *G，  ArcType *arc）
{   int   k，  j；
LinkNode *p，*q；
k=LocateVex（G，  &arc->vex1）；
j=LocateVex（G，  &arc->vex2）；
if （k==-1||j==-1）
{   printf（"Arc's Vertex do not existed !\n"）；
return（-1）；
}
p=（LinkNode *）malloc（sizeof（LinkNode））；
p->adjvex=arc->vex1；p->info=arc->info；
p->nextarc=NULL；   /*  边的起始表结点赋值   */
q=（LinkNode *）malloc（sizeof（LinkNode））；
q->adjvex=arc->vex2；q->info=arc->info；
q->nextarc=NULL；   /*  边的末尾表结点赋值   */
if （G->kind==AG||G->kind==WAG）
{   q->nextarc=G->adjlist[k].firstarc；
G->adjlist[k].firstarc=q；
p->nextarc=G->adjlist[j].firstarc；
G->adjlist[j].firstarc=p；
}   /*  是无向图，  用头插入法插入到两个单链表   */
else      /*  建立有向图的邻接链表，  用头插入法  */
{   q->nextarc=G->adjlist[k].firstarc；
G->adjlist[k].firstarc=q；  /*  建立正邻接链表用 */
//q->nextarc=G->adjlist[j].firstarc；
```

84

```
//G->adjlist[j].firstarc=q ;    /*  建立逆邻接链表用 */
    }
return（1）;
    }
```

5.2.3 十字链表

十字链表（Orthogonal List）是有向图的另一种链式存储结构，是将有向图的正邻接表和逆邻接表结合起来得到的一种链表。在这种结构中，每条弧的弧头结点和弧尾结点都存放在链表中，并将弧结点分别组织到以弧尾结点为头（顶点）结点和以弧头结点为头（顶点）结点的链表中。这种结构的结点逻辑结构如图5-6所示。

Data	firstin	firstout

tailvex	headvex	info	hlink	tlink

       顶点结点   弧结点

图 5-6　十字链表结点结构

对于图 5-6 中 data 域：存储和顶点相关的信息；指针域 firstin：指向以该顶点为弧头的第一条弧所对应的弧结点；指针域 firstout：指向以该顶点为弧尾的第一条弧所对应的弧结点；尾域 tailvex：指示弧尾顶点在图中的位置；头域 headvex：指示弧头顶点在图中的位置；指针域 hlink：指向弧头相同的下一条弧；指针域 tlink：指向弧尾相同的下一条弧；Info 域：指向该弧的相关信息。

在 C 语言中对于十字链表结点类型定义如下：

```
#define INFINITY   MAX_VAL        /* 最大值∞ */
#define MAX_VEX   30       //   最大顶点数
typedef struct ArcNode
{    int   tailvex ,   headvex ;    //  尾结点和头结点在图中的位置
InfoType    info ;           //  与弧相关的信息，  如权值
struct ArcNode  *hlink ,   *tlink ;
}ArcNode ;    /*  弧结点类型定义   */
typedef struct VexNode
{  VexType   data;      // 顶点信息
ArcNode  *firstin ,  *firstout ;
}VexNode ;     /*  顶点结点类型定义   */
typedef struct
{  int vexnum ;
VexNode   xlist[MAX_VEX] ;
}OLGraph ;   /*  图的类型定义    */
```

5.2.4 邻接多重表

邻接多重表（Adjacency Multilist）是无向图的另一种链式存储结构。邻接表是无向图的一种有效的存储结构，在无向图的邻接表中，一条边（v，w）的两个表结点分别初选在以 v 和 w 为头结点的链表中，很容易求得顶点和边的信息，但对涉及边的操作会带来不便。

邻接多重表的结构和十字链表类似，每条边用一个结点表示；邻接多重表中的顶点结点结构与邻接表中的完全相同，而表结点包括六个域，如图 5-7 所示。

Data	firstout		mark	ivex	jvex	info	ilink	jlink

顶点结点 　　　　　　　　　　　　　　　　　表结点

图 5-7　邻接多重表的结点结构

对于图 5-7 中：Data 域：存储和顶点相关的信息；指针域 firstedge：指向依附于该顶点的第一条边所对应的表结点；标志域 mark：用以标识该条边是否被访问过；ivex 和 jvex 域：分别保存该边所依附的两个顶点在图中的位置；info 域：保存该边的相关信息；指针域 ilink：指向下一条依附于顶点 ivex 的边；指针域 jlink：指向下一条依附于顶点 jvex 的边。

在 C 语言中对于邻接多重表结点类型定义如下：

```
#define INFINITY    MAX_VAL        /* 最大值∞ */
#define MAX_VEX    30        /*    最大顶点数    */
typedef   emnu {unvisited ，   visited}   Visitting ;
typedef struct EdgeNode
{   Visitting   mark ；      // 访问标记
int   ivex ，   jvex ；      // 该边依附的两个结点在图中的位置
InfoType      info ；          // 与边相关的信息，   如权值
struct EdgeNode   *ilink ，   *jlink ;
// 分别指向依附于这两个顶点的下一条边
}EdgeNode ；      /*   弧边结点类型定义      */
typedef struct VexNode
{   VexType    data;       // 顶点信息
ArcNode   *firsedge ；   //   指向依附于该顶点的第一条边
}VexNode ；      /*   顶点结点类型定义      */
typedef struct
{   int vexnum ;
VexNode mullist[MAX_VEX] ;
}AMGraph
```

5.3 图的遍历

给定一个无向连通图 G，G=（V，E），当从 V（G）中的任一顶点 V 出发，去访问图中其余顶点，使每个顶点仅被访问一次，这个过程叫作图的遍历。

图的遍历和树的遍历相似，但要比树的遍历复杂得多。因为图中的任一顶点都可能和其余的顶点相邻接，所以在访问某个顶点后，可能沿着某条路径搜索之后，又回到该顶点。例如，由于图 5-8 中存在回路，因此在访问了 v_1，v_2，v_4，v_3 之后沿着边（v_3，v_1）又可访问到 v_1。为了避免同一顶点被访问多次，在遍历图的过程中，必须记下每个已访问过的顶点。为此，我们设一个辅助数组，可以利用表头向量 list，让其 data 域作为标志域，即有：

$$\left\{ \begin{array}{l} \text{List[vi].data=1 已访问过} \\ \\ \text{List[vi].data=0 未访问过} \end{array} \right.$$

通常有两种遍历图的方法，一种是深度优先搜索法，另一种为广度优先搜索法。

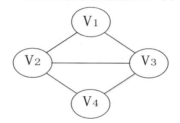

图 5-8　图遍历示例

5.3.1 深度优先搜索算法

深度优先搜索（Depth First Search--DFS）遍历类似树的先序遍历，是树的先序遍历的推广。其算法思想为：

设初始状态时图中的所有顶点未被访问，则：

（1）从图中某个顶点 v_i 出发，访问 v_i；然后找到 v_i 的一个邻接顶点 v_{i1}；

（2）从 v_{i1} 出发，深度优先搜索访问和 v_{i1} 相邻接且未被访问的所有顶点；

（3）转(1)，直到和 v_i 相邻接的所有顶点都被访问为止；

（4）继续选取图中未被访问顶点 v_j 作为起始顶点，转（1），直到图中所有顶点都被访问为止。

显然深度优先搜索是一个递归过程。

例：对于图 5-1 中的 G_2，邻接表为图 5-5（b），先选取 v_1 顶点作为搜索的起始点。顶点 v_1 的相邻顶点分别是 v_3、v_2，所以沿着它的一个相邻顶点往下走。当走到顶点 v_3 时，它有三个相邻顶点 v_4、v_2、v_1，沿着它的一个相邻顶点往下走到 v_4，而

v_4 有两个相邻顶点 v_3 和 v_2，因 v_3 已被访问过所以应原路返回，访问 v_2，当走到 v_2 时，v_2 有三个相邻顶点 v_4、v_3、v_1，因 v_4、v_3、v_1 已被访问，原路返回上层，上层为空再返回，v_3、v_1 被访问过，再返回上层，v_2 被访问过，为空则结束，如图 5-9 所示。

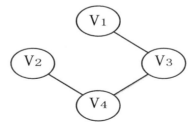

图 5-9　深度优先搜索示意图

下面以邻接表为图的存储结构给出深度优先搜索算法。

```
/*深度优先搜索的算法描述*/
    vexnode list[MAXVERTEXNUM]，*ptr[MAXVERTEXNUM];
    int n；
    main（）
    {int v；
    n=creatadjlist（list）; /*建立邻接表，返回结点数*/
    for（v=1;v<=n;v++）　/*初始化指针数组及标志域*/
    {ptr [v]=list[v].firstarc;
    list[v].data=0;
}
    for（v=1;v<=n;v++）
    if （list[v].data==0）
    dfs（v）;
    }
    dfs（int v）
    /*从某顶点 v 出发深度优先搜索子函数*/
    { int w；
    printf （"%d"，v）;　/*输出顶点*/
    List [v].data=1;　/*顶点标志域置 1*/
while　（ptr[v]!=NULL）
    {　w=ptr[v]->vextex; /*取出顶点 v 的某相邻顶点的序号*/
    if （list [w].data==0）　dfs（w）;
    /*如果该顶点未被访问过则递归调用，从该顶点 w 出发，
    沿着它的各相邻顶点向下*/
    /*搜索*/
```

ptr[v]=ptr[v]->next；

/*若从顶点 v 出发沿着某个相邻顶点向下搜索已走到头，

则换一个相邻顶点，沿着*/

/*往下搜索*/

} /*从顶点 v 出发对各相邻顶点逐个搜索，直至从顶点 v 出发

的所有并行路线已被搜索*/

}

对于上述算法在遍历时，对图的每个顶点至多调用一次 DFS 函数。其实质就是对每个顶点查找邻接顶点的过程，取决于存储结构。当图有 e 条边，其时间复杂度为 O（e），总时间复杂度为 O（n+e）。

5.3.2　广度优先搜索算法

广度优先搜索（Breadth First Search—BFS）遍历类似树的按层次遍历的过程。其算法思想为：

设初始状态时图中的所有顶点未被访问，则：

（1）从图中某个顶点 v_i 出发，访问 v_i；

（2）访问 v_i 的所有相邻接且未被访问的所有顶点 v_{i1}，v_{i2}，…，v_{im}；

（3）按 v_{i1}，v_{i2}，…，v_{im} 的次序，以 v_{ij}（$1 \leq j \leq m$）依此作为 v_i ，转(1)；

（4）继续选取图中未被访问顶点 v_k 作为起始顶点，转(1)，直到图中所有顶点都被访问为止。

以图 5-10 为例，如选顶点 v_1 为起始点先进行访问。顶点有三个相邻顶点，依次是 v_4、v_3、v_2，则广度优先搜索时对这几个顶点依次访问，然后再将这些相邻顶点的第一相邻顶点 v_4 作为起始顶点重复上述步骤，再优先访问 v_6。再将第二个相邻顶点 v_3 作为起始顶点，重复上述步骤，顶点 v_3 有三个相邻顶点，依次为 v_6、v_5、v_2，其中 v_2、v_6 被访问过（不再访问），所以访问 v_5。再依次判断 v_2、v_6、v_5，重复上述步骤，因相邻顶点都被访问过即结束，如图 5-10 所示。

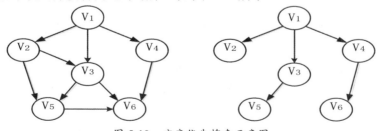

图 5-10　广度优先搜索示意图

下面以邻接表为图的存储结构给出广度优先搜索算法。

/*算法描述，广度优先搜索*/

vexnode list[MAXVERTEXNUM];

```
    int n;
    main（）
    {int v;
    n=creatadjlist（list）; /*建立邻接表，返回结点数*/
    for（v=1;v<=n;v++）  /*初始化标志域*/
    list[v].data=0;
    for（v=1;v<=n;v++）
    if （list[v].data==0）
    bfs（v）;
}
    void bfs（int v）  /*从 v 出发广度优先搜索函数*/
    {arcnode * ptr;
    int v1，w;
    printf （"%d"v）;  /*输出该顶点*/
    list [v].data=1;  /*标志域置 1*/
    enqueue（v）;  /*将该顶点入队尾*/
    while（（v1=dequeue（））!=EOF）
```

/*while 循环使属于同一层顶点的相邻顶点的依次出队。由于这些相邻顶点作为上一层顶点均被访问过，出队的目的是访问它的下层相邻顶点*/

```
    { ptr=list[v1].firstarc; /*取出该顶点的第一个相邻顶点地址*/
    while （ptr!=NULL） /*while 循环依次访问各相邻顶点*/
    {w=ptr->vertex;  /*取出该顶点的序号*/
    ptr=ptr->next;
```

/*从邻接表的相应链表中，取出下一个相邻顶点的地址，以备访问*/

```
    if （list[w].data==0） /*若该相邻顶点未被访问过*/
    {printf（"%d", w） /*则访问该相邻顶点*/
    list [w].data=1;  /*修改顶点标志域为 1*/
    enqueue （w）; /*将访问过的顶点入队，以备在进入下一层搜索时使用*/
}}}}
```

用广度优先搜索算法遍历图与深度优先搜索算法遍历图的唯一区别是邻接点搜索次序不同，因此，广度优先搜索算法遍历图的总时间复杂度为 O（n+e）。

图的遍历可以系统地访问图中的每个顶点,因此,图的遍历算法是图的最基本、最重要的算法,许多有关图的操作都是在图的遍历基础之上加以变化来实现的。

5.4 图的连通性问题

在这一节中，我们将利用遍历图的算法求解图的连通性问题，并讨论最小代价生成树以及重连通性与通信网络的经济性和可靠性的关系。

5.4.1 无向图的连通分量与生成树

对于无向图，对其进行遍历时：若是连通图。仅需从图中任一顶点出发，就能访问图中的所有顶点；若是非连通图，需从图中多个顶点出发。每次从一个新顶点出发所访问的顶点集序列恰好是各个连通分量的顶点集；如图 5-11（a）所示的无向图 G 是非连通图，按图 5-11（b）中给定的图 G 的邻接表进行深度优先搜索遍历，2 次调用 DFS 的过程如图 5-11（a）虚线所标出，所得到的顶点访问序列集是：｛v1，v3，v2｝和｛v4，v5｝，如图 5-11 （c）所示。

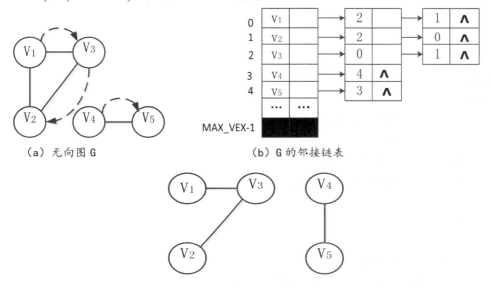

（a）无向图 G　　　　　　　（b）G 的邻接链表

（c）深度优先生成的森林

图 5-11　无向图及深度优先生成森林

因此我们可以知道：

（1）若 G=（V，E）是无向连通图，顶点集和边集分别是 V（G），E（G）。若从 G 中任意点出发遍历时，E（G）被分成两个互不相交的集合 T（G），遍历过程中所经过的边的集合 B（G），遍历过程中未经过的边的集合；显然：E（G）=T（G）∪B（G），T（G）∩B（G）=Ø。显然，图 G' =（V，T（G））是 G 的极小连通子图，且 G'是一棵树。G'称为图 G 的一棵生成树。从任意点出发，按照 DFS 算法得到生成树 G'称为深度优先生成树；按 BFS 算法得到的 G'称为广度优先生成树。

（2）若 G=（V，E）是无向非连通图，对图进行遍历时得到若干个连通分量的顶点集：V_1（G），V_2（G），…，Vn（G）和相应所经过的边集：T_1（G），T_2（G），…，Tn（G）。则对应的顶点集和边集的二元组：G_i=（V_i（G），T_i（G））（1≤i≤n）是对应分量的生成树，所有这些生成树构成了原来非连通图的生成森林。所以，当给定无向图要求画出其对应的生成树或生成森林时，必须先给出相应的邻接表，然后才能根据邻接表画出其对应的生成树或生成森林。

对图的深度优先搜索遍历 DFS（或 BFS）算法稍作修改，就可得到构造图的 DFS 生成树算法。 在算法中，树的存储结构采用孩子—兄弟表示法。首先建立从某个顶点 V 出发，建立一个树结点，然后再分别以 V 的邻接点为起始点，建立相应的子生成树，并将其作为 V 结点的子树链接到 V 结点上。显然，算法是一个递归算法。算法实现如下：

（1）DFStree 算法

```
typedef  struct  CSNode
{ ElemType   data ;
struct  CSNode *firstchild ,   *nextsibling ;
}CSNode ;
CSNode  *DFStree（ALGraph *G ,   int v）
{  CSNode *T ,  *ptr ,  *q ;
LinkNode  *p ;  int w ;
Visited[v]=TRUE ;
T=（CSNode *）malloc（sizeof（CSNode））  ;
T->data=G->AdjList[v].data ;
T->firstchild=T->nextsibling=NULL ; //    建立根结点
q=NULL ; p=G->AdjList[v].firstarc ;
while （p!=NULL）
{  w=p->adjvex ;
if   （!Visited[w]）
    { ptr=DFStree（G，w）;          /* 子树根结点  */
      if （q==NULL）  T->firstchild=ptr ;
      else  q->nextsibling=ptr ;
      q=ptr ;
    }
  p=p->nextarc ;
}
return （T）  ;
    }
```

（2）BFStree 算法

```
typedef struct Queue
```

```
{  int  elem[MAX_VEX] ;
int front  ，   rear ;
}Queue ;       /*    定义一个队列，保存将要访问的顶点   */
CSNode  *BFStree（ALGraph *G ，int v）
   {  CSNode  *T ，  *ptr ，  *q ;
LinkNode  *p ; Queue   *Q ;
int w  ，   k ;
Q=（Queue *）malloc（sizeof（Queue）） ;
Q->front=Q->rear=0 ;    /*建立空队列并初始化*/
Visited[v]=TRUE ;
T=（CSNode *）malloc（sizeof（CSNode）） ;
T->data=G->AdjList[v].data ;
T->firstchild=T->nextsibling=NULL ; //   建立根结点
Q->elem[++Q->rear]=v ;    /*   v 入队   */
while  （Q->front!=Q->rear）
{  w=Q->elem[++Q->front] ;    q=NULL ;
p=G->AdjList[w].firstarc ;
while  （p!=NULL）
    {    k=p->adjvex ;
        if   （!Visited[k]）
           {  Visited[k]=TRUE ;
            ptr=（CSNode *）malloc（sizeof（CSNode）） ;
            ptr->data=G->AdjList[k].data ;
            ptr->firstchild=T->nextsibling=NULL ;
            if  （q==NULL）    T->firstchild=ptr ;
            else   q->nextsibling=ptr ;
            q=ptr ;
            Q->elem[++Q->rear]=k ;   /*    k 入对    */
        }   /*   end  if   */
   p=p->nextarc ;
}    /*   end   while   p  */
}    /*   end while   Q  */
return（T） ;
}  /*求图 G 广度优先生成树算法 BFStree*/
    （3）图的生成森林算法
CSNode  *DFSForest（ALGraph *G）
{  CSNode  *T ，  *ptr ，  *q ;   int w ;
for  （w=0; w<G->vexnum; w++）   Visited[w]=FALSE;
```

```
T=NULL ;
for （w=0 ; w<G->vexnum ; w++）
if （!Visited[w]）
{ ptr=DFStree（G， w）;
    if （T==NULL） T=ptr ;
    else q->nextsibling=ptr ;
    q=ptr ; }
return（T）;
}
```

5.4.2 有向图的强连通分量

对于有向图,在其每一个强连通分量中,任何两个顶点都是可达的。$\forall V \in G$,与 V 可相互到达的所有顶点就是包含 V 的强连通分量的所有顶点。所以我们设从 V 可到达 (以 V 为起点的所有有向路径的终点) 的顶点集合为 $T_1(G)$,而到达 V (以 V 为终点的所有有向路径的起点) 的顶点集合为 $T_2(G)$,则包含 V 的强连通分量的顶点集合是: $T_1(G) \cap T_2(G)$。求有向图 G 的强连通分量的基本步骤如图 5-12。

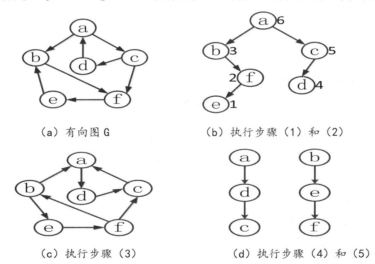

（a）有向图 G　（b）执行步骤（1）和（2）

（c）执行步骤（3）　（d）执行步骤（4）和（5）

图 5-12　利用深度优先搜索求有向图的强连通分量

（1）对 G 进行深度优先遍历,生成 G 的深度优先生成森林 T。

（2）对森林 T 的顶点按中序遍历顺序进行编号。

（3）改变 G 中每一条弧的方向,构成一个新的有向图 G'。

（4）按（2）中标出的顶点编号,从编号最大的顶点开始对 G'进行深度优先搜索,得到一棵深度优先生成树。若一次完整的搜索过程没有遍历 G'的所有顶点,则从未访问的顶点中选择一个编号最大的顶点,由它开始再进行深度优先搜索,并得到另一棵深度优先生成树。在该步骤中,每一次深度优先搜索所得到的生成树中的顶点就是 G 的一个强连通分量的所有顶点。

　　（5）重复步骤（4），直到 G' 中的所有顶点都被访问。

　　在算法实现时，建立一个数组 in_order[n]存放深度优先生成森林的中序遍历序列。对每个顶点 v，在调用 DFS 函数结束时，将顶点依次存放在数组 in_order[n]中。图采用十字链表作为存储结构最合适。算法实现如下：

```
int in_order[MAX_VEX] ;
void    DFS（OLGraph *G ，   int v）     //   按弧的正向搜索
{   ArcNode    *p ;
Count=0 ;
Visited[v]=TRUE ;
for    （p=G->xlist[v].firstout ; p!=NULL ; p=p->tlink）
if    （!Visited[p->headvex]）
DFS（G ，   p->headvex） ;
in_order[count++]=v ;
}
void    Rev_DFS（OLGraph *G ，   int v）
{   ArcNode    *p ;
Visited[v]=TRUE ;
printf（"%d" ，   v） ;        /*   输出顶点   */
for    （p=G->xlist[v].firstin ; p!=NULL ; p=p->hlink）
if    （!Visited[p->tailvex]）
Rev_DFS（G ，   p->tailvex） ;
}    /*   对图 G 按弧的逆向进行搜索   */


void    Connected_DG（OLGraph *G）
{    int    k=1，   v，   j ;
for    （v=0; v<G->vexnum; v++）
Visited[v]=FALSE ;
for    （v=0; v<G->vexnum; v++）        /*   对图 G 正向遍历   */
if    （!Visited[v]）    DFS（G，v） ;
for    （v=0; v<G->vexnum; v++）
Visited[v]=FALSE ;
for    （j=G->vexnum-1; j>=0; j--）        /*   对图 G 逆向遍历   */
{   v=in_order[j] ;
if    （!Visited[v]）
    {   printf（"\n 第%d 个连通分量顶点: "，   k++） ;
        Rev_DFS（G，   v） ;
```

```
        }
    }
}
```

5.5 最小生成树

如果连通图是一个带权图，则其生成树中的边也带权，生成树中所有边的权值之和称为生成树的代价。然而最小生成树（Minimum Spanning Tree）就是带权连通图中代价最小的生成树。

最小生成树在实际中具有重要用途，如设计通信网。设图的顶点表示城市，边表示两个城市之间的通信线路，边的权值表示建造通信线路的费用。n 个城市之间最多可以建 n（n-1）/2 条线路，如何选择其中的 n-1 条，使总的建造费用最低?这些都是最小生成树的问题。

构造最小生成树的算法有许多，基本原则是：

（1）尽可能选取权值最小的边，但不能构成回路；

（2）选择 n-1 条边构成最小生成树。

以上的基本原则是基于 MST 的如下性质：设 G=（V，E）是一个带权连通图，U 是顶点集 V 的一个非空子集。若 u∈U，v∈V-U，且（u，v）是 U 中顶点到 V-U 中顶点之间权值最小的边，则必存在一棵包含边（u，v）的最小生成树。

证明：用反证法证明。

设图 G 的任何一棵最小生成树都不包含边（u，v）。设 T 是 G 的一棵生成树，则 T 是连通的，从 u 到 v 必有一条路径（u，…，v），当将边（u，v）加入到 T 中时就构成了回路。则路径（u，…，v）中必有一条边（u'，v'）满足 u'∈U，v'∈V-U。删去边（u'，v'）便可消除回路，同时得到另一棵生成树 T'。由于（u，v）是 U 中顶点到 V-U 中顶点之间权值最小的边，故（u，v）的权值不会高于（u'，v'）的权值，T' 的代价也不会高于 T，T' 是包含（u，v）的一棵最小生成树，与假设矛盾。

普里姆（Prim）算法和克鲁斯卡尔（Kruskal）算法是两个利用 MST 性质构造最小生成树的算法。

5.5.1 普里姆算法

1.算法思想

（1）若从顶点 v_0 出发构造，U={v_0}，TE={}；

（2）先找权值最小的边（u，v），其中 u∈U 且 v∈V-U，并且子图不构成环，则 U=U∪{v}，TE=TE∪{（u，v）}；

（3）重复（2），直到 U=V。则 TE 中必有 n-1 条边， T=（U，TE）就是最小生成树。

如图 5-13 所示，（a）为边权值图，（b）~（f）为普里姆算法从 V₁ 出发生成最小生成树的过程：

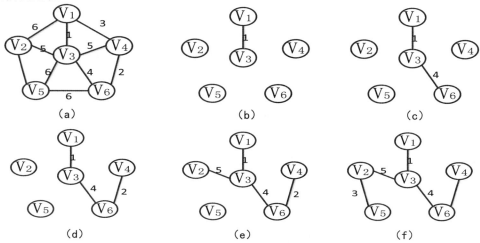

图 5-13 普里姆算法从 v₁ 出发构造最小生成树的过程

2.算法的说明

设用邻接矩阵（二维数组）表示图，两个顶点之间不存在边的权值为机内允许的最大值。

为便于算法实现，设置一个一维数组 closedge[n]，用来保存 V- U 中各顶点到 U 中顶点具有权值最小的边。数组元素的类型定义是：

struct

{ int adjvex ;   /*   边所依附于 U 中的顶点   */

int lowcost ;   /*   该边的权值   */

}closedge[MAX_EDGE] ；

例如： closedge[j].adjvex=k，表明边（vj， vk）是 V-U 中顶点 vj 到 U 中权值最小的边,而顶点 vk 是该边所依附的 U 中的顶点。closedge[j].lowcost 存放该边的权值。

假设从顶点 vs 开始构造最小生成树。初始时令：

$$\begin{cases} \text{Closedge[s].lowcost=0：表明顶点 vs 首先加入到 U 中} \\ \\ \text{Closedge[k].adjvex=s，Closedge[k].lowcost=cost（k，s）} \end{cases}$$

表示 V-U 中的各顶点到 U 中权值最小的边（k≠s），cost（k，s）表示边（vk，vs）权值。

3.算法步骤

（1）从 closedge 中选择一条权值（不为 0）最小的边（vk， vj） ，然后置

closedge[k].lowcost 为 0 ， 表示 vk 已加入到 U 中。根据新加入 vk 的更新 closedge 中的每个元素，vi∈V-U，若 cost（i，k）≤colsedge[i].lowcost，表明在 U 中新加入顶点 vk 后， （vi， vk）成为 vi 到 U 中权值最小的边，置：

$$\begin{cases} \text{Closedge[i].lowcost=cost（i，k）} \\ \text{Closedge[i].adjvex=k} \end{cases}$$

（2）重复（1）n-1 次就得到最小生成树。

在 Prime 算法中，图采用邻接矩阵存储，所构造的最小生成树用一维数组存储其 n-1 条边，每条边的存储结构描述：

```
typedef struct MSTEdge
{   int  vex1，  vex2 ;      /*  边所依附的图中两个顶点  */
WeightType   weight ;        /*   边的权值   */
}MSTEdge ;
```

4.算法实现

```
#define INFINITY   MAX_VAL         /*  最大值  */
MSTEdge *Prim_MST（AdjGraph *G ，   int u)
      /*    从第 u 个顶点开始构造图 G 的最小生成树      */
{   MSTEdge TE[] ;   //  存放最小生成树 n-1 条边的数组指针
int j ，  k ，  v ，  min ;
for   (j=0; j<G->vexnum; j++)
{  closedge[j].adjvex=u  ;
closedge[j].lowcost=G->adj[j][u]  ;
}    /*   初始化数组 closedge[n]   */
closedge[u].lowcost=0 ;         /*    初始时置 U={u}   */
TE=（MSTEdge *) malloc（(G->vexnum-1）*sizeof（MSTEdge)）  ;
for   (j=0; j<G->vexnum-1; j++)
{ min= INFINITY ;
for   (v=0; v<G->vexnum; v++)
    if   (closedge[v].lowcost!=0&& closedge[v].Lowcost<min）
        {  min=closedge[v].lowcost ; k=v ;   }
TE[j].vex1=closedge[k].adjvex ;
TE[j].vex2=k ;
TE[j].weight=closedge[k].lowcost ;
closedge[k].lowcost=0 ;         /*    将顶点 k 并入 U 中    */
for   (v=0; v<G->vexnum; v++)
    if   (G->adj[v][k]<closedge[v]. lowcost)
        {  closedge[v].lowcost= G->adj[v][k] ;
```

closedge[v].adjvex=k ;

　　} 　/*　　修改数组 closedge[n]的各个元素的值　　　*/

}

return（TE）；

}　/*　　求最小生成树的 Prime 算法　　*/

对该算法分析：设带权连通图有 n 个顶点，则算法的主要执行是二重循环：　求 closedge 中权值最小的边，频度为n-1；　修改 closedge 数组，频度为n 。因此，整个算法的时间复杂度是 O（n^2），与边的数目无关。

5.5.2 克鲁斯卡尔算法

1.算法思想

　　设 G=（V，　E）是具有 n 个顶点的连通网，T=（U，　TE）是其最小生成树。初值：U=V，TE={} 。

对 G 中的边按权值从小到大依次选取。

　　（1）选取权值最小的边（v_i，v_j），若边（v_i，v_j）加入到 TE 后形成回路，则舍弃该边（v_i，v_j）　；否则，将该边并入到 TE 中，即 TE=TE∪{（v_i，v_j）} 。

　　（2）重复（1），直到 TE 中包含n-1 条边。

如图 5-14 所示，（a）为边权值图，（b）~（f）为克鲁斯卡尔算法生成最小生成树的过程：

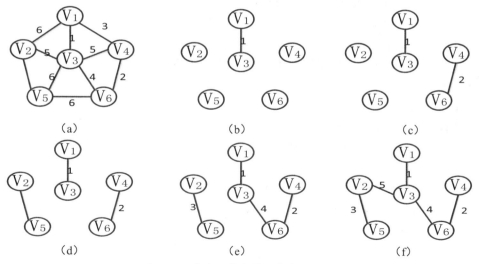

图 5-14　克鲁斯卡尔算法生成最小生成树

2.算法实现说明

　　Kruskal 算法实现的关键是：当一条边加入到 TE 的集合后，如何判断是否构成回路?简单的解决方法是：定义一个一维数组 Vset[n] ，存放图 T 中每个顶点所在的连通分量的编号。

（1）初值：Vset[i]=i，表示每个顶点各自组成一个连通分量，连通分量的编号简单地使用顶点在图中的位置（编号）。

（2）当向 T 中增加一条边（vi，vj） 时，先检查 Vset[i]和 Vset[j]值。若 Vset[i]=Vset[j]，表明 vi 和 vj 处在同一个连通分量中，加入此边会形成回路；若 Vset[i]≠Vset[j]，则加入此边不会形成回路，将此边加入到生成树的边集中。

（3）加入一条新边后，将两个不同的连通分量合并：将一个连通分量的编号换成另一个连通分量的编号。

3.算法实现

```
MSTEdge *Kruskal_MST（ELGraph *G）
 /*    用 Kruskal 算法构造图 G 的最小生成树    */
{  MSTEdge TE[] ;
int  j，k，v，s1，s2，Vset[] ;
WeightType  w ;
Vset=（int  *）malloc（G->vexnum*sizeof（int）） ;
for （j=0; j<G->vexnum; j++）
Vset[j]=j ;      /*   初始化数组 Vset[n]   */
sort（G->edgelist） ;   /*   对表按权值从小到大排序   */
j=0 ; k=0 ;
while （k<G->vexnum-1&&j< G->edgenum）
{  s1=Vset[G->edgelist[j].vex1] ;
s2=Vset[G->edgelist[j].vex2] ;
/*  若边的两个顶点的连通分量编号不同，  边加入到 TE 中   */
if  （s1!=s2）
    {  TE[k].vex1=G->edgelist[j].vex1 ;
        TE[k].vex2=G->edgelist[j].vex2 ;
        TE[k].weight=G->edgelist[j].weight ;
        k++ ;
        for （v=0; v<G->vexnum; v++）
            if （Vset[v]==s2）  Vset[v]=s1 ;
    }
j++ ;
}
free（Vset） ;
return（TE） ;
}   /*   求最小生成树的 Kruskal 算法   */
```

算法分析：设带权连通图有 n 个顶点、e 条边，则算法的主要执行是：Vset 数组初始化：时间复杂度是 O（n）；边表按权值排序：若采用堆排序或快速排序，时间复杂度是 O（e log e）；while 循环：最大执行频度是 O（n），其中包含修改 Vset 数组，共执行 n-1 次，时间复杂度是 O(n2)；因此整个算法的时间复杂度是 O（e log e+n2）。

5.6 有向无环图及其应用

有向无环图（Directed Acycling Graph）：是图中没有回路（环）的有向图。是一类具有代表性的图，主要用于研究工程项目的工序问题、工程时间进度问题等。例如，一个工程（project）都可分为若干个称为活动（active）的子工程（或工序），各个子工程受到一定的条件约束：某个子工程必须开始于另一个子工程完成之后；整个工程有一个开始点（起点）和一个终点。人们关心的问题是：工程能否顺利完成?影响工程的关键活动是什么?估算整个工程完成需要的最短时间是多少?

对工程的活动加以抽象：图中顶点表示活动，有向边表示活动之间的优先关系，这样的有向图称为顶点表示活动的网（Activity On Vertex Network ，AOV 网）。AOV 网中的弧表示了"活动"之间的优先关系，也可以说是一种制约关系。例如，计算机专业学生必须学完一系列规定的课程后才能毕业。这可看作一个工程，我们用图 5-14 所示的 AOV 网加以表示，网中的顶点表示各门课程的教学活动，有向边表示各门课程的制约关系，表 5-1 表示各个课程名称和课程之间的先行关系。如图 5-14 中有一条弧$<c_3, c_9>$，其中 c_3 和 c_9 分别表示"普通物理"和"计算机组成原理"的教学活动，这说明"普通物理"是"计算机组成原理"的直接前驱，"普通物理"教学活动一定要安排在"计算组成原理"教学活动之前。

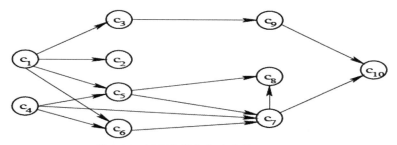

图 5-14 课程之间优先关系的 AOV 网

在图 5-14 中，顶点 c_1，c_4 是顶点 c_5 的直接前驱；顶点 c_7 是顶点 c_4，c_5，c_6 的直接后继；顶点 c_1 是顶点 c_9 的前驱，但不是直接前驱。显然，在 AOV 网中，由弧表示的优先关系有传递性，如顶点 c_1 是 c_3 的前驱，而 c_3 是 c_9 的前驱，则 c_1 也是 c_9 的前驱。在 AOV 网中不能出现有向回路，如果存在回路，则说明某个"活动"能否进行要以自身任务的完成作为先决条件，显然，这样的工程是无法完成的。如果要检测一个工程是否可行，首先就得检查对应的 AOV 网是否存在回路。检查 AOV 网中是否存在回路的方法就是拓扑排序。

表 5-1　课程之间的先行关系表

课程代号	课程名称	先行课程
C_1	高等数学	无
C_2	工程数学	C_1
C_3	普通物理	C_1
C_4	程序设计基础	无
C_5	C 语言程序设计	C_1 C_2 C_4
C_6	离散数学	C_1
C_7	数据结构	C_4 C_5 C_6
C_8	编译原理计	C_5 C_7
C_9	算机组成原理	C_3
C_{10}	操作系统	C_7 C_9

5.6.1 拓扑排序

对于一个 AOV 网，构造其所有顶点的线性序列，使此序列不仅保持网中各顶点间原有的先后次序，而且使原来没有先后次序关系的顶点之间也建立起人为的先后关系，这样的序列称为拓扑有序序列。构造 AOV 网的拓扑有序序列的运算称为拓扑排序。某个 AOV 网，如果它的拓扑有序序列被构造成功，则该网中不存在有向回路，其各子工程可按拓扑有序序列的次序进行安排。一个 AOV 网的拓扑有序序列并不是唯一的，例如，下面的两个序列都是图 5-14 所示 AOV 网的拓扑有序序列。

（1）c_1 c_4 c_3 c_2 c_5 c_6 c_9 c_7 c_8 c_{10}

（2）c_4 c_1 c_2 c_3 c_9 c_6 c_5 c_7 c_8 c_{10}

对 AOV 网进行拓扑排序的步骤是：

（1）在网中选择一个没有前驱的顶点且输出。

（2）在网中删去该顶点，并且删去从该顶点发出的全部有向边。

（3）重复上述两步，直到网中不存在没有前驱的顶点。这样操作结果有两种：一种是网中全部顶点均被输出，说明网中不存在有向回路；另一种是网中顶点未被全部输出，剩余的顶点均有前驱顶点，说明网中存在有向回路。

拓扑排序的方法很多，主要有深度优先搜索排序和广度优先搜索排序两种，下面分别介绍。

1.广度优先搜索拓扑排序

根据拓扑排序的方法，把入度为 0 的顶点插入一个队列，按顺序输出。本算法中将顶点的入度记录在邻接表数组的数据域中，即记录在 list[v].data 中。算法如下：

void topsort（vexnode list[]）

```
{arcnode * ptr；
int v，w，n1=0；
for （v=1；v<=n；v++）
if （list[v].data==0）
enqueue （v）；
/*利用循环检测入度为 0 的顶点并入队，即将无前驱的顶点加入队列*/
while （（v=dequeue （）） !=EOF）
{ printf （"%-5d%c"，v，（++n1%10==0）? '/n':"）；
/*显示无前驱顶点，即删除这些顶点，并计数*/
ptr=list[v].firstarc；
/*取上面被删除顶点所相邻顶点的地址，以便删除指向它的边*/
while （ptr!=NULL）
{ w=ptr->vertex；  /*取相邻顶点的序号*/
if （--list[w].data==0）
enqueue （w）；
/*将相邻顶点的入度减 1，即删除指向该相邻顶点的一条边。若该顶点的入度
减 1 后，*/
/*入度为 0，则成为无前驱顶点，以便入队列删除*/
ptr=ptr->next；  /*取下一个相邻顶点的地址*/
}
}/*循环结构，无前驱的顶点逐个出队
if （n1<n）/*如果 n1<n，则拓扑排序失败*/
printf （"not a set of partial order"）；
}
```

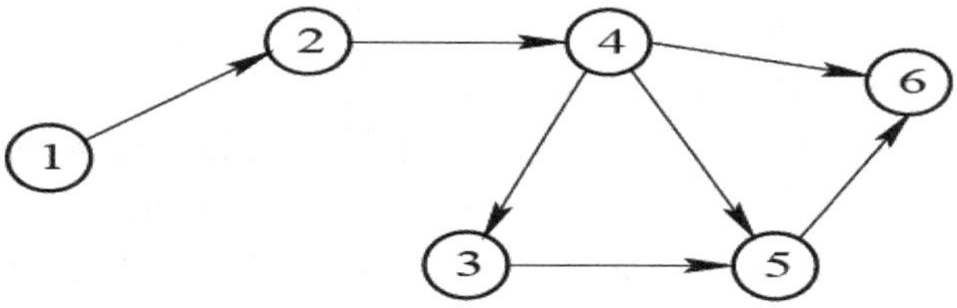

图 5-15　拓扑排序

如图 5-15 的广度优先搜索拓扑排序为①②④③⑤⑥。此算法中如果把 enqueue（v）改为 push（v），把 dequeae（v）改为 pop（v），则可得另外一种方式的拓扑序列。

2.深度优先搜索拓扑排序

根据拓扑排序的方法，先用深度优先搜索法向下走，直到无路可走。每走一步都伴随着顶点进栈。无路可走时出栈，并同时显示顶点序号。当退回一步后，换向再走，若无向可换，则出栈，即删除无前驱的顶点。算法如下：

```
topodfs （v）
    int v，int w；
    list[v].data=1；    /*对搜索过的顶点标志改为 1，以免重复，并进栈*/
    push （v）；
    while  （ptr[v]!=NULL）
    w=ptr[v]->vertex；/*则取出相邻顶序的序号，看相邻顶点是否搜索过*/
    if  （list[w]. data==0）  topodfs （w）；
    /*若相邻顶点未被搜索过， 则递归调用拓扑排序函数，去深度优先搜索相邻顶
点*/
    ptr[v]=ptr[v]->next; /*取另一个相邻顶点*/
printf  （"%5d"，pop （））；  /*按相反的拓扑序列显示拓扑序列的顶序*/
```

5.6.2 关键路径

与 AOV 网相对应的是 AOE（Activity On Edge），是边表示活动的有向无环图，
如图 5-16 所示。图中顶点表示事件（Event），每个事件表示在其前的所有活动已经
完成，其后的活动可以开始；弧表示活动，弧上的权值表示相应活动所需的时间或
费用。

1.与 AOE 网有关的研究问题

对于上述提到的两个问题:完成整个工程至少需要多少时间?哪些活动是影响工
程进度（费用）的关键?

工程完成最短时间：从起点到终点的最长路径长度（路径上各活动持续时间之
和） 。最长的路径称为关键路径，关键路径上的活动称为关键活动。关键活动是影
响整个工程的关键。设 v_0 是起点，从 v_0 到 v_i 的最长路径长度称为事件 v_i 的最早发
生时间，即是以 v_i 为尾的所有活动的最早发生时间。若活动 a_i 是弧<j， k>，持续
时间是 dut （<j， k>），设：

（1）e（i）：表示活动 a_i 的最早开始时间；

（2）1（i）：在不影响进度的前提下，表示活动 a_i 的最晚开始时间； 则 1（i）
-e（i）表示活动 a_i 的时间余量，若 1（i）-e（i）=0，表示活动 a_i 是关键活动。

（3）ve(i)：表示事件 v_i 的最早发生时间,即从起点到顶点 v_i 的最长路径长度；

（4）vl（i）：表示事件 v_i 的最晚发生时间。则有以下关系：

$$\left\{ \begin{array}{l} e(i)=ve(j) \\ l(i)=vl(k)-dut(<j, k>) \end{array} \right. \quad (5\text{-}1) \quad ve(j) \left\{ \begin{array}{l} 0 \quad j=0，表示 v_j 是起点 \\ Max\{ve(i)+dut(<I, j>)|<v_i,v_j>是网中的弧\} \end{array} \right. \quad (5\text{-}2)$$

以上关系含义是：源点事件的最早发生时间设为 0；除源点外，只有进入顶点
v_j 的所有弧所代表的活动全部结束后，事件 v_j 才能发生。即只有 v_j 的所有前驱事件
v_i 的最早发生时间 ve（i）计算出来后，才能计算 ve（j）。方法是：对所有事件进行
拓扑排序，然后依次按拓扑顺序计算每个事件的最早发生时间。

$$vl（j）=\begin{cases}ve（n-1）& j=n-1，表示 v_j 是终点\\ Min\{vl（k）-dut（<j，k>）|<v_j，v_k>是网中的弧\}\end{cases}\qquad(5-3)$$

含义是：只有 v_j 的所有后继事件 v_k 的最晚发生时间 $vl（k）$ 计算出来后，才能计算 $vl（j）$。

方法是：按拓扑排序的逆顺序，依次计算每个事件的最晚发生时间。

2.求 AOE 网中的关键路径与关键活动

算法实现：

（1）利用拓扑排序求出 AOE 网的一个拓扑序列；

（2）从拓扑排序的序列的第一个顶点（源点）开始，按拓扑顺序依次计算每个事件的最早发生时间 $ve（i）$ ；

（3）从拓扑排序的序列的最后一个顶点（汇点）开始，按逆拓扑顺序依次计算每个事件的最晚发生时间 $vl（i）$ ；

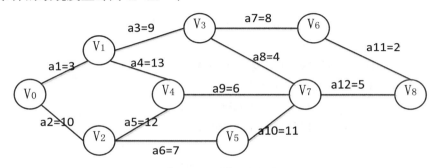

图 5-16　一个 AOE 网

例如：对于图 5-16 的 AOE 网，处理过程如下：

（1）拓扑排序的序列是：v_0，v_1，v_2，v_3 ，v_4，v_5 ，v_6 ，v_7 ，v_8

（2）根据计算 $ve（i）$ 的公式（5-2）和计算 $vl（i）$ 的公式（5-3），计算各个事件的 $ve（i）$ 和 $vl（i）$ 值，如表 5-2 所示。

（3）根据关键路径的定义，知该 AOE 网的关键路径是：（v_0，v_2，v_4，v_7，v_8）和（v_0，v_2，v_5 ，v_7 ，v_8） 。

（4）关键路径活动是：$<v_0$，$v_2>$，$<v_2$，$v_4>$，$<v_2$，$v_5>$，$<v_4$，$v_7>$，$<v_5$，$v_7>$，$<v_5$，$v_8>$ 。

表 5-2　图 5-16 的 ve（i）和 vl（i）的值

顶点	V_0	V_1	V_2	V_3	V_4	V_5	V_6	V_7	V_8
Ve（i）	0	3	10	12	22	17	20	28	33
Vl（i）	0	9	10	23	22	17	31	28	33

算法实现：

void critical_path（ALGraph *G）

```
{  int j,   k,   m ; LinkNode *p ;
if   (Topologic_Sort（G）==-1)
printf（"\nAOE 网中存在回路，错误!!\n\n"）  ;
else
{  for （ j=0; j<G->vexnum; j++）
    ve[j]=0 ;      /*  事件最早发生时间初始化    */
for  （m=0 ; m<G->vexnum; m++）
    {  j=topol[m] ;
       p=G->adjlist[j].firstarc ;
       for  （; p!=NULL; p=p->nextarc ）
    {  k=p->adjvex ;
                if  （ve[j]+p->weight>ve[k]）
                     ve[k]=ve[j]+p->weight ;
                 }
    }    /*  计算每个事件的最早发生时间 ve 值    */
for  （ j=0; j<G->vexnum; j++）
    vl[j]=ve[j] ;      /*  事件最晚发生时间初始化    */
for  （m=G->vexnum-1; m>=0; m--）
    {  j=topol[m] ; p=G->adjlist[j].firstarc ;
       for  （; p!=NULL; p=p->nextarc ）
          {  k=p->adjvex ;
             if  （vl[k]-p->weight<vl[j]）
                  vl[j]=vl[k]-p->weight ;
           }
    }    /*  计算每个事件的最晚发生时间 vl 值    */
for  （m=0 ; m<G->vexnum; m++）
    {  p=G->adjlist[m].firstarc ;
       for  （; p!=NULL; p=p->nextarc ）
          {  k=p->adjvex ;
             if  （ （ve[m]+p->weight）==vl[k]）
                 printf（"<%d,  %d>,  m,  j"）  ;
            }
    }    /*  输出所有的关键活动    */
}    /*   end of else   */
    }
```

算法分析：设 AOE 网有 n 个事件、e 个活动，则算法的主要执行是：进行拓扑排序:时间复杂度是 O（n+e）;求每个事件的 ve 值和 vl 值:时间复杂度是 O（n+e）;

根据 ve 值和 vl 值找关键活动：时间复杂度是 O（n+e）；因此，整个算法的时间复杂度是 O（n+e）。

5.7 最短路径

我们先举一个例子来说明什么是最短路径。如果我们用顶点表示城市，用边表示城市之间的公路，则由这些顶点和边组成的图可以表示沟通各城市的公路网。若把两个城市之间的距离作为权值，赋给图中的边，就构成了带权图。对于一个汽车司机来说，他一般关心两个问题：（1）从甲地到乙地是否有公路？（2）从甲地到乙地有多条公路可以到达时，那么，哪条公路路径最短或花费代价最小？

这就是本节要讨论的最短路径问题。这里所谓的最短路径，是指所经过的边的权值之和为最小的路径，而不是经过边的数目最少。考虑到公路的有向性，在讨论中结合有向带权图来进行。设定边的权值为正值，并将路径的开始顶点称为源点，路径的最后一个顶点称为终点。本节给出两个算法，一个是求从某个源点到其他顶点的最短路径，另一个是求每对顶点间的最短路径。

5.7.1 从某个源点到其他各顶点的最短路径

设有向带权图 G=（V，E），我们用 cost[][] 表示图 G 的邻接矩阵，其中：

$$cost[i][j]=\begin{cases} w & 若<v_i,\ v_j>\in E（G），w\ 为边权值 \\ \infty & 反之 \end{cases}$$

例如，图 5-17（a）所示带权图的邻接矩阵如图 5-17（b）所示。

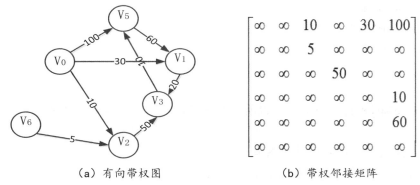

（a）有向带权图　　　　　　　（b）带权邻接矩阵

图 5-17　有向带权图及其邻接矩阵

对于这样的存储结构,如何能较方便地在计算机上求得最短路径呢?迪杰斯特拉（Dijkstra）提出了按路径长度递增的次序产生最短路径的算法。此算法把网中所有顶点分成两个集合。凡以 v0 为源点已确定了最短路径的终点并入 S 集合，S 集合的初态只包含 v_0；另一个集合 V－S 为尚未确定最短路径的顶点的集合。按各顶点与 v_0 间的最短路径长度递增的次序，逐个把 V－S 集合中的顶点加入到 S 集合中去，使得从 v0 到 S 集合中各顶点的路径长度始终不大于从 v0 到 V－S 集合中各顶点的路径长度。为了能方便地求出从 v_0 到 V－S 集合中最短路径的递增次序，算法中引入一个辅助向量 dist[]。它的某一分量 dist[i]表示当前求出的从 v_0 到 v_i 的最短路径长度。这个路径长度不一定是真正的路径长度。它的初始状态即是邻接矩阵 cost[][] 中 v_0 行内各列的值，显然，从 v_0 到各顶点的路径中最短的一条路径长度应为：dist[w]=mindist[i]/vi∈V（G）。

第一次求得的这条最短路径必然是<v_0，w>，这时顶点 w 应从 V－S 中删除而并入 S 集合中。每当选出一个顶点 w 并使之并入 S 集合之后，修改 V－S 集合中各顶点的最短路径长度 dist。对于 V－S 集合中的某一顶点 vi 来说，其当前的最短路径或者是<v_0，v_i>或者是<v0，w，vi>，而绝不可能有其他选择。也就是说：如果 dist[w]+cost[w][vi]<dist[i] ，则 dist[i]=dist[w]+cost[w][vi]。当 V－S 集合中各顶点的 dist 进行修改后，再从中挑选一个路径长度最小的顶点，从 V－S 中删除，并入 S 中，依此类推，就能求出到各顶点的最短路径长度。对于带权邻接矩阵求单源最短路径的算法如下：

```
/*算法描述，单源最短路径*/
    dijkstra （int cost[][MAX]，int n） /*求单源最短路径*/
    {int s [MAX]，dist [MAX];
    /*s[]用来表示顶点集合 S，即 S 集合中的顶点是从源点 v0 出发到它们的最短路
径已求  的顶点。而 dist[]用来记录从源点 v0 出发到各顶点的最短距离出*/
    int i，j，v，w，sum，v0 ;
    printf （"%s"，"v0 ");
    scanf （"%d"，&v0 );
    for （i=0；i<=n-1；i++）
    {dist [i]=cost [v0 ][i];
    s[i]=0;
    }
    /*初始化 dist[]和 s[]，开始时，设所有的终点都不在 S 集合中。这里的 i 是顶点
的序号*/
    /*0 是一种状态，表示 vi 不在 S 集合中*/
    S[v0 ]=1;   /*开始时，只有源点 v0 在集合中*/
    printf （"choose vertex set|distance"）;
    trace （s，dist，n） /*调用子程序，显示源点 v0 到各顶点的距离*/
    for （i=0；i<=n-2；i++）
    {w=minicost （dist，s，n）;   /*调用函数从 S 集外找出距离源点 v0 最近的顶点
```

w */

s[w]=1； /*将顶点 w 加入 S 集中，即 w 成为已求出最短距离的顶点*/

for （v=1；v<=n-1；v++）

if （s[v]==0）

{

sum=dist[w]+cos[w][v]； /*sum 为从顶点 v_0 出发，经过顶点 w 到达终点 v 的距离*/

求 S 集合外找出距源点 v_0 最近的顶点的算法如下：

/* 算法描述*/

int minicost （dist，s，n） /*从 S 集合外找出距离源点 v_0 最近的顶点的子函数*/

int dist []，s[]，n；

{int i，tmp=9999，w=1； /*tmp=9999 为假定最大数*/

for （i=1；i<=n-1 i++）

if （（s[i]==0）&&（dist[i]<tmp））

{tmp=dist [i]；

w=i；

}

/*若顶点 vi 不在 S 集合中而且距源点 v0 的距离小于 tmp，则改变 tmp 的值，而且将顶点 vi 当作距离 v0 最近的顶点*/

return （w）；

}

显示最后结果的函数定义如下：

/*算法描述*/

putdist （dist，n）

int dist []，n；

{int i；

printf （"the shortest path from v0 to each vertex："）

for （i=1；i<=n-1；i++）

printf （"%d：%d"，i，dist [i]）；

/*在 for 循环中显示各结点的序号和距源点 v_0 的距离*/

printf （" "）；

}

显示从源点 v_0 到达各顶点距离的函数定义如下：

/*算法描述*/

trace （s，dist，n）

int s[]，dist[]，n；

```
{int j；
for （j=0；j<n-1；j++）
if （s[j]==1） printf（"%-4d"，j）；
else printf（"%-4d"，s[j]）/*利用 for 循环显示 S 集合中顶点的序号*/
printf（"|"）；
for （j=1；j<=n-1；j++）
printf （"%8d"，dist[j]）；/*利用 for 循环显示当前各顶点与源点 v0 的距离*/
printf （" "）；
}
```

5.7.2 求每一对顶点之间的最短路径

解决这个问题的一个办法是：每次以一个顶点为源点，重复执行迪杰斯特拉算法 n 次。这样，便可求得每一对顶点之间的最短路径。总的执行时间为 O（n3）。这里介绍弗洛伊德（Floyd）提出的另一个算法。这个算法的时间复杂度也是 O（n3），但形式更简单。弗洛伊德算法仍从图的带权邻接矩阵 cost 出发，其基本思想是：在算法中设立两个矩阵用来记录各顶点间的路径和相应的路径长度。矩阵 P 表示路径，用来矩阵 A 表示路径长度。

我们先讨论如何求得各顶点间的最短路径长度，初始时，复制网的代价矩阵 cost 为矩阵 A 的值，即顶点 vi 到顶点 vj 的最短路径长度 A[i][j] 就是弧 $<v_i, v_j>$ 所对应的权值（若 $<v_i, v_j>$ 不存在，则 A[i][j] 为 ∞），我们不妨记为 A（-1），A（-1）的值不可能是最短路径长度。

求得最短路径要进行 n 次试探。对于从顶点 v_i 到顶点 v_j 的最短路径长度，首先考虑让路径经过顶点 v_0，比较路径 $<v_i, v_j>$ 和 $<v_i, v_0, v_j>$ 的长度，取其短者为当前求得的最短路径。对每一对顶点都作这样的试探，可求得 A(0)。然后，再考虑在 A(0) 的基础上让路径经过顶点 v_1，求得 A(1)。依次类推，一般地，如果从顶点 v_i 到顶点 v_j 的路径经过新顶点 v_k 能使路径缩短，则修改 $A^{(k)}[i][j]=A^{(k-1)}[i][k]+A^{(k-1)}[k][j]$，所以，$A^{(k)}[i][j]$ 就是当前求得的从顶点 v_i 到顶点 v_j 的最短路径长度，且其路径上的顶点（除源点、终点外）序号均不大于 k。

这样经过几次试探，就把几个顶点都考虑到相应的路径中去了。最后求得的 A（n-1）就一定是各顶点间的最短路径长度。综上所述，弗洛伊德算法的基本思想是递推地产生两个几阶的矩阵序列。其中，表示最短路径长度的矩阵序列是 $A^{(-1)}$，$A^{(0)}$，$A^{(1)}$，$A^{(2)}$，…，$A^{(k)}$，…，$A^{(n-1)}$，其递推关系是：

$$A^{(-1)}[i][j]=cost[i][j]$$
$$A^{(k)}[i][j]=min\{A^{(k-1)}[i][j]，A^{(k-1)}[i][k]+A^{(k-1)}[k][j]\} (i\geq 0, j\geq 0, k\leq n-1)$$

现在我们再讨论如何求解最短路径长度的同时求解最短路径?初始时矩阵 P 的各元素都赋零。P[i][j]=0 表示 v_i 到 v_j 的路径是直接到达，中间不经过其他顶点。以后，当考虑路径经过某个顶点 v_k 时，如果使路径更短，则修改 $A^{(k-1)}[i][j]$ 的同时令

P[i][j]=k，即 P[i][j]中存放的是从 v_i 到 v_j 的路径上所经过的某个顶点(若 P[i][j]≠0）。那么，如何求得从 v_i 到 v_j 的路径上的全部顶点呢？这只需要编写一个递归过程即可解决，因为所有最短路径的信息都包含在矩阵 P 中了。设经过 n 次试探后，P[i][j]=k，即从 v_i 到 v_j 的最短路径经过顶点 v_k（若 k≠0）。该路径上还有哪些顶点呢？只需去查 P[i][k]和 P[k][j]即可。依次类推，直到所查元素为零。

对于图 5-18 所示的有向带权图 G 与它的邻接矩阵，按照弗洛伊德算法由递推产生的两个矩阵序列如图 5-19 所示。

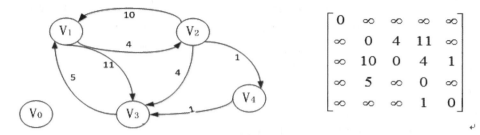

图 5-18　网 G 和它的邻接矩阵

$$A^{(-1)} = \begin{bmatrix} 0 & \infty & \infty & \infty & \infty \\ \infty & 0 & 4 & 11 & \infty \\ \infty & 10 & 0 & 4 & 1 \\ \infty & 5 & \infty & 0 & \infty \\ \infty & \infty & \infty & 1 & 0 \end{bmatrix} \qquad P^{(-1)} = \begin{bmatrix} 0 & 0 & 0 & 0 & 0 \\ 0 & 0 & 0 & 0 & 0 \\ 0 & 0 & 0 & 0 & 0 \\ 0 & 0 & 0 & 0 & 0 \\ 0 & 0 & 0 & 0 & 0 \end{bmatrix}$$

$$A^{(0)} = \begin{bmatrix} 0 & \infty & \infty & \infty & \infty \\ \infty & 0 & 4 & 11 & \infty \\ \infty & 10 & 0 & 4 & 1 \\ \infty & 5 & \infty & 0 & \infty \\ \infty & \infty & \infty & 1 & 0 \end{bmatrix} \qquad P^{(0)} = \begin{bmatrix} 0 & 0 & 0 & 0 & 0 \\ 0 & 0 & 0 & 0 & 0 \\ 0 & 0 & 0 & 0 & 0 \\ 0 & 0 & 0 & 0 & 0 \\ 0 & 0 & 0 & 0 & 0 \end{bmatrix}$$

$$A^{(1)} = \begin{bmatrix} 0 & \infty & \infty & \infty & \infty \\ \infty & 0 & 4 & 11 & \infty \\ \infty & 10 & 0 & 4 & 1 \\ \infty & 5 & 9 & 0 & 10 \\ \infty & \infty & \infty & 1 & 0 \end{bmatrix} \qquad P^{(1)} = \begin{bmatrix} 0 & 0 & 0 & 0 & 0 \\ 0 & 0 & 0 & 0 & 0 \\ 0 & 0 & 0 & 0 & 0 \\ 0 & 0 & 1 & 0 & 0 \\ 0 & 0 & 0 & 0 & 0 \end{bmatrix}$$

$$A^{(2)} = \begin{bmatrix} 0 & \infty & \infty & \infty & \infty \\ \infty & 0 & 4 & 5 & 8 \\ \infty & 10 & 0 & 4 & 1 \\ \infty & 5 & 9 & 0 & 10 \\ \infty & \infty & \infty & 1 & 0 \end{bmatrix} \qquad P^{(2)} = \begin{bmatrix} 0 & 0 & 0 & 0 & 0 \\ 0 & 0 & 0 & 2 & 2 \\ 0 & 0 & 0 & 0 & 0 \\ 0 & 0 & 1 & 0 & 2 \\ 0 & 3 & 3 & 0 & 0 \end{bmatrix}$$

$$A^{(3)} = \begin{bmatrix} 0 & \infty & \infty & \infty & \infty \\ \infty & 0 & 4 & 8 & 5 \\ \infty & 9 & 0 & 4 & 1 \\ \infty & 5 & 9 & 0 & 10 \\ \infty & 6 & 10 & 1 & 0 \end{bmatrix} \qquad P^{(3)} = \begin{bmatrix} 0 & 0 & 0 & 0 & 0 \\ 0 & 0 & 0 & 2 & 2 \\ 0 & 3 & 0 & 0 & 0 \\ 0 & 0 & 1 & 0 & 2 \\ 0 & 3 & 3 & 0 & 0 \end{bmatrix}$$

$$A^{(4)} = \begin{bmatrix} 0 & \infty & \infty & \infty & \infty \\ \infty & 0 & 4 & 5 & 8 \\ \infty & 7 & 0 & 2 & 1 \\ \infty & 5 & 9 & 0 & 10 \\ \infty & 6 & 10 & 1 & 0 \end{bmatrix} \qquad P^{(4)} = \begin{bmatrix} 0 & 0 & 0 & 0 & 0 \\ 0 & 0 & 0 & 4 & 2 \\ 0 & 4 & 0 & 4 & 0 \\ 0 & 0 & 1 & 0 & 2 \\ 0 & 3 & 3 & 0 & 0 \end{bmatrix}$$

图 5-19 网 G 的各对顶点间最短路径及长度

由此可以得到如下的弗洛伊德算法描述：

```
/*算法描述*/
void floyed （cost，a，p，n）
int cost [][MAX]， a[][MAX]，p[][MAX]，n;
/*a[][]表示最短路径长度，数组 p[][]表示最短路径的数组*/
{
int i，j，k;
for（i=0；i<n；i++）
for（j=0；j<n；j++）
{a[i][j]=cost[i][j];
p[i][j]=0;
}/*给 A 数组和 P 数组赋初值*/
for （k=0；k<n；k++）
for （i=0；i<n；i++）
for （j=0；j<n；j++）
if （a[i][k]+a[k][j]<a[i][j]）
{a[i][j]=a[i][k]+a[k][j];
p[i][j]=k;
}/*根据 A （－1）[i][j]=cost[i][j]；A （k）[i][j]=minA （k-1）[i][j]，A （k-1）[i][k]+A （k-1）[k][j]*/
/* （i≥0，j≥0，k≤n-1）递推最短路径长度和路径*/
}
```

参考文献

[1] 严蔚敏,吴伟民,.数据结构（C 语言版）[M].清华大学出版社,2011.

[2] Horowitz E, Sahni S.Fundamentals of Data Structures[M].Pitmen Publishing Limited,1976.

[3] Knuth D E. The Art of Computer Programming,volume1/Fundamental Algorithms[M] olume3/Sorting and Searching.Addison-Wesley Publishing Company, Inc,1973.

[4] Gotlieb C C,Gotlieb L R. Data Types and Structures[M]. Prentice-Hall Inc,1978.

[5] Tenenbaum A M, Augensetein M J. Data Structures Using PASCAL[M]. Prentice-Hall, Inc,1981.

[6] Baron R J, Shapiro L G. Data Structures and their Implementation[M]. Van Nostrand Reinhold company,1980.

[7] Aho A V, Hopcroft J E, U11man J D:Data Structures and Algorithms[M]. Addison-Wesley PublishingCompany, Inc, 1983.

[8] Esakov J, Weiss T. Data Structures: An Advanced Approach Using C[M]. Prentice-Hall, Inc.1989.

[9] [美] S 巴斯著,朱洪等译.计算机算法：设计和分析引论[M].上海：复旦大学出版社,1985.

[10] WirthN. Algorithms 十 Dada Structures= Programs[M]. Prentice-Hall, Inc, 1976.

[11] 姚诗斌.数据库系统基础[J].计算机工程与应用,1981（8）.

[12] Clifford A. Shaffer 著,张铭,刘晓丹译.数据结构与算法分析[M].电子工业出版社,2014.

[13] 夏克俭.数据结构与算法[M].国防工业出版社,2014.

[14] 谭浩强.C 程序设计教程学习辅导[M].清华大学出版社,2013.

第六章　查找

　　数据结构是计算机学科的必修课程，理论性和抽象性较强，涵盖了基于各种数据结构的操作。其中，查找是一类很重要的具有实际应用价值的算法，例如折半查找、树表查找、散列查找等，这些查找算法是在查找表这一数据结构基础进行的，所以先介绍查找表这一基本概念。

6.1 查找

6.1.1 查找表

　　查找表（Search Table）是由同一类型的数据元素（或记录）构成的集合[1]。由于"集合"中的数据元素之间存在着完全松散的关系，因此查找表是一种非常灵便的数据结构。对查找表经常进行的操作有：
　　（1）查询某个"特定的"数据元素是否在查找表中；
　　（2）检索某个"特定的"数据元素的各种属性；
　　（3）在查找表中插入一个数据元素；
　　（4）从查找表中删去某个数据元素。
　　这四种查找操作就是通常所说的增删查改[2]。只对查找表进行前两种操作，统称为"查找"，那么所在的查找表为静态查找表；在查找过程中插入了原本不存在的数据，或者从原表中删除了已经存在的某个数据元素，那么这类表为动态查找表。

6.1.2 查找

　　知道了查找表的概念，那么查找的定义就由此产生，查找即在一个包含有大量数据元素的查找表中找出一个"特定的"数据元素，例如在日常生活中，小学生要通过字典查阅"某个字"的读音。"特定的"这个词要准确定义的话，就必须先引入

"关键字"的概念。关键字的含义就是数据元素（或记录）中某个数据项的值，用它可以标识（识别）一个数据元素（或记录）。若此关键字可以唯一地标识一个记录，则称此关键字为主关键字，对不同的记录，其主关键字均不同。反之，称用以识别若干记录的关键字为次关键字（condary Key），当数据元素只有一个数据项时，其关键字即为该数据元素的值。

给查找下个精确的定义：根据给定的某个值，在查找表中确定一个关键字等于给定值的记录或数据元素。若表中存在这样的一个记录，则称查找是成功的，此时查找的结果为给出整个记录的信息，或指示该记录在查找表中的位置；若表中不存在关键字等于给定值的记录，则称查找不成功，此时查找的结果可给出一个"空"记录或"空"指针[3]。

查找表有静态查找表、动态查找表和散列表三种。每种查找表都有相应的查找算法。

如何进行查找？显然，在一个结构中查找某个数据元素的过程依赖于这个数据元素在结构中所处的地位。因此，对表进行查找的方法取决于表中数据元素依何种关系（这个关系是人为地加上的）组织在一起的，在计算机中进行查找的方法也随数据结构不同而不同。为此，需在数据元素之间人为地加上一些关系，以便按某种规则进行查找，即以另一种数据结构来表示查找表。本章将分别就静态查表和动态查找表两种抽象数据类型讨论其表示和操作实现的方法。

在本章以后各节的讨论中，涉及的关键字类型和数据元素类型统一说明如下：典型的关键字类型说明可以是：

Typedef float　　KeyType；//实型

Typedef int　　　KeyType；//实型

typedef char　　*KeyType；//字符串型

数据元素类型定义为：

typedef struct{

keyType key；　//关键字域

}SElemType；　//其他域

典型的关键字类型说明可以是查找就是在含有若干记录的表中找出关键字值与给定值相同的记录。若表中存在这样的记录，则查找成功，返回所找到记录的信息或记录在表中的位置；查找失败，返回空记录或空指针。

6.2 静态查找表

6.2.1 顺序表的查找

在介绍静态查找表之前，先介绍查找操作的性能，对它进行分析。

衡量一个算法好坏的量度有 3 条：时间复杂度（衡量算法执行的时间量级）、空间复杂度（衡量算法的数据结构所占存储以及大量的附加存储）和算法的其他性能。对于查找算法来说，通常只需要一个或几个辅助空间。查找算法中的基本操作是"将记录的关键字和给定值进行比较"。因此，通常以其关键字和给定值进行过比较的记录个数的"均值"作为衡量查找算法好坏的依据[4]。

定义：为确定记录在查找表中的位置，需和给定值进行比较的关键字个数的期望值称为查找算法在查找成功时的平均查找长度（Average Search Length）；

对于含有 n 个记录的表，查找成功时的平均查找长度为：

$$ASL = \sum_{i=1}^{n} P_i C_i$$

其中，n 为查找表中记录的个数，p_i 是在查找表中查找第 i 个记录的概率[5]。为了更加简单，通常认为查找每个记录的概率是相等的，即，$p_i=1/n$（$1 \leqslant i \leqslant n$）；$C_i$ 是查找第 i 个记录所需的比较次数，也是实际中选择查找方法的依据，给出了常用查找算法查找成功和查找失败时平均查找长度的计算方法，并通过实例进行解析。

1.算法实现

以顺序表或线性链表表示静态查找表，则 Search 函数可用顺序查找来实现[6]。本节中只讨论它在顺序存储结构模块中的实现。

//静态查找表的顺序存储结构

    typedef struct

{

    ElemType *elem; //数据元素存储空间基址，建表时按实际长度分配，0 号单元留空

    int length;//表长度

}SSTable;

顺序查找（Sequential Search）又叫线性查找，是最基本的查找技术[7]。从表中第一个（或最后一个）记录开始，逐个进行记录的关键字和给定值比较，若某个记录的关键字和给定值相等，则查找成功，找到所查的记录；如果直到最后一个（或第一个）记录，其关键字和给定值比较都不等，则表中没有所查记录，查找不成功。

算法如下：设定 a 为数组，n 为要查找的数组个数，key 为要查找的关键字。

```
int Sequential_Search（int *a，　int n，　int key）{
        int i;
            for　（i=1; i<=n; i++）{
            if　（a[i] == key）
                        return i;
                    }　return 0;
                }
```

这个是最朴素算法，后改进增加哨兵。

```
int Sequential_Search2（int *a，　int n，　int key）{
        int i; a[0] = key; /*  设置 a[0]为关键字值，我们称之为"哨兵" */
            for　（i=n; a[i]!=key; --i）;
                    return i; /*  返回 0 则说明查找失败  */
                }
```

2.顺序查找法平均查找长度

假设 n=ST.length，则顺序查找的平均查找长度为：

$$ASL = nP_1 + (n-1)P_2 + \Lambda + 2P_{n-1} + P_n$$

若查找表有 n 个记录，且采用顺序查找法查找一个记录，假设每个记录的查找概率相等都为 $P_i = 1 / n$，则在等概率情况下查找成功时的平均查找长度为：

$$ASL_{SS} = \sum_{i=1}^{n} P_i C_i = \frac{1}{n} \sum_{i=1}^{n} (n-i+1) = \frac{n+1}{2}$$

容易看出，上述平均查找长度的讨论是在 $P_i = 1 / n$ 基础上的，换句话说，我们认为每次查找都是"成功"的。查找结果分为"成功"与"不成功"两种，但在实际应用中，在实际应用的大多数情况下，查找成功的可能性比不成功的可能性大得多，特别是在表中记录数 n 很大时，查找不成功的概率可以忽略不计。当查找不成功的情形不能忽视时，查找算法的平均查找长度应是查找成功时的平均查找长度与查找不成功时的平均查找长度之和。对于顺序查找，不论给定值 key 为何值，查找不成功时和给定值进行比较的关键字个数均为 n-1。假设查找成功与查找不成功的可能性相同，对每个记录的查找概率也相等，则 P= 1 / （2n），此时顺序查找的平均查找长度为：

$$ASL'_{SS} = \frac{1}{2n} \sum_{i=1}^{n} (n-i+1) + \frac{1}{2} (n+1) = \frac{3}{4} (n+1)$$

6.2.2 有序表的查找

有时候顺序表解决不了的问题，有序表就起到了关键作用，有序表查找包括折半查找，有时候顺序表中解决不了的问题，有序表就起到了关键作用，有序表查找算法包括折半查找、插值查找、斐波那契查找。折半查找技术，又称二分查找，它的前提是线性表中的记录必须是关键码有序且采用顺序存储[8]。基本思想是：在有序表中，取中间记录作为比较对象，若给定值与中间记录的关键字相等，则查找成功；若小于中间记录的关键字，则在中间记录的左半区继续查找，否则在右半区继续查找，不断重复，直到查找成功或（失败）。

算法实现：

```
int Binary_Search（int *a， int n， int key）
{
    int low， high， mid;
        low = 1;
        high = n;
    while （low<=high）
    {
        mid = （low+high）/2;
        if （key<a[mid]）
            high = mid-1;
        else if （key>a[mid]）
            low = mid+1;
        else
            return mid;
    }
        return 0;
}
```

调用参数：a 为 10 个数据元素的有序表（关键字即为数据元素的值，

a ={0， 1， 16， 24， 35， 47， 59， 62， 73， 88， 99}，

假设指针 low 和 high 分别指示待查元素所在范围的下界和上界，指针 mid 指示区间的中间位置，即 mid=（low+high）/2。在此例中，low 和 high 的初值分别为 0 和 10，即[1，10]为待查范围。

下面看关键字 62 的过程：

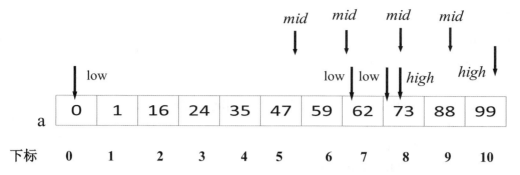

从上述例子可见，折半查找过程是以处于区间中间位置记录的关键字和给定值比较，若相等，则查找成功，若不等，则缩小范围，直至新的区间中间位置记录的关键字等于给定值或者查找区间的范围小于零时（表明查找不成功）。

折半查找的性能分析，如图 6-1 所示。

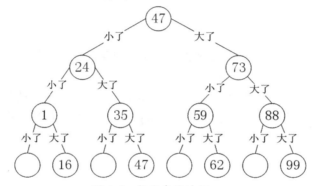

图 6-1　折半查找过程

为讨论方便，假定有序表的长度。$n = 2^h - 1$（反之，$h = \log_2(n+1)$）），则描述折半查找的判定树是深度为 h 的满二叉树。树中层次为 1 的结点有 1 个，层次为 2 的结点有两个，层次为 h 的结点有 $2^h - 1$，假设表中每个记录的查找概率相等，则查找成功时折半查找的平均查找长度：

$$ASL_{bs} = \sum_{i=1}^{n} P_i C_i = \frac{1}{n} \sum_{j=1}^{h} j \cdot 2^{j-1} = \frac{n+1}{n} \log_2(n+1) - 1$$

可见，折半查找的效率比顺序查找高，但折半查找只适用于有序表，且限于顺序存储结构（线性链表无法有效地进行折半查找）。

插值查找：根据要查找的关键字 key 与查找表中最大最小记录的关键字比较后使用插值公式计算下一步查找范围的查找方法。

算法实现：

```
int Interpolation_Search（int *a， int n， int key）
{
    int low， high， mid;
```

```
    low = 1;
   high = n;
   while  （low<=high）
   ｛
mid =low+（high-low）*（key-a[low]）/（a[high]-a[low]）;
      if （key<a[mid]）
         high = mid-1;
       else if （key>a[mid]）
         low = mid+1;
      else
         return mid;
   ｝
   return 0;
｝
```

插值查找的特点：适合关键字均匀分布的表，在这种情况下，对于长度较长的顺序表，其平均性能比折半查找好。

斐波那契查找是根据斐波那契序列的特点对表进行分割的[9]。斐波那契查找的平均但最坏情况下的性能（虽然仍是（logn））却比折半查找差。它还有一个优点就是分割时只需进行加、减运算[10]。

6.2.3 索引顺序表的查找

建立索引，即把一个关键字与它对应的记录相关联[11]。一个索引由多个索引项构成， 每个索引项至少需包含关键字和其对应的记录在存储器中的位置等信息。

主要介绍线性索引中的分块索引。分块索引是把数据集的记录分成若干块，使得"块内无序，块间有序"如图 6-2 所示。

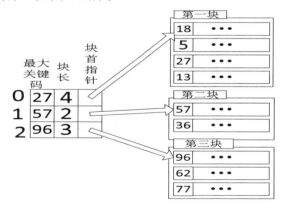

图 6-2　分块索引表

假设 n 个记录被平均分成 m 块，每块 t 条记录，设 L_b 为查找索引表的平均查找长度为 $L_b = (m + 1)/2$，设 L_w 为块中查找记录的平均查找长度，则

$$Lw = (t+1)/2$$

分块索引查找的平均查找长度为：

$$ASLw = L_b + Lw = (n/t + t)/2 + 1$$

6.3 动态查找表

6.3.1 二叉排序树

在这一节和下一节中，我们将讨论动态查找表的表示和实现。动态查找表的特点是，表结构本身是在查找过程中动态生成的，即对于给定值 key，若表中存在其关键字等于 key 的记录，则查找成功返回，否则插入关键字等于 key 的记录，如图 6-3 所示。

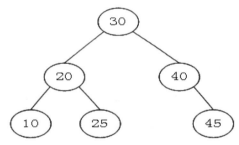

图 6-3　二叉排序树

二叉排序树（Binary Sort Tree）又称二叉查找（搜索）树（Binary Search Tree）。其定义为：二叉排序树或者是空树，或者是满足如下性质的二叉树：

①若它的左子树非空，则左子树上所有结点的值均小于根结点的值；

②若它的右子树非空，则右子树上所有结点的值均大于根结点的值；

③左、右子树本身又各是一棵二叉排序树。

1.二叉排序树

上述性质简称二叉排序树性质（BST 性质），故二叉排序树实际上是满足 BST 性质的二叉树。

由 BST 性质可得：

（1）二叉排序树中任一结点 x、其左（右）子树中任一结点 y（若存在）的关键字必小（大）于 x 的关键字。

（2）二叉排序树中，各结点关键字是唯一的。

（3）按中序遍历该树所得到的中序序列是一个递增有序序列。

2.结点定义

二叉排序树的结点定义：

```
/********************************/
/*        二叉排序树用的头文件        */
/*           文件名：bstree.h        */
/********************************/
#include<stdio.h>
#include<stdlib.h>
typedef int datatype;
typedef struct node                /* 二叉排序树结点定义 */
{
          datatype key;                    /* 结点值 */
        struct node *lchild，*rchild;    /* 左、右孩子指针 */
                }bsnode;
        typedef bsnode* bstree;
```

3.二叉排序树的算法：

（1）查找算法

```
#include "bstree.h"
/*-------二叉排序树的递归查找-------*/
/* 在根指针 t 所指二叉排序树中递归地查找某关键字等于 key 的数据元素，若
查找成功，则返回指向该数据元素结点的指针，否则返回空指针 */
bstree SearchBST（bsnode* t，  datatype x）
{
if （t==NULL || x==t->key）
{
return t;
}
if （x<t->key）  /*递归地在左子树中检索*/
{
return SearchBST（t->lchild，  x）;
}
else /*递归地在右子树中检索*/
  {
        return SearchBST（t->rchild，  x）;
    }
}
```

对于一棵给定的二叉排序树,树中的查找运算很容易实现,其算法可描述如下:

a.当二叉树为空树时，检索失败；

b.如果二叉排序树根结点的关键字等于待检索的关键字，则检索成功；

c.如果待检索的关键字小于二叉排序树根结点的关键字，则用相同的方法继续在根结点的左子树中检索；

d.如果待检索的关键字大于二叉排序树根结点的关键字，则用相同的方法继续在根结点的右子树中检索。

查找算法性能分析:

在二叉排序树上进行检索的方法与二分检索相似，和关键字的比较次数不会超过树的深度。因此，在二叉排序树上进行检索的效率与树的形状有密切的联系。在最坏的情况下，含有 n 个结点的二叉排序树退化成一棵深度为 n 的单支树（类似于单链表），它的平均查找长度与单链表上的顺序检索相同，即

$$ASL = (n+1)/2$$

在最好的情况下，二叉排序树形态比较匀称,对于含有 n 个结点的二叉排序树，其深度不超过 $\log_2 n$，此时的平均查找长度为 O（$\log_2 n$）。例如，对于图 6-4 中的两棵二叉排序树，其深度分别是 4 和 10，在检索失败的情况下，在这两棵树上的最大比较次数分别是 4 和 10；在检索成功的情况下，若检索每个结点的概率相等，

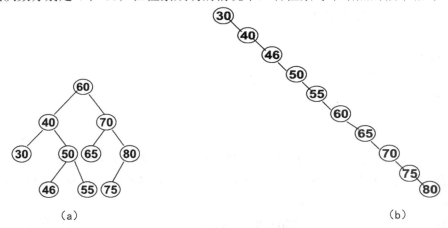

图 6-4　二叉排序树

则对于图 6-4（a）所示的二叉排序树其平均查找长度为:

$$ASLa = \sum_{i=1}^{10} p_i c_i = (1 + 2 \times 2 + 3 \times 4 + 4 \times 3) / 10 = 3$$

对于图 6-4（b）所示的二叉排序树其平均查找长度为:

$$ASLb = (1 + 2 + 3 + 4 + 5 + 6 + 7 + 8 + 9 + 10) / 10 = 5.5$$

（2）插入算法

算法实现：

```
void InsertBST（bstree &t,    datatype x）
{
 /* f用于保存新结点的最终插入位置 */
 bstree f,   p;
   p = t;
while （p）  {   /* 查找插入位置 */
   if （x == p->key）
     return;
   f = p;
     p = （x<p->key）?p->lchild:p->rchild;
}
   /* 生成待插入的新结点 */
 p = （bstree）malloc（sizeof（bsnode））;
 p->key = x;
 p->lchild = p->rchild = NULL;
 if （t==NULL）  {
  t = p;  /* 原树为空 */
 }
 else {
   if （x<f->key）     f->lchild = p;
  else              f->rchild = p;
   }
}
```

假设待插入的数据元素为 x，则二叉排序树的插入算法可以描述为：

a.若二叉排序树为空，则生成一个关键字为 x 的新结点并令其为二叉排序树的根结点；

b.将待插入的关键字 x 与根结点的关键字进行比较，若二者相等，则说明树中已有关键字 x，无须插入；

c.若 x 小于根结点的关键字，则将 x 插入到该树的左子树中，否则将 x 插入到该树的右子树中去；

d.将 x 插入子树的方法与在整个树中的插入方法是相同的，如此，直到 x 作为一个新的叶结点的关键字插入到二叉排序树中，或者直到发现树中已有此关键字。

例如：二叉排序树的建立过程就是一个逐渐插入的过程，对于输入实例（30，20，40，10，25，45）， 创建二叉排序树的过程如图 6-5：

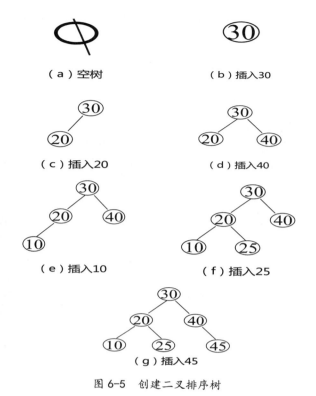

（a）空树 （b）插入30

（c）插入20 （d）插入40

（e）插入10 （f）插入25

（g）插入45

图 6-5 创建二叉排序树

算法实现：

bstree CreatBST（） /*根据输入的结点序列，建立一棵二叉排序树，并返回根结点的地址*/

{

　　bstree t=NULL;

　　datatype key;

　　printf（"\n 请输入一个以-1 为结束标记的结点序列：\n"）;

　　scanf（"%d"，&key）; /*输入一个关键字*/

　　while （key!=-1） { InsertBST（&t，key）; scanf（"%d"，&key）; }

　　return t; /*返回建立的二叉排序树的根指针*/

}

（3）删除算法

删除应遵循的原则：从二叉排序树中删除一个结点，但是不能把以该结点为根的子树都删去，并且还要保证删除后所得的二叉树仍然满足 BST 性质。

删除操作的应循环一般步骤：

a.进行查找：查找时，令 p 指向当前访问到的结点，parent 指向其双亲（其初值为 NULL）。开始查找，若树中找不到被删结点则返回，否则 p 指向被删结点。

b.删去*p：删除*p 时，应将*p 的子树（若有）仍连接在树上且保持 BST 性质不变。 根据二叉排序树的结构特征，删除*p可以分四种情况来考虑：

a.待删除结点为叶结点。

b.待删除结点只有左子树，而无右子树。

c.待删除结点只有右子树，而无左子树。

d.待删除结点既有左子树又有右子树。

以下共分四种情况来讨论这个问题：

第一种情况：删除的是叶节点，在这种情况下则直接删除该结点即可。若该结点同时也是根结点，则删除后二叉排序树变为空树。图6-6给出了一个删除叶结点的例子：

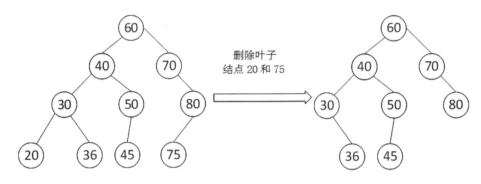

图 6-6　删除叶子结点

第二种情况是待删除结点只有左子树，而无右子树。根据二叉排序树的特点，可以直接将其左子树的根结点替代被删除结点的位置。即如果被删结点为其双亲结点的左孩子，则将被删结点的唯一左孩子收为其双亲结点的左孩子，否则收为其双亲结点的右孩子。图6-7给出了一个例子：

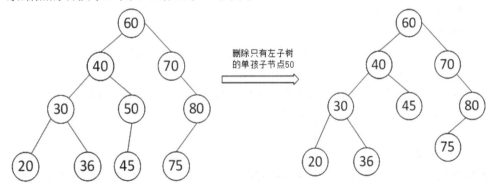

图 6-7　待删除结点只有左子树

第三种情况是待删除结点只有右子树，而无左子树。与情况二类似，可以直接将其右子树的根结点替代被删除结点的位置。即如果被删结点为其双亲结点的左孩子，则将被删结点的唯一右孩子收为其双亲结点的左孩子，否则收为其双亲结点的右孩子。图6-8给出了一个例子。

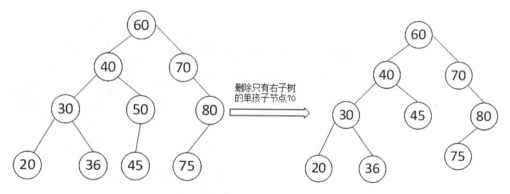

图 6-8   待删除结点只有右子树

第四种情况是待删除结点既有左子树又有右子树。根据二叉排序树的特点，可以用被删除结点中序下的前趋（或后继）结点代替被删除结点，同时删除其中序下的前趋（或后继）结点。而被删除的中序下的前趋（后继）结点必然无右（左）子树，因而问题转换为第二种情况或第三种情况，图 6-9 给出例子。

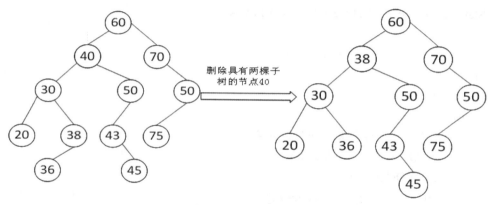

图 6-9   待删除结点具有两颗子树

除此之外，还可以直接将被删结点的右子树代替被删除结点，同时将被删除结点的左子树收为被删除结点右子树中序首点的左孩子。也可以直接将被删除结点的左子树代替被删除结点，同时将被删除结点的右子树收为被删除结点左子树中序尾点的右孩子。对于两种移动方法都在图 6-10 给出示例，重叠部分为两种移动方法。

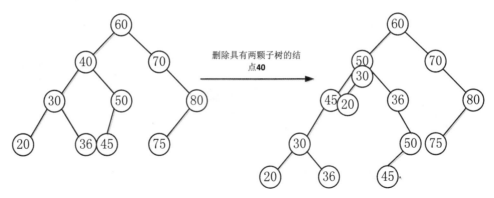

图 6-10　待删结点的右子树代替被删除结点

算法实现过程如下：

```
/* 若二叉排序树 T 中存在关键字等于 key 的
   数据元素时，则删除该数据元素结点，
   并返回 TRUE；否则返回 FALSE */
Status DeleteBST（BiTree &T，  KeyType key）
{
  // 不存在关键字等于 key 的数据元素
 if （!T）
    return FALSE;
   else
   { // 找到关键字等于 key 的数据元素
    if （EQ（key， T->data.key））
       return Delete（T）;
    else if （LT（key， T->data.key））
       return DeleteBST（T->lchild， key）;
    else
       return DeleteBST（T->rchild， key）;
  }
 }
   /* 从二叉排序树中删除结点 p，并重接它的左子树或右子树 */
Status Delete（BiTree &p）
{ // 右子树空则重接它的左子树
  if （!p->rchild）{
    q = p; p = p->lchild; free（q）;
  } // 左子树空则重接它的右子树
  else if （!p->lchild）{
    q = p; p = p->rchild; free（q）;
```

```
    }
    else{    // 左右子树均不空
      q = p; s = p->lchild;
      while （s->rchild） {
        q = s; s = s->rchild;
      }
      p->data = s->data;
      if （q != p）
        q->rchild = s->lchild;
      else
        q->lchild = s->lchild;
      delete s;
  }
    return TRUE;
}
```

　　二叉排序树中结点的删除操作的主要时间在于查找被删除结点及查找被删结点的右子树的中序首点上，而这个操作的时间花费与树的深度密切相关。因此，删除操作的平均时间亦为 $O(\log_2^n)$。

　　二叉排序树上实现的插入、删除和查找等基本操作的平均时间虽然为 $O(\log_2^n)$，但在最坏情况下，二叉排序树退化成一个具有单个分支的单链表，此时树高增至 n，这将使这些操作的时间增至 $O(n)$。为了避免这种情况发生，人们研究了许多种动态平衡的方法，包括如何建立一棵"好"的二叉排序树；如何保证往树中插入或删除结点时保持树的"平衡"，使之既保持二叉排序树的性质又保证树的高度尽可能地为 $O(\log_2^n)$。

6.3.2 平衡二叉树

　　说起平衡，平衡二叉树又称为 AVL 树，它或是一棵空树，或是具有下列性质的二叉树：它的左子树和右子树都是平衡二叉树，且左子树和右子树高度之差的绝对值不超过 1。此处规定二叉树的高度是二叉树的树叶的最大层数，也就是从根结点到树叶的最大路径长度，空的二叉树的高度定义为-1。相应地，二叉树中某个结点的左子树高度与右子树高度之差称为该结点的平衡因子（或平衡度）。由此可知，平衡二叉树也就是树中任意结点的平衡因子的绝对值小于等于 1 的二叉树。它的结点定义如下：

```
  typedef struct
  {
        ElemType data;        // 结点的数据域
```

```
        int     bf;            // 结点的平衡因子
    struct BSTNode *lchild， *rchild; // 左、右孩子指针
}BSTNode，  * BSTNode;
        #define LH 1  // 左高
    #define EH 0 // 等高
    #define RH -1 // 右高
```

关于平衡二叉树中插入算法，G.M.Adelson-Velskii 和 E.M.Landis 在 1962 年提出了动态保持二叉排序树平衡的一个有效办法，后称为 Adelson 方法。下面介绍 Adelson 方法如何将一个新结点 k 插入到一棵平衡二叉排序树 T 中去。

Adelson 方法由三个依次执行的过程——插入、调整平衡度和改组所组成：

（1）插入：不考虑结点的平衡度，使用在二叉排序树中插入新结点的方法，把结点 k 插入树中，同时置新结点的平衡度为 0。

（2）调整平衡度：假设 k_0, k_1, ..., k_m=k 是从根 k_0 到插入点 k 路径上的结点，由于插入了结点 k，就需要对这条路径上结点的平衡度进行调整。

调整方法是：从结点 k 开始，沿着树根的方向进行扫描，当首次发现某个结点 k_j 的平衡度不为零，或者 k_j 为根结点时，便对 k_j 与 k_{m-1} 之间的结点进行调整。令调整的结点为 k_i （j≤i≤m），若 k 在 k_i 的左子树中，则 k_i 的平衡度加 1；若 k 在 k_i 的右子树中，则 k_i 的平衡度减 1；此时，k_{j+1}, k_{j+2}, ..., k_{m-1} 结点不会失去平衡，唯一可能失去平衡的结点是 k_j。若 k_j 失去平衡，即 k_j 的平衡因子不是-1，0 和 1 时，便对以 k_j 为根的子树进行改组，且保证改组以后以 k_j 为根的子树与未插入结点 k 之前的子树高度相同，这样，k_0, k_1, ..., k_{j-1} 的平衡度将保持不变，这就是为何不需要对这些结点进行平衡度调整的原因。反之，若 k_j 不失去平衡，则说明新结点 k 的加入并未改变以 k_j 为根的子树的高度，整棵树无须进行改组。

（3）改组：改组以 k_j 为根的子树，除了满足新子树高度要和原来以 k_j 为根子树的高度相同外，还需使改造后的子树是一棵平衡二叉排序树。

下面为叙述方便，假设在 AVL 树上因插入新结点而失去平衡的最小子树的根结点为 A（即 A 为距离插入结点最近的，平衡因子不是-1，0 和 1 的结点）。失去平衡后的改组操作可依据失去平衡的原因归纳为下列四种情况分别进行，如图 6-11。

（1）LL 型平衡旋转 **（2）RR** 型平衡旋转

（3）LR 型平衡旋转 **（4）RL** 型平衡旋转

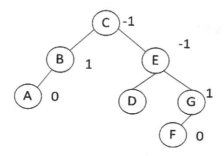

图 6-11　AVL 树

讨论第一种情况 LL 型平衡旋转：由于在 A 的左孩子的左子树上插入新结点，使 A 的平衡度由 1 增至 2，致使以 A 为根的子树失去平衡，如图 6-12 所示。此时应进行一次顺时针旋转，"提升" B（即 A 的左孩子）为新子树的根结点，A 下降为 B 的右孩子，同时将 B 原来的右子树 B_r 调整为 A 的左子树。

算法如下：

```
void R_Rotate（BSTree &p）
{
    lc = p->lchild;
    p->lchild = lc->rchild;
    lc->rchild = p;
    p = lc;
}
```

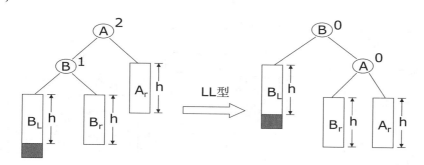

图 6-12　LL 型平衡旋转

RR 型平衡旋转：由于在 A 的右孩子的右子树上插入新结点，使 A 的平衡度由 -1 变为 -2，致使以 A 为根的子树失去平衡，如图 6-13 所示。此时应进行一次逆时针旋转，"提升" B（即 A 的右孩子）为新子树的根结点，A 下降为 B 的左孩子，同时将 B 原来的左子树 B_L 调整为 A 的右子树。

算法如下：

```
void L_Rotate（BSTree &p）
{
```

```
rc = p->rchild;
p->rchild = rc->lchild;
rc->lchild = p;
p = rc;
}
```

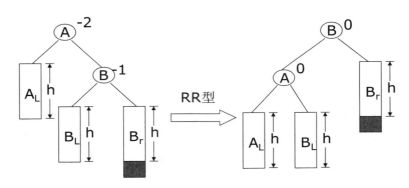

图 6-13　RR 型平衡旋转

LR 型平衡旋转：由于在 A 的左孩子的右子树上插入新结点，使 A 的平衡度由 1 变成 2，致使以 A 为根的子树失去平衡，如图 6-14 所示。此时应进行两次旋转操作（先逆时针，后顺时针），即"提升"C（即 A 的左孩子的右孩子）为新子树的根结点；A 下降为 C 的右孩子；B 变为 C 的左孩子；C 原来的左子树 C_L 调整为 B 现在的右子树；C 原来的右子树 Cr 调整为 A 现在的左子树。

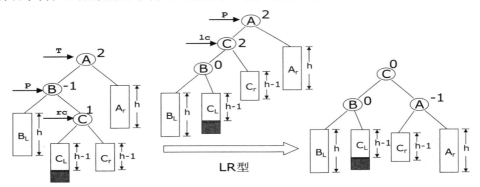

图 6-14　LR 型平衡旋转

RL 型平衡旋转：由于在 A 的右孩子的左子树上插入新结点，使 A 的平衡度由 -1 变成 -2，致使以 A 为根的子树失去平衡，如图 6-15 所示。此时应进行两旋转操作（先顺时针，后逆时针），即"提升"C（即 A 的右孩子的左孩子）为新子树的根结点；A 下降 C 的左孩子；B 变为 C 的右孩子；C 原来的左子树 C_L 调整为 A 现在的右子树；C 原来的右子树 Cr 调整为 B 现在的左子树。

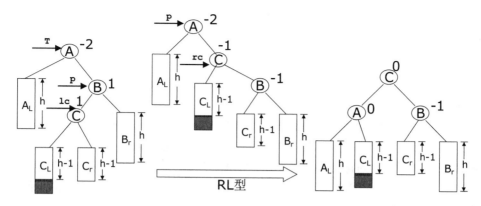

图 6-15 RL 型平衡旋转

在平衡的二叉排序树BBST上插入一个新的数据元素e的递归算法可描述如下：

（1）若BEST为空树,则插入一个数据元素为e的新结点作为BBST 的根结点，树的深度增加 1。

（2）若 e 的关键字和 F3BST 的根结点的关键字相等，则不插入。

（3）若 e 的关键字小于 13BST 的根结点的关键字，而且在 BsST 的左子树中不存在和 e 有相同关键字的结点，则将 e 插入在 BBST 的左子树上，并且当插入之后的左子树深度增加（+1）时，分别就下列情况处理：

①BBST 的根结点的平衡因子为-1（右子树的深度大于左子树的深度）将根结点的平衡因子更改为。，BBST 的深度不变。

②BBST 的根结点的平衡因子为 0（左、右子树的深度相等）：则将根结点的平衡因子更改为 1，BBST 的深度增加 1。

③BBST 的根结点的平衡因子为 1（左子树的深度大于右子树的深度）：若 BBST 的左子树根结点的平衡因子为 1，则需进行单向右旋转平衡处理，并且在右旋转处理之后，将根结点和其右子树根结点的平衡因子更改为 0，树的深度不变。

若 BBST 的左子树根结点的平衡因子为-1，则需进行先向左、后向右的双向旋转平衡处理，并且在旋转处理之后，修改根结点和其左、右子树根结点的平衡因子，树的深度不变。

（4）若 e 的关键字大于 BBST 的根结点的关键字，而且在 BBST 的右子树中不存在和 e 有相同关键字的结点，则将 e 插入在 BBST 的右子树上，并且当插入之后的右子树深度增加（+1）时，分别就不同情况处理。其处理操作和（三）情况一样。

6.4 散列表

6.4.1 散列表思想

在已经介绍过的线性表、树等数据结构中，记录存储在结构中的相对位置是随机的，因而相应的检索是通过若干次的比较以寻找指定的记录。接下来将介绍一种新的存储结构——散列存储，它既是一种存储方式，又是一种常见的检索方法。散列存储的基本思想是以关键码的值为自变量，通过一定的函数关系(称为散列函数，或称哈希（Hash）函数），计算出对应的函数值，以这个值作为结点的存储地址，将结点存入计算得到的存储单元里去。按这个思想，采用散列技术将记录存储在一块连续的存储空间中，这块连续存储空间称为散列表或哈希表。关键字对应的记录存储位置称为散列地址。

6.4.2 散列过程

在存储时，通过散列函数计算记录的散列地址，并按此散列地址存储该记录。当查找记录时，通过同样的散列函数计算记录的散列地址，按此散列地址访问该记录。

6.4.3 散列技术的特点

记录间不存在逻辑关系，只和关键字有关；最适合求解查找与给定值相等的记录，不适合范围查找，或者同一个关键字对应很多记录的情况。

散列表实例：已知线性表的关键字集合为：

S = {and， begin， do， end， for， go， if， then， until }

则可设哈希表为： char HT[26][8]，哈希函数 H（key）的值，可取关键字 key 中第一个字母在字母表中的序号（0~25），即

$$H（key） = key[0]- `a'$$

6.4.4 散列技术的冲突问题

散列存储中经常会出现对于两个不同关键字 x_i，x_j，却有 H（x_i）=H（x_j），即对于不同的关键字具有相同的存放地址，这种现象称为冲突或碰撞。碰撞的两个（或多个）关键字称为同义词（相对于函数 H 而言）。

"负载因子"α 反映了散列表的装填程度，其定义为：

$$\alpha = \frac{\text{散列表中结点的数目}}{\text{基本区域能容纳的结点数}}$$

当 α>1 时冲突是不可避免的。因此，散列存储必须考虑解决冲突的办法。综上所述，对于 Hash 方法，需要研究下面两个主要问题：

（1）选择一个计算简单，并且产生冲突的机会尽可能少的 Hash 函数；

（2）确定解决冲突的方法。

在构造哈希函数时的几点要求：

（1）哈希函数的定义域必须包括需要存储的全部关键字，如果哈希表允许有 m 个地址时，其值域必须在 0 到 m-1 之间。

（2）哈希函数计算出来的地址应能均匀分布在整个地址空间中：若 key 是从关键字集合中随机抽取的一个关键字，哈希函数应能以同等概率取 0 到 m-1 中的每一个值。

（3）哈希函数应是简单的，能在较短的时间内计算出结果。

这样构造函数的方法如下：

（1）除留余数法

它的方法是选择一个适当的正整数 P，用 P 去除关键字，取所得的余数作为散列地址，即：

$$\text{hash (key)} = \text{key} \% p \quad p \leq m$$

例如 S={5，21，65，22，69}，若 m=7 且 H（x）=x % 7，则可以得到如所示的 Hash 表。

0	1	2	3	4	5	6
21	22	65			5	69

这个方法的关键是选取适当的 P。选择 P 最好不要是偶数，也不要是基数的幂，一般选 P 为小于或等于散列表长度 m 的某个最大质数比较好。例如：

m = 8，16，32，64，128，256，512，1024

P = 7，13，31，61，127，251，503，1019

适用情况：除留余数法的地址计算公式简单，而且在很多情况下效果较好，因此是一种常用的构造散列函数的方法。

（2）直接定址法

散列函数是关键码的线性函数，适用情况是事先知道关键码，关键码集合不是很大且连续性较好。即：

$$H(key) = a \times key + b \text{ (a,b 为常数)}$$

例：关键码集合为{10，30，50，70，80，90}，选取的散列函数为

135

$H(key) = key/10$，则散列表为

1	2	3	4	5	6	7	8	9	10
	10		30		50		70	80	90

（3）数字分析法

根据关键码在各个位上的分布情况，选取分布比较均匀的若干位组成散列地址：例：关键码为 8 位十进制数，散列地址为 2 位十进制数。适用情况：能预先估计出全部关键码的每一位上各种数字出现的频度，不同的关键码集合需要重新分析。

$$
\begin{array}{cccccccc}
① & ② & ③ & ④ & ⑤ & ⑥ & ⑦ & ⑧ \\
8 & 1 & 3 & 4 & 6 & \underline{5} & \underline{3} & 2 \\
8 & 1 & 3 & 7 & 2 & \underline{2} & \underline{4} & 2 \\
8 & 1 & 3 & 8 & 7 & \underline{4} & \underline{2} & 2 \\
8 & 1 & 3 & 0 & 1 & \underline{3} & \underline{6} & 7 \\
8 & 1 & 3 & 2 & 2 & \underline{8} & \underline{1} & 7 \\
8 & 1 & 3 & 3 & 8 & \underline{9} & \underline{6} & 7 \\
\end{array}
$$

（4）平方取中法

对关键码平方后，按散列表大小，取中间的若干位作为散列地址（平方后截取）。适用情况：事先不知道关键码的分布且关键码的位数不是很大。例：散列地址为 2 位，则关键码 123 的散列地址为：$(1234)^2 = 1522756$。

（5）折叠法

将关键码从左到右分割成位数相等的几部分，将这几部分叠加求和，取后几位为散列地址。例：设关键码为 2 5 3 4 6 3 5 8 7 0 5，散列地址为三位：

$$
\begin{array}{r}
253 \\
463 \\
587 \\
+\ \ 05 \\
\hline
1308
\end{array}
\qquad
\begin{array}{r}
253 \\
364 \\
587 \\
+\ \ 50 \\
\hline
1254
\end{array}
$$

移位叠加   间界叠加

（6）随机数法

选择一个随机函数，取关键字的随机函数值作为它的散列地址，通常，当关键字长度不等时采用此法构造散列地址比较恰当。即：

$$H(key) = random(key)$$

说了这么多构造函数，那么有冲突时候应该怎么解决呢？这就用到处理冲突散

列冲突的方法，现在重点介绍以下几种方法。

（1）开放定址法

开放定址法的基本做法是在发生冲突时，按照某种方法继续探测基本表中的其他存储单元，直到找到一个开放的地址（即空位置）。显然这种方法需要用某种标记区分空单元与非空单元，开放定址哈希表的结构定义：

int hashsize[] = {997，...};　　// 哈希表容量递增表，　　// 一个合适的素数序列

```
typedef struct{
    ElemType *elem;        // 数据元素存储基址动态分配数组
    int       count;       // 当前数据元素个数
    int       sizeindex;   // hashsize[sizeindex]为当前容量
}HashTable;
#define SUCCESS 1
#define UNSUCCESS 0
#define DUPLICATE -1
```

插入实现：

```
        Status InsertHash （HashTable &H，  Elemtype e）
.{    // 若开放定址哈希表 H 中不存在记录 e 时则进行插入，并返回 OK;
.     // 若在查找过程中发现冲突次数过大，则需重建哈希表
    c = 0;
    // 表中已有与 e 有相同关键字的记录
    if （SearchHash （ H， e.key， j， c ） == SUCCESS ）
        return DUPLICATE;
    else  if （ c < hashsize[H.sizeindex]/2 ）
    {    // 冲突次数 c 未达到上限，（阀值 c 可调）
        H.elem[j] = e;
        ++H.count;
        return OK; // 插入记录 e
     }
    else
        RecreateHashTable（H）;    // 重建哈希表
}
```

查找实现：

```
    Status SearchHash （HashTable H， KeyType kval， int &p， int &c）
{
    // 在开放定址哈希表 H 中查找关键字为 kval 的元素，若查找成功，以 p 指
    // 示待查记录在表中位置，并返回 SUCCESS;否则，以 p 指示插入位置，并
```

137

// 返回 UNSUCCESS，c 用以计冲突次数，其初值置零，供建表插入时参考

```
p = Hash（kval）;          // 求得哈希地址
while （ H.elem[p].key != NULLKEY    // 该位置中填有记录
        && （ H.elem[p].key != kval） ）    // 并且关键字不相等
    collision（p， ++c）;        // 求得下一探测地址 p
if （ H.elem[p].key == kval ）
    return SUCCESS;      // 查找成功，p 返回待查记录位置
else
    return UNSUCCESS; // 查找不成功（H.elem[p].key == NULLKEY），
                // p 返回的是插入位置
}
```

开放定址法的一般形式可表示为：

$$H_i（k）=（H（k）+d_i）\bmod m（i=1,2,\cdots,k（km-1））$$

其中，H（k）为键字为 k 的直接哈希地址，m 为哈希表长，d_i 为每次再探测时的地址增量。当 $d_i=1,2,3,\ldots,m-1$ 时，称为线性探测再散列；当 $d_i=1^2,-1^2,2^2,-2^2,\cdots,k^2,-k^2（k\le m/2）$ 时，称为二次探测再散列；当 $d_i=$ 随机数序列时，称为随机探测再散列。

例如，有数据（654，638，214，357，376，854，662，392），现采用数字分析法，取得第二位数作为哈希地址，将数据逐个存放入大小为 10 的散列表（此处为顺序表）中。若采用线性探测法解决地址冲突，则 8 个数据全部插入完成后，散列表的状态如下：

0	1	2	3	4	5	6	7	8	9
392	214		638		654	357	376	854	662

（2）再哈希法

采用再哈希法解决冲突的做法是当待存入散列表的某个元素 k 在原散列函数 H（k）的映射下与其他数据发生碰撞时，采用另外一个 Hash 函数 $H_i(k)(i=1,2,\ldots,n)$ 计算 k 的存储地址（H_i 均是不同的 Hash 函数），这种计算直到冲突不再发生为止。

（3）拉链法

拉链法解决冲突的做法是，将所有关键字为同义词的结点链接在同一个单链表中。若选定的散列表长度为 m，则可将散列表定义为一个由 m 个头指针组成的指针数组 T[0，…，m-1]，凡是散列地址为 i 的结点，均插入到以 T[i] 为头指针的单链表中。拉链法的缺点主要是指针需要用额外的空间，故当结点规模较小时，开放定址法较为节省空间。例如，关键字集合为{1，13，20，5，14，33}，散列表长度 m=5，现采用除余法为哈希函数并采用拉链法解决地址冲突，所创建的 Hash 链表如下

图 6-16 所示。

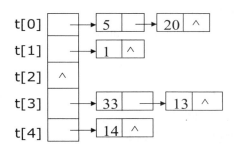

图 6-16 hash 链表

通过介绍这几种构造函数方法和处理冲突散列的方法，一个简化的哈希表就基本建立了，那么列出算法。

```
#define SUCCESS 1
#define UNSUCCESS 0
#define HASHSIZE 12
#define NULLKEY -32768
typedef struct
{
    int *elem;
    int count;
}HashTable;
int m = 0;
/* 初始化散列表 */
Status InitHashTable（HashTable &H）
{
int i;
    m = HASHSIZE;
    H.count = m;
    H.elem = （int*）malloc（m*sizeof（int））;
    for （i=0; i<m; i++）
        H.elem[i] = NULLKEY;
    return OK;
}
/* 散列函数 */
int Hash（int key）
{
    return key%m;
```

```
}
/* 向散列表插入关键字 */
void InsertHash（HashTable &H， int key）
{
    int addr；
    if （SearchHash（H， key， addr）          ==SUCCESS） return；
        addr = Hash（key）；
    while （H.elem[addr] != NULLKEY）
    addr = （addr+1）%m；
        H.elem[addr] = key；
}
/* 散列表查找关键字 */
Status SearchHash（HashTable H， int key，                    int &addr）
{
    addr = Hash（key）；
    while （H.elem[addr] != key）
    {
        addr = （addr+1）%m；
        if （H.elem[addr]==NULLKEY ||          addr==Hash（key））
        {
            return UNSUCCESS；
        }
    }
    return SUCCESS；
}
```

散列表的平均查找长度取决于负载系数和处理冲突的方法而不是记录个数，假设负载系数为 α，则：

（1）如果用开放定址线性探测再散列法解决冲突，Hash 表查找成功和查找不成功的平均查找长度 S_n 和 U_n 分别为：

$$S_n \approx \frac{1}{2}\left(1 + \frac{1}{1-\alpha}\right) \qquad\qquad U_n \approx \frac{1}{2}\left(1 + \frac{1}{(1-\alpha)^2}\right)$$

（2）如果用二次探测再散列法解决冲突，Hash 查找成功和查找不成功的平均查找长度 S_n 和 U_n 分别为

$$S_n \approx \frac{1}{(1-\alpha)} \qquad\qquad U_n \approx -\frac{1}{\alpha}\ln(1-\alpha)$$

（3）如果用拉链法解决冲突，Hash 表查找成功和查找不成功的平均查找长度 S_n 和 U_n 分别为：

$$S_n \approx 1 + \frac{\alpha}{2}$$

$$U_n \approx \alpha + e^{-\alpha}$$

参考文献

[1] 李春葆.数据结构教程（第 2 版）[M]. 北京：清华大学出版社,2007（3）：288-290.

[2] 王红梅,胡明,王涛.数据结构（C++版） [M].第 2 版.北京：清华大学出版社,2011.

[3] 方瑞英,陈桂英.基于线性探测再散列的哈希表查找效率浅析[J].电脑知识与技术.2015（15）：152-154.

[4] 严蔚敏,吴伟民.数据结构[M].清华大学出版社,1992（6）.

[5] 吉根林,陈波.数据结构教程[M].电子工业出版社,2009（2）.

[6] 徐士良.实用数据结构[M].北京：清华大学出版社,2000.

[7] 徐孝凯.数据结构辅导与提高实用教程[M].北京：清华大学出版社,2003.

[8] 严蔚敏,吴伟民.数据结构题集（c 语言版）[M].北京：清华大学出版社,2008.

[9] Horrowitz E,Sahni S.Fundamentals of Data Structures[M].California: Pitmen Publishing Limited,1976:335 -341.

[10] Subasi M,Yildirim N,Yildiz B.An improvement on Fibonacci search method in optimization theoryp[J].Applied Math-ematics and Computation,2004,147（3） : 893 -901.

[11] 齐得昱.数据结构与算法[M].北京：清华大学出版社,2003：275 -279.

第七章　排序

　　排序是执行得最频繁的计算任务之一，因此人们自然已对它进行了深入细致的研究，并且设计出了一些巧妙的算法。[1]但是，仍然有一些与排序相关的问题尚未解决，适应各种不同要求的新算法也不断被开发出来并得到了改进。[2]本章在介绍计算机科学这一中心问题的同时，也涉及了算法分析的许多重要问题。排序算法涉及广泛的算法分析技术，排序问题的研究也促进了文件处理技术的发展。[3]

　　本章介绍了几种适用于在计算机主存内对一组记录进行排序的标准算法。首先对三个简单但相对较慢的算法进行分析，它们在平均和最差情况下的时间代价是$\theta(n^2)$。随后会提供 一些性能较好的算法，其中几个算法的最差时间代价是$\theta(n\log n)$。最后介绍一种在特殊条件 下最差时间复杂度仅为$\theta(n)$的算法。本意还将证明排序算法一般在最差情况下的时间代价为$\Omega(n\log n)$。

7.1 排序术语及记号

　　如果没有特别说明，本章中排序算法的输入都是存储在数组中的一组记录。记录之间通过一个比较器类进行比较。尽管比较器可以用任意方式自由地工作，但为了简化讨论，这里假设每个记录内都有一个关键码域，这个域的值正是比较器所用到的。

　　给定一组记录 r_1 ， r_2 ， …… ， r_n ，其关键码分别为 k_1 ， k_2 ， …… ， k_n ，排序问题就是要将这些记录排成顺序为r_{s1} ， r_{s2} ， …… ， r_{sn} ，的一个序列s，满足条件 $k_{s1} \le k_{s2} \le …… \le k_{sn}$。换句话说，排序问题就是要重排一组记录，使其关键码域的值具有不减的顺序。根据定义，排斥问题中的记录可以具有相同的关键码。有些应用中要求输入没有重复关键码的一组记录。

　　当允许关键码值重复时，也许具有相同关键码值的记录之间本身就有某种内在的顺序，典型的情况是基于它们在输入中的出现次序。有些应用可能要求不改变具有相同关键码值的记录的原始输入顺序。如果一种排序算法不改变关键码值相同的记录的相对顺序，则称为稳定的（stable）。本章中的大多数（但不是全部）排序算法都是稳定的。

　　当比较两个排序算法时，最直截了当的方法是对它们进行编程，然后比较它们的运行时间。[4]但是，有些算法的运行时间依赖于原始输入记录的情况，因此这种比较方法容易让人产生误解。特别是记录的数量、关键码和记录的大小、关键码的可操作区域以及输入记录的原始有序程度,这些都会大大影响排序算法的运行时间。

分析排序算法时,传统方法是衡量关键码之间进行比较的次数。[5]这种方法通常与算法消耗的时间紧密相关,而与机器和数据类型无关。但是在一些情况下,记录也许很大,以至于它们的移动成为影响程序整个运行时间的重要因素。在这种情况下,应该统计算法中所使用的交换次数。在大多数情况下,可以假设所有记录及关键码都具有固定长度,因此做一次简单比较或者简单交换所用的时间也是固定的,不用考虑所比较的是哪些关键码。一些特定的应用可以采取较灵活的比较方法。例如,一个应用中的不同记录或关键码的长度差别很大(如对一个长度不同的字符串序列进行排序),采用特殊的排序技术将会有所裨益。一些实例中只对少量记录进行排序,但是排序操作的频率很高,如仅对 5 个记录反复排序。在这种情况下,进行渐近分析时常被忽略的运行时间方程中的常量就变得十分重要了。另外,还有一些实例要求占用的内存尽量少。

7.2 三种代价为 $\theta(n^2)$ 的排序方法

本节介绍了三种简单的排序算法。尽管这些算法简单易懂且易于实现,但是很快你就会发现对于待排序的记录数较多的排序算法来说,它们的速度令人无法忍受。可是,在某些情况下这些最简单的算法可能是最好的算法。

7.2.1 插入排序

这里要介绍的第一种排序方法称为插入排序(Insert Sort)。[6]插入排序逐个处理待排序的记录。每个新记录与前面已排序的子序列进行比较,将它插入到子序列中正确的位置。[7]下面是使用 C++编写的方法,其输入是一个记录数组,数组中存放着 n 个记录。

```
template < class Elem, class comp>
void inssort(Elem A[ ], int n) {   // Insertion Sort
    for ( int i = 1; i < n; i++)    //Insert i'th record
        for ( int j = i; (j > 0) && (Comp::lt (A[j], A[j-1])); j--)
            swap (A, j, j-1 );
}
```

考虑一下 inssort 处理第 i 个记录的情况,记录关键码的值设为 X。当 X 比它上面记录的关键码值小时,就向上移动该记录。直到遇到一个关键码比它小或者与它相等的值,本次插入才算完成,因为再往前就一定都比它小了。

插入排序的程序体是由嵌套的两个 for 循环组成的。外层 for 循环要做 n-1 次；里面的 for 循环次数分析起来要更困难一些,因为该循环次数依赖于在第 i 个记录前的 i-1 个记录中关键码值小于第 i 个记录的关键码值的个数。最差的情况是每个记录都必须移动到数组的顶端,如果原来数组中的原始数据是逆序的,这种情况将会发生。这时比较的次数为:第一次执行 for 循环为 1,第二次为 2,依此类推。

考虑最佳情况。此时数组中的关键码就是从小到大排列的。在这种情况下,每个结点刚进入内部 for 循环就退出,没有记录需要移动。总的比较次数为 n - l 次,即外层 for 循环的执行次数。因此最佳情况下插入排序的时间代价为。因此,总的比较次数为:

$$\sum_{i=2}^{n} i = \theta(n^2)$$

虑最佳情况。此时数组中的关键码就是从小到大按照正序排列的。在这种情况下,每个结点刚进入内部 for 循环就退出,没有记录需要移动。总的比较次数为 n - l 次,即外层 for 循环的执行次数。因此最佳情况下插入排序的时间代价为 $\theta(n^2)$。

虽然最佳情况要比最差情况快得多,但是往往最差情况的性能是“典型”运行时间性能的可信指标。尽管如此,在有些情况下,待排序数据可能是已经有序或者基本有序的。例如,一个已排序序列稍微被打乱了次序,最好用插入排序把它恢复成有序的。7.3 小节的希尔排序及 7.4 小节的快速排序中,将给出利用插入排序最佳情况的例子。

那么,插入排序的平均执行时间到底是多少呢?当处理到第 i 个记录时,内层 for 循环的执行次数依赖于该记录“无序”的程度。也就是说,第 i 个记录前面的 0 到 i-l 个记录中,比第 i 个记录大的那些记录都会引起 for 循环执行一步。例如,在图 7-l 最左边一列的值 15 前面有 5 个比它大的数。每一个这样的数称为一个逆置(inversion),逆置的数目(即数组中位于一个给定值之前,并比它大的值的数目)将决定比较及交换的次数。我们需要判断对第 i 个记录来说,其平均逆置是多少。平均情况下,在数组的前 i-1 个记录中有一半关键码值比第 i 个记录的关键码值大。因此,平均的时间代价就是最差情况的一半,仍然为 $\theta(n^2)$。因此,在渐近复杂性的意义上,平均情况并不比最差的情况好多少。

图 7-1 每一列数都表示以该列顶部的 i 值进行一次 for 循环后数组中的内容。每列中横线以上的记录是已排序的,每个箭头都指明了该元素应该插入的位置。

计算比较及交换的次数所得出的结果是相近的,因为每执行一次内层 for 循环就要比较一次并交换一次(除了每一轮的最后一次比较找到了应该插入的位置,此时没有发生交换)。因此,总排序次数是总比较次数减去 n-1,它在最佳情况下为 0,在最差及平均情况下为。

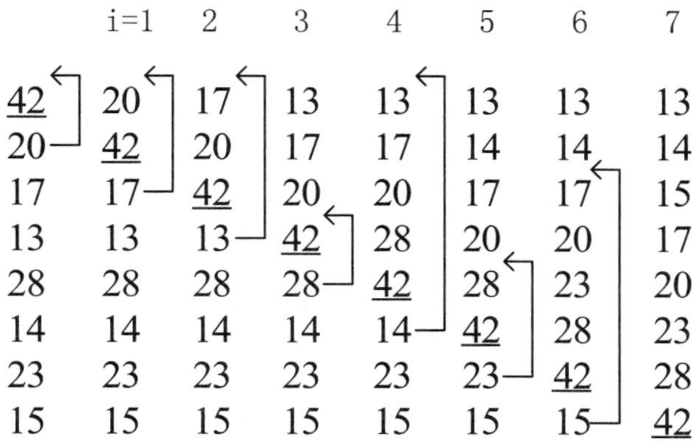

```
        i=1   2     3     4     5     6     7

        42    20    17    13    13    13    13    13
        20    42    20    17    17    14    14    14
        17    17    42    20    20    17    17    15
        13    13    13    42    28    20    20    17
        28    28    28    28    42    28    23    20
        14    14    14    14    14    42    28    23
        23    23    23    23    23    23    42    28
        15    15    15    15    15    15    15    42
```

图 7-1　插入排序示例

7.2.2 起泡排序

下面要介绍的是一种称为起泡排序（Bubble Sort）的算法。[8]起泡排序常常在计算机科学的一些入门课程中作为例题介绍给初学程序设计者。这其实并不合适，因为起泡排序并没有什么特殊的价值。它是一种相对较慢的排序，不如插入排序易懂，而且没有较好的最佳情况执行时间。[9,10]尽管如此，起泡排序为下面将要讨论的一种更好的排序提供了基础。

起泡排序包括一个简单的双重 for 循环。第一次的内部 for 循环从记录数组的底部比较到顶部，比较相邻的关键码。如果低序号的关键码值比高序号的关键码值大，则将二者交换顺序。一旦遇到一个最小关键码值，这个过程将使它像个"气泡"似的被推到数组的顶部。第二次再重复调用上面的过程。但是，既然知道最小元素第一次就被排到了数组的最下面，因此就没有再比较最上面两个元素的必要了。同样，每一轮循环都是比较相邻的关键码，但是都将比上一轮循环少比较一个关键码。图7-2 阐明了起泡排序的工作过程。C＋＋编写的函数如下：

```
template < class Elem， class comp>
void inssort（Elem A[ ]， int n） {    // Bubble Sort
    for （ int i = 1; i < n-1; i++）    //Bubble up i'th record
        for（int j = n - 1; j > 1; j--)
            if（Comp::lt（A[j]， A[j-1]））
                swap（A， j， j-1 ）;
}
```

分析起泡排序的比较次数十分简单。不去考虑数组中结点的组合情况，内层 for 循环比较的次数总会是 i，因此时间代价为：

$$\sum_{i=1}^{n} i = \theta(n^2)$$

起泡排序的最佳、平均、最差情况的运行时间几乎是相同的。

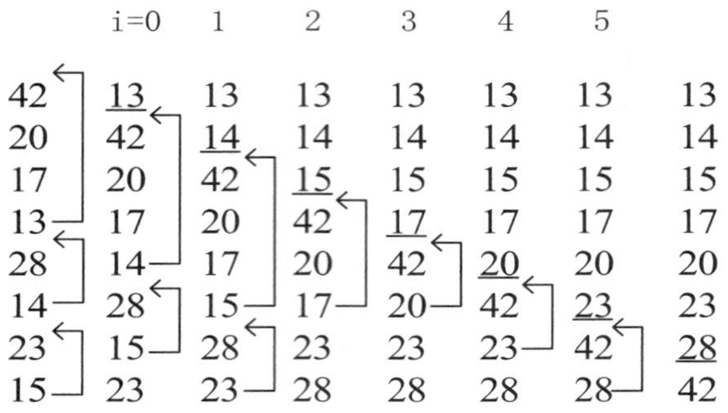

i=0   1   2   3   4   5

图 7-2　起泡排序示例

图 7-2 每一列数都表示以指定的 i 值执行外层 for 循环之后数组中的内容。每列横线上的值是已排序的,箭头指明一个给定循环中所发生的交换。

一个结点比它前一个结点的关键码值小的概率有多大就决定了交换的次数。可以假定这个概率为平均情况下比较次数的一半,因此代价为$\theta(n^2)$。事实上起泡排序的交换次数与插入排序的交换次数相同。

7.2.3 选择排序

最后介绍的一种$\theta(n^2)$级排序是选择排序(Selection Sort)。[11]选择排序的第 i 次是"选择"数组中第 i 小的记录,并将该记录放到数组的第 i 个位置。换句话说,选择排序首先从未排序的序列中找到最小关键码,接着是次小的,依此类推;独特之处在于很少交换。为了寻找下一个最小关键码值,需要检索数组整个未排序的部分,但是只用一次交换即可将待排序的记录放到正确位置。这样需要的总交换次数是 n-1 次(把最后一个记录排好序无须比较和交换)。

图 7-3 解释了如何进行选择排序。下面是用 C++编写的函数:

```
template < class Elem， class Comp>
void selsort（Elem A[ ]， int n） {              // Selection Sort
    for  （ int i = 0; i < n - 1; i + + ）  1    // Select i' th record
        int lowindex = i;                 // Remember its index
        for  （ int j = n - 1; j > i; j -- ）     // Find the least value
            if （Comp：:lt （A[j]， A[ lowindex]）)
                lowindex = j;          //Put it in place
        swap （ A， i， lowindex）;
```

```
        }
    }
```

	i=0	1	2	3	4	5	6
42	13	13	13	13	13	13	13
20	20	14	14	14	14	14	14
17	17	17	15	15	15	15	15
13	42	42	42	17	17	17	17
28	28	28	28	28	20	20	20
14	14	20	20	20	28	23	23
23	23	23	23	23	23	28	28
15	15	15	17	42	42	42	42

图 7-3　选择排序示例。

每列代表以 i 值为循环值的外层 for 循环执行后数组中的记录情况。每列横线上的元素是已排序的,而且都在它们的最终位置上。

选择排序实质上就是起泡排序,注意所选最小元素的位置并最后做一次交换使它到位,而非不断交换相邻记录以便下一个最小记录到位。因此,比较的次数仍为 $\theta(n^2)$,但是交换的次数要比起泡排序少得多。对于处理那些做一次交换花费时间较多的问题,选择排序是很有效的,例如当元素是较长的字符串或是其他大型记录时。其他情况下也比起泡排序有效(通过常数因子的改进)。

还有一种方法可以降低各种排序算法用于交换记录所费的时间,尤其是当记录很大的时候;就是使数组中的每个元素存储指向该元素记录的指针而不是记录本身。在这种实现中,交换操作只互换指针值,记录本身不移动。图 7-4 是该技术的一个示例。虽然需要一些空间来存放指针,但换来了更高的效率。

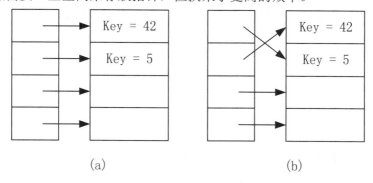

(a)   (b)

图 7-4　交换指向记录的指针的示例。

图 7-4(a)为 4 个记录的序列,关键码值为 42 的记录排在关键码值为 5 的记录前面;图 7-4(b)为顶端两个指针交换后的 4 个记录,现在关键码值为 5 的记录排在关键码值为 42 的记录前面。

7.2.4 交换排序算法的时间代价

表 7-1 列出了插入排序、起泡排序和选择排序分别在平均比较次数，平均时间，最坏情况、辅助空间与稳定性。

表 7-1　三种简单排序算法的渐近复杂度比较

	插入排序	起泡排序	选择排序
平均比较次数	（n+2）（n-1）/4	n（n-1）/2	n（n-1）/2
平均时间	O（n^2）	O（n^2）	O（n^2）
最坏情况	O（n^2）	O（n^2）	O（n^2）
辅助空间	O（1）	O（1）	O（1）
稳定性	稳定	稳定	稳定

在一般情况下，本章下面要介绍的排序算法要比上述三种快得多。但在继续介绍其他算法之前，有必要讨论一下这三种排序算法如此慢的原因。关键的瓶颈是只比较相邻的元素；因此，比较和移动只能一步步地进行（除选择排序外）。交换相邻记录叫作一次交换（exchange）。因此，有时这些排序被称为交换排序（exchange sort）。

任何一种交换排序的时间代价都是数组中所有记录移到"正确"位置所要求的总步数。为了确定平均情况下交换排序的最佳时间代价，我们需要计算每一个记录的当前位置与其最终在排好序数组中位置的差别，然后把这些差别累计起来（即每一个记录逆置的数目）。

那么，交换排序的最小时间代价（平均来说）到底是多少呢？考虑一个有 n 个元素的序列 L。L 中有 $n(n-1)/2$ 对不同的元素，每一对都可能是一个逆置，每种这样的对一定在 L 中或 L_R（L 的逆置序列）中。因此，L 及 L_R 最多可有 $n(n-1)/2$ 对逆置，而平均起来它们每个序列只有 $n(n-1)/4$ 对逆置。因此，可以说任何一种将比较限制在相邻两元素之间进行的交换算法的平均时间代价都是 $\theta(n^2)$。

7.3　希尔排序

希尔排序（Shell Sort）是插入排序的一种。[12~14]也称缩小增量排序，是直接插入排序算法的一种更高效的改进版本。希尔排序是非稳定排序算法。该方法因 DL．Shell 于 1959 年提出而得名。[15, 16]

与交换排序不同的是，希尔排序是在不相邻的记录之间进行比较与交换。[17~19]希尔排序利用了插入排序的最佳时间代价特性。希尔排序试图将待排序序列变成基本有序的（mostly sorted），然后再用插入排序来完成最后的排序工作。[20, 21]如果正确实现，则在最差情况下希尔排序的性能肯定比 $\theta(n^2)$ 好得多。

希尔排序是这样来分组并排序的：将序列分成子序列，然后分别对子序列进行排序，最后将子序列组合起来。希尔排序将数组元素分成"虚拟"子序列，每个子序列用插入排序方法进行排序：另一组子序列也是如此选取，然后排序，依此类推。

在执行每一次循环时，希尔排序把序列分为互不相连的子序列，并使各个子序列中的元素在整个数组中的间距相同。例如，为方便起见，我们设数组中元素的个数 n 是 2 的整数次幂。希尔排序的一种可能的实现是首先将它分成 n/2 个长度为 2 的子序列，每个子序列中两个元素的下标相差 n/2。如果有数组下标为 0～15 的 16 个记录，那么首先是将它分成 8 个各有两个记录的子序列，第一个序列元素的下标是 0 和 8，第二个下标是 1 和 9，依此类推。每一个两元素的序列都采用插入排序法来排序。

第二轮希尔排序将处理数量少一些的子序列，但每个子序列都更长了。对于上面的例子来说会有 n/4 个长度为 4 的子序列，序列中的元素相隔 n/4。因此，第二次分割的第一个子序列中有位于 0，4，8，12 的 4 个元素，第二个子序列的元素位于 1，5，9，13，依此类推。每一个四元素的子序列均用插入排序法进行排序。

第三轮将对两个子序列进行排序，其中一个包含原数组中的奇数位上的元素，另一个包含偶数位上的元素。

最后一轮将是一次"正常的"的插入排序。图 7-5 解释了一个具有 16 个元素的数组的希尔排序过程，其中元素间距的增量分别为 8，4，2 和 1。下面是用 C++编写的希尔排序函数：

```cpp
//Modified version of Insertion Sort for varying increments
template < class Elem， class Comp>
void inssort2（Elem A[ ]， int n， int incr）{
    for（int i=incr;i<n;i+=incr）
        for （ int j = i; （j >= incr） && （Comp::lt（A[j]， A[j-incr]）） ; j - = incr）
            swap（A， j， j - incr）;
}
template < class Elem， class Comp>
void shellsort（Elem A[ ]， int n）{          // Shellsort
    for（ int i = n/2; i > 2; i / = 2       //For each increment
        for （ int j = 0; j < i; j + + ）      //Sort each sublist
            inssort2 < Elem， Comp>（&A[j]， n- j， i）;
    inssort2 < Elem， Comp> （A， n， 1）;
}
```

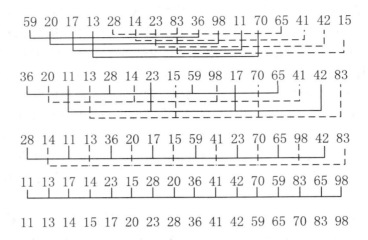

59 20 17 13 28 14 23 83 36 98 11 70 65 41 42 15

36 20 11 13 28 14 23 15 59 98 17 70 65 41 42 83

28 14 11 13 36 20 17 15 59 41 23 70 65 98 42 83

11 13 17 14 23 18 20 28 36 41 42 70 59 83 65 98

11 13 14 15 17 20 23 28 36 41 42 59 65 70 83 98

图 7-5　希尔排序的示例，对 16 个元素进行排序

第一轮处理 8 个长度为 2 的子序列且增量为 8，第二轮处理 4 个长度为 4 的子序列且增量为 4，第三轮处理两个长均备为 8 的子序列且增量为 2，第四轮处理长度为 16 的整个数组且增量为 1（一次正常的插入排序）。

希尔排序并不关心分割的子序列中元素的间隔（尽管最后的间隔为 1，是一个常规的插 入排序）。如果希尔排序总是以一个常规的插入排序结束，又怎么会比插入排序的效率更高呢？我们希望经过每次对子序列的处理可以使待排序的数组更加有序。这一情况不一定准确，但实际确实如此。当最后一轮调用插入排序时，数组已经是基本有序的了，并产生一个相对所花时间较少的最终插入排序。

选择适当的增量序列可使希尔排序比其他排序法更有效。一般来说，增量序列为$(2^k, \quad 2^{k-1}, \cdots\cdots, 2, 1)$时并没有多大效果，而"增量每次除以 3"所选择的序列为（$\cdots$，121, 40, 13 , 4, 1) 时效果更好。

分析希尔排序是很困难的，因此必须不加证明地承认希尔排序的平均运行时间是$\theta(n^{1.5})$（对于选择"增量每次除以 3"递减）。选取其他增量序列可减少这个上界。因此，希尔排序确实比插入排序或在 7.2 小节中讲到的任何一种运行时间为 $\theta(n^2)$ 的排序算法要快。事实上，当 n 为中等大小规模时，希尔排序比下面这些将要介绍的渐近时间代价更好的排序算法 都更有竞争力。希尔排序说明有时可以利用一个算法的特殊性能（如本例中的插入排序），尽管一般情况下该算法可能会慢得令人难以忍受。

7.4 堆排序

优先队列可以用于花费$\theta(n\log n)$时间的排序，基于该想法的排序算法叫作对堆排序（heapsort）并给出我们至今所见到的最佳的大 θ 运行时间。[22]然而，在实践中它却慢于使用 Sedgewick 增量序列的希尔排序。

建立 n 个元素的二叉堆的基本方法花费的时间是 $\theta(n)$，然后执行 N 次 DeleteMin 操作。按照顺序，最小的元素先离开堆，通过将这些元素记录到第二个数组中然后再将数组拷贝回来，得到 n 个元素的排序。由于每个 DeleteMin 花费时间$\theta(\log n)$，因此总的运行时间是$\theta(n \log n)$。

该算法的主要问题在于它使用了一个附加的数组。因此，存储需求增加一倍。将第二个数组拷贝回第一个数组的额外时间消耗只是$\theta(n)$，这不可能显著影响运行时间。

为避免使用第二个数组的做法是利用：每次 DeleteMin 之后，堆缩小了 1。因此，位于堆中最后的单元可以用来存放刚刚删去的元素。例如，设有一个含有六个元素的堆，第一个 DeleteMin 产生，现在该堆只有 5 个元素，因此可以把放在位置 6 上。下一次 DeleteMin 产生，由于该堆现在只有四个元素，因此可以把放在位置 5 上。

使用这种策略，在最后一次 DeleteMin 后，该数组将以递减的顺序包含这些元素，如果想要这些元素排成更典型的递增顺序，可以改变序的特性使得父亲的关键字的值大于儿子的关键字，这样就得到（max）堆。

在实际中使用一个（max）堆，但由于速度的原因避免了实际的 ADT。按照通常的习惯，每一步都是在数组中完成的，第一步实现以线性时间建立堆，然后通过将堆中的最后元素与第一个元素交换，缩减堆的大小并进行下滤，来执行 N-1 次 DeleteMax 操作。当算法终止时，数组则以所排的顺序包含这些元素。例如，考虑输入序列31，41，59，26，53，97。最后得到的堆如图 7-6 所示。

图 7-7 显示了第一次 DeleteMax 之后的堆。从图中可以看出，堆中的最后元素是 31：堆数组中放置 97 的那一部分从技术上说已不再属于该堆。在此后的 5 次 DeleteMax 操作之后，该堆实际上只有一个元素，而在堆数组中留下的元素显示出的将是排序的顺序。

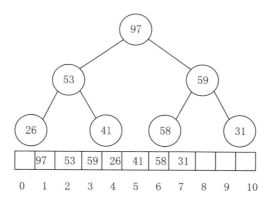

图 7-6　在 buildHeap 阶段以后的（max）堆

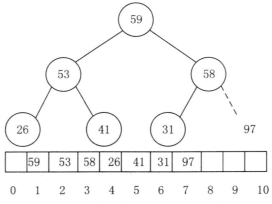

图 7-7　在第一次 DeleteMax 后的堆

执行堆排序的代码如下。稍微有些复杂的是，不像二叉堆，二叉堆的数据是从数组下标 1 处开始，而此处堆排序的数组包含位置 0 处的数据。因此，这里的程序与二叉堆的代码有些不同，不过变化很小。

```
template <typename Comparable>
void heapsort （ vector<Cornparable> & a ）
{
    for （ int i = a.size （ ） /2; i >0; i -- ）    // buildHeap
        percDown （ a, i, a.size （ ））；
    for （ int j = a.size （ ）  -1; j > 0; j --）
    {
        swap （ a[0]， a[j]）；              //DeleteMax
        percDown （ a, 0 , j）；
    }
}
Inline int leftChild  （ int i)
{
    Return 2 * i +1;
}
template <typename Comparable>
void heapsort  （ vector<Cornparable> & a, int i, int n ）
{
    int child;
    Comparable tmp;

    for （ tmp = a[i]; leftChild（i） < n; i = child)
```

```
        {
            child = leftChild（i）;
            if（child != n-1 && a[child] < a[child + 1] ）
                child ++ ;
            if（ tmp < a[child]）
                a[i] = a[child];
            else
                break;
        }
        a[i] = tmp;
    }
```

7.5 归并排序

归并排序是建立在归并操作上的一种有效的排序算法，该算法是采用分治法（Divide and Conquer）的一个非常典型的应用。[23]将已有序的子序列合并，得到完全有序的序列；即先使每个子序列有序，再使子序列段间有序。若将两个有序表合并成一个有序表，称为二路归并。

这个算法中基本的操作是合并两个已排序的表。因为这两个表是已排序的，所以若将输出放到第 3 个表中则该算法可以通过对输入数据进行排序来完成。基本的合并算法是取两个输入数组 A 和 B、一个输出数组 C 以及 3 个计数器（Actr、Bctr和 Cctr），它们初始置于对应数组的开始端。A[Actr]和 B[Bctr]中的较小者被复制到C 中的下一个位置，相关的计数器向前推进一步。当两个输入表有一个用完的时候则将另一个表中的剩余部分拷贝到 C 中。归并排序的实例如下。

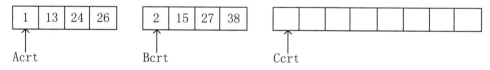

如果数组 A 含有 1、13、24、26，数组 B 含有 2、15、27、38，那么该算法如下进行：首先，比较在 1 和 2 之间进行，1 被添加到 C 中，然后 13 和 2 进行比较。

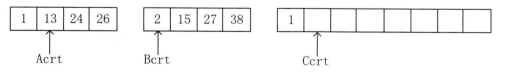

2 被添加到 C 中，然后 13 和 15 进行比较。

153

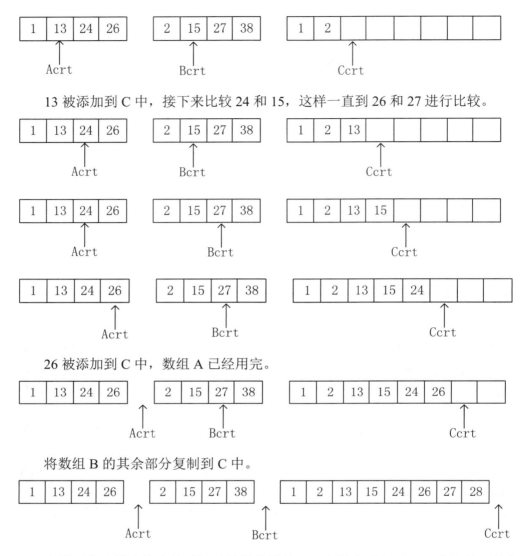

13 被添加到 C 中，接下来比较 24 和 15，这样一直到 26 和 27 进行比较。

26 被添加到 C 中，数组 A 已经用完。

将数组 B 的其余部分复制到 C 中。

　　合并两个已排序的表的时间显然是线性的，因为最多进行了 N-1 次比较，其中 N 是元素的总数。为了看清这一点，注意每次比较都是把一个元素加到 C 中，但最后一次比较除外，它至少添加两个元素。

　　因此，归并排序算法很容易描述。如果 N = 1，那么只有一个元素需要排序，答案是显而易见的。否则，递归地将前半部分数据和后半部分数据各自归并排序，得到排序后的两部分数据，然后再使用上面描述的合并算法将这两部分合并到一起。例如，欲将 8 元素数组 24，13，26，1，2，27，38，15 排序，我们递归地将前 4 个数据和后 4 个数据分别排序，得到 1，13，24，26，2，15，27，38。然后将这两部分合并，得到最后的表 1，2，13，15，24，26，27，38。

　　该算法是经典的分治（divide-and-conquer）策略，分（divide）的阶段，它将问题分成一些小的问题然后递归求解，而治（conquering）的阶段则是将分的阶段解得的各答案组合在一起。分治是递归非常有力的用法，我们将会多次使用。执行归并排序的程序如下。

```
template <typename Comparable>
void mergeSort （vector<Comparable> & a ）
{
    vector<Comparable> tmpArraty （ a.size （ ） ）；
    mergeSort （ a，tmpArray，O，a.size （ ） - 1 ） ；
}
template <typename Comparable>
void mergeSort （ vector<Comparable> & a，
                vector<Comparable> & tmpArray， int left， int right ）
{
    if （ left < right ）
    {
        int center = （ left + right ） / 2;
        mergeSort （ a， tmpArray， left， center）；
        mergeSort （ a， tmpArray， center + 1， right）；
        merge （ a， tmpArray， left， center + 1， right ） ；
    }
}
```

7.6 快速排序

快速排序（quicksort）是在实践中最快的已知排序算法，它的平均运行时间是 $\theta(n \log n)$。该算法之所以特别快，主要是由于非常精炼和高度优化的内部循环，它的最坏情形的 $\theta(n^2)$。[24, 25]

虽然多年来快速排序算法曾被认为是理论上高度优化而在实践中不可能正确编程的一种算法，但是该算法简单易懂而且不难证明。[26~28]像归并排序一样，快速排序也是一种分治的递归算法。将数组 S 排序的基本算法由下列简单的四步组成：

（1）如果 S 中元素个数是 0 或 1，则返回。

（2）取 S 中任一元素 v，称之为枢纽元（pivot）。

（3）将 S − {v} (S 中其余元素)划分成两个不相交的集合：$S1 = \{x \in S − \{v\} \mid x \le v\}$ 和 $S2 = \{x \in S − \{v\}\}$。

（4）返回｛quicksort（S1）后，继随 v，继而 quicksort（S2）｝。

由于在那些等于枢纽元的元素的处理上，第 3 步划分的描述不是唯一的，因此这就成了设计决策。一部分好的实现方法是将这种情形尽可能有效地处理。直观地看，我们希望把等于枢纽元的大约一半的键分到 S1 中，而另外的一半分到 S2 中，很像我们希望二叉查找树保持平衡的情形。

图 7-8 解释了如何快速排序一个数集。这里的枢纽元（随机地）选为 65，集合中其余元素分成两个更小的集合。递归地将较小的数的集合排序得到 0，13，26 31，43， 57（递归法则 3），将较大的数的集合进行类似排序，此时很容易得到整个集合的排序。

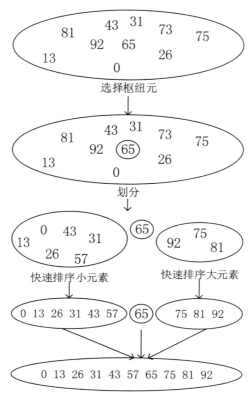

图 7-8　说明快速排序各步的演示示例

7.6.1 选取枢纽元

通常的选择是将第一个元素作为枢纽元。如果输入是随机的，那么这是可以接受的，但是如果输入是预排序的或是反序的，那么这样的枢纽元就产生一个劣质的分割，因为所有的元素不是都被划入，就是都被划出。更有甚者，这种情况可能发生在所有的递归调用中。实际上，如果第一个元素用作枢纽元而且输入是预先排序的，那么快速排序花费的时间将是两倍的，可是实际上却根本没做什么事。然而，预排序的输入（或具有一大段预排序数据的输入）是很常见的，因此，使用第一个元素作为枢纽元是非常糟糕的，应该立即放弃这种想法。另一种想法是选取前两个互异的键中的较大者作为枢纽元，但这和只选取第一个元素作为枢纽元具有相同的缺点。

一种安全的方针是随机选取枢纽元。一般来说这种策略非常安全，除非随机数生成器有问题（这不像你想象的那么罕见），一方面随机的枢纽元不可能总在接连不断地产生劣质的分割。另一方面随机数的生成一般是昂贵的，根本减少不了算法其余部分的平均运行时间。

一组 N 个数的中值是第「N/2」个最大的数。枢纽元最好的选择是数组的中值。可是，这很难算出，并且会明显减慢快速排序的速度。这样的中值的估计可以通过随机选取三个元素并用它们的中值作为枢纽元而得到。事实上，随机性并没有多大的帮助，因此一般的做法是使用左端、右端和中心位置上的三个元素的中值作为枢纽元。例如，输入为 8，1，4，9，6，3，5，2，7，0，它的左边元素是 8，右边元素是 0，中心位置上的元素是 6。于是枢纽元则是 V=6。显然使用三数中值分割法消除了预排序输入的不好情形（在这种情形下，这些分割都是一样的），并且减少了快速排序大约 14%的比较次数。

7.6.2 分割策略

有几种分割策略用于实践，但是已知此处描述的分割策略能够给出好的结果。该方法的第一步是通过将枢纽元与最后的元素交换使得枢纽元离开要被分割的数据段。i 从第一个元素开始而 j 从倒数第二个元素开始。如果最初的输入与前面一样，那么下面的图表示当前的状态。

```
8   1   4   9   0   3   5   2   7   6
↑                           ↑
i                           j
```

暂时假设所有的元素互异，后面将着重考虑在出现重复元素时应该怎么办。作为一种限制性的情形，如果所有的元素都相同，那么我们的算法必须做相应的工作。然而奇怪的是，此时做特别容易出错。

在分割阶段要做的就是把所有小元素移到数组的左边而把所有大元素移到数组的右边。当然，"小"和"大"是相对于枢纽元而言的。

当 i 在 j 的左边时，我们将 i 右移，移过那些小于枢纽元的元素，并将 j 左移，移过那些大于枢纽元的元素。当 i 和 j 停止时，i 指向一个大元素而 j 指向一个小元素。如果 i 在 j 的左边，那么将这两个元素互换，其结果是把一个大元素推向右边而把一个小元素推向左边。在上面的例子中，i 不移动，而 j 滑过一个位置，情况如下。

```
8   1   4   9   0   3   5   2   7   6
↑                           ↑
i                           j
```

然后交换 i 和 j 指向的元素，重复该过程直到 i 和 j 彼此交错。

第一次交换之后

```
2   1   4   9   0   3   5   8   7   6
↑                           ↑
i                           j
```

第二次交换之前

```
2   1   4   9   0   3   5   8   7   6
            ↑           ↑
            i           j
```

第二次交换之后

```
2   1   4   5   0   3   9   8   7   6
            ↑           ↑
            i           j
```

第三次交换之前

```
2   1   4   5   0   3   9   8   7   6
                    ↑   ↑
                    j   i
```

此时，i 和 j 已经交错，故不再交换。分割的最后一步是将枢纽元与 i 所指向的元素交换。

与枢纽元交换之后

```
2   1   4   5   0   3   6   8   7   9
                        ↑           ↑
                        i         Pivot
```

在最后一步，当枢纽元与 i 所指向的元素交换时，我们知道位置 p < i 的每一个元素都必然是小元素，这是因为或者位置 p 包含一个从它开始移动的小元素，或者位置 p 上原来的大元素在交换期间被置换了。类似的论断指出，在位置 p > i 上的元素必然都是大元素。

必须考虑的一个重要的细节是如何处理那些等于枢纽元的元素。问题在于，当 i 遇到一个等于枢纽元的元素时是否应该停止以及当 j 遇到一个等于枢纽元的元素时是否应该停止。直观地看，i 和 j 应该做相同的工作，因否则分割将出现偏向一方的倾向。例如，如果 i 停止而 j 不停，那么所有等于枢纽元的元素都将被分到 S_2 中。

为了搞清怎么办更好，我们考虑数组中所有的元素都相等的情况。如果 i 和 j 都停止， 那么在相等的元素间将有很多次交换。虽然这似乎没有什么意义，但是其正面的效果则是 i 和 j 将在中间交错，因此当枢纽元被替代时，这种分割建立了两个几乎相等的子数组。归并排序的分析告诉我们，此时总的运行时间为$\theta(n \log n)$。

如果 i 和 j 都不停止，那么就应该有相应的程序防止 i 和 j 越出数组的端点，不进行交换的操作。虽然这样似乎不错，但是正确的实现方法却是把枢纽元交换到 i 最后到过的位置，这个位置是倒数第二个位置（或最后的位置，这依赖于精确的实现方法）。这样的做法将会产生两个非常不均衡的子数组。如果所有的元素都是相同的，那么运行时间则是$\theta(n^2)$。对于预排序的输入而言，其效果与使用第一个元素作为枢纽元相同。它花费的时间其是两倍，可是却什么事也没做。

这样我们就发现，进行不必要的交换建立两个均衡的子数组比蛮干冒险得到两个不均衡的子数组要好。因此，如果 i 和 j 遇到等于枢纽元的元素，那么就让 i 和 j 都停止。对于这种输入，这实际上是不花费二次时间的四种可能性中唯一的一种可能。

7.6.3 小数组

对于很小的数组（N≤20），快速排序不如插入排序好。而且因为快速排序是递归的， 所以这样的情形经常发生。通常的解决方法是，对于小的数组不递归地使用快速排序，而代之以诸如插入排序这样的对小数组有效的排序算法。使用这种策略实际上可以节省大约 15%（相对于自始至终使用快速排序时）的运行时间。一种好的截止范围（cutoff range）是 N = 10，虽然在 5~20 之间任一截止范围都有可能产生类似的结果。这种做法也避免了一些有害的退化情形，如取三个元素的中值，而实际上却只有一个或两个元素的情况。

7.6.4 实际的快速排序程序

快速排序的驱动程序如下：

```
template <typename Comparable>
void quicksort  （ vector<Comparable> & a  ）
{
        quicksort （ a， 0， a.size （ ） -1）；
}
```

这种例程的一般形式是传递数组以及被排序数组的范围（left 和 right）。要处理的第一个例程是枢纽元的选取。选取枢纽元最容易的方法是对 a[left]、a[ight]、a[center]适当地排序。这种方法还有额外的好处，即该三元素中的最小者被分在 a[left]，而这正是分割阶段应 该将它放到的位置。三元素中的最大者被分在 a[right]，这也是正确的位置，因为它大于枢纽元。因此，可以把枢纽元放到 a[right-1]并在分割阶段将 i 和 j 初始化到left＋1和right－2。因为 a [left]比枢纽元小，所以将它用作 j 的警戒标记，这是另一个好处。因此，我们不必担心 j 越界。由于 i 将停在那些等于枢纽元的元素处，故将枢纽元存储在 a[right-1]则提供一个警戒标记。

如下的程序进行三数中值分割，它具有所描述的一切副作用。似乎使用实际上不对 a[left]、a[right]、a[center]排序的方法计算枢纽元，只不过效率稍微降低一些，但是这将产生不良结果。

```
template <typename Comparable>
canst Comparable & median3 ( vector<Comparable> & a， int left， int right)
{
    int center = （left + right）/2;
    if （ a [ center ] < a （ left ] ）
        swap （ a[ left], a[center] ）;
    if （ a （ right] < a[ left J ）
        swap{ a[ left], a[right] ） ;
    if （ a[ right] < a[ center J ）
        swap （ a[ center ], a[ right ] ） ;
        //Place pivot at position right -1
    swap （ a[ center ], a[ right -1 ]）;
    return a[ right -1 ];
}
```

快速排序真正的核心程序包括分割和递归调用，其具体实现如下：

```
template <typename Comparable>
void quicksort （ vector<Comparable> & a， int left， int right)
{
    if （ left+ 10 <=right)
    {
        Comparable pivot= median3 （ a， left， right）;
        // Begin partitioning
        Int i= left， j = right - 1;
        for （ ;; )
        {
            while （ a[ ++i ] <pivot) {}
            while （ pivot < a[ --j ] ） {}
            if （ i < j )
                swap{ a[ i ), a[ j ] ） ;
```

```
            else
                break;
        }
        swap（ a[ i]， a[ right - 1] ）；      // Restore pivot
        quicksort（ a， left， i - 1）；      // Sort small elements
        quicksort（ a， i + 1， right）；// Sort large elements
    }
    else      //Doan insertion sort on the subarray
        insertionSort（ a， left， right）；
}
```

这里有几件事值得注意。第 8 行将 i 和 j 初始化为比它们的正确值超过 1，使得不存在需要考虑的特殊情况。此处的初始化依赖于三数中值分割法有一些副作用的事实；如果按照简单的枢纽元策略使用该程序而不进行修正，那么这个程序是不能正确运行的，原因在于 i 和 j 开始于错误的位置而不再存在 j 的警戒标记。

第 14 行的交换动作为了速度上的考虑有时显式地写出。为使算法速度快，需要迫使编译器以直接插入的方式编译这些代码。如果 swap 是用 inline 声明的，则许多编译器都将自动这么做，但对于不这么做的编译器，差别可能会很明显。

最后，从第 11 行和第 12 行可以看出为什么快速排序这么快。算法的内部循环由一个增 1/减 1 运算（运算很快）、一个测试以及一个转移组成。该算法没有像归并排序中那样的额外技巧，不过，这个程序仍然出奇地有效。

7.7 大型结构的排序

关于排序的全部讨论，假设要被排序的元素是一些简单的整数。常常需要通过某个关键字对、大型结构进行排序。例如，我们可能有一些工作名单的记录，每个记录都由姓名、地址、电话号码、工资这样的财务信息，以及税务信息组成。我们可能想要通过一个特定的域，比如姓名，来对这些信息进行排序。对于所有的算法来说，基本的操作就是交换，不过这里交换两个结构可能是需要非常大的代价，因为结构实际上很大。在这种情况下,实际的解法是让输入数组包含指向结构的指针，我们通过比较指针指向的关键字，并在必要时叫喊指针来进行排序。这意味着，所有的数据运动基本上就像我们对整数排序那样进行。我们称之为间接排序（indirect sorting）；可以使用这种方法处理我们已经描述过的大部分数据结构。这证明我们关于复杂数据结构处理时不必大量牺牲效率的假设是正确的。

7.8 排序算法的一般下界

已经得到一些复杂度为$\theta(n\log n)$的排序算法，为减少复杂度，本节证明，任何只用到比较的排序算法在最坏情形下需要$\Omega(n\log n)$次比较，因此归并排序和堆排序在一个常数因子范围内是最优的。这可证明对只用到比较的任何排序算法都需要$\Omega(n\log n)$次比较，甚至平均情形也是如此。这意味着，快速排序在相差一个常数因子的范围内平均是最优的。

下面将证明，只用到比较的任何排序算法在最坏情形下都需要$\Omega(n\log n)$次比较并平均需要$\log(n!)$次比较。假设，所以 n 个元素是互异的，因为任何排序算法都必须在这种情况下正常运行。

决策树（decision tree）是用于证明下界的抽象过程。在这里，决策树是一棵二叉树。每个结点表示元素之间一组可能的排序，它与已经进行的比较相一致。比较的结果是树的边。

图 7-9 中的决策树表示将三个元素a, b, c排序的算法。算法的初始状态在根处。没有进行比较，因此所有的顺序都是合法的。这个特定的算法进行的第一次比较是比较 a 和 b。两种比较的结果导致两种可能的状态。如果 a <b，那么只有三种可能性被保留。如果算法到达结点 2，那么它将比较 a 和 c。其他算法可能会做不同的工作；不同的算法可能有不同的决策树。若$a > c$，则算法进入状态 5。由于只存在一种相容的顺序，因此算法并已经完成了排序。若$a < c$，则算法尚不能终止，因为存在两种可能的顺序，它还不能肯定哪种是正确的。在这种情况下，算法还将再需要一次比较。

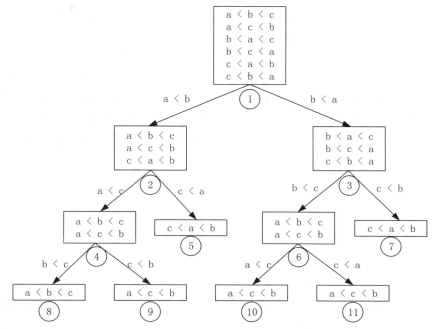

图 7-9　三元素排序的决策树

通过只使用比较进行排序的每一种算法都可以用决策树表示。当然，只有输入数据非常少的情况画决策树才是可行的。由排序算法所使用的比较次数等于最深的树叶的深度。在我们的例子中，该算法在最坏情形下使用了三次比较。所使用的比较的平均次数等于树叶的平均深度。由于决策树很大，因此必然存在一些长的路径。为了证明下界，需要证明某些基本的树性质。

引理 7.1 令 T 是深度为 d 的二叉树，则 T 最多有 2d 片树叶。

证明： 用数学归纳法证明。如果 d==0，则最多存在一片树叶，因此基准情形为真。若 d>0，则有一个根，它不可能是树叶，其左子树和右子树中每一个的深度最多是 d − 1。由归纳假设，每一棵子树最多有 2^{d-1} 片树叶，因此总数最多有 2^d 片树叶。这就证明了该引理。

引理 7.1 具有 L 片树叶的二叉树的深度至少是 $\log L$。

证明： 由前面的引理推出。

定理 7.1 只使用元素间比较的任何排序算法在最坏情形下至少需要 $\log(N!)$ 次比较。

证明： 对 N 个元素排序的决策树必然有 N!片树叶，从上面的引理即可推出该定理。

定理 7.2 只使用元素间比较的任何排序算法需要 $\Omega(n\log n)$ 次比较。

证明： 由前面的定理可知，需要 $\log(N!)$ 次比较。

$$\text{Log}(N!) = \log\big(N(N-1)(N-2)\cdots(2)(1)\big)$$
$$= \log N + \log(N-1) + \log(N-2) + \cdots + \log 2 + \log 1$$

$$\geq \log N + \log(N-1) + \log(N-2) + \cdots\cdots + \log(N/2)$$
$$\geq (N/2)\log(N/2)$$
$$\geq (N/2)\log(N/2) - N/2 \quad = \Omega(n\log n)$$

这种类型的下界论断，当用于证明最坏情形结果时，有时叫作信息理论 (information-theoretic) 下界。这里的一般定理说的是，如果存在 P 种不同的可能情况要区分，而问题是 YES/NO 的形式，那么通过任何算法求解该问题在某种情形下总需要 log P 个问题。对于任何基于比较的排序算法的平均运行时间，证明类似的结果是可能的。

7.9 外部排序

之前介绍的所有排序算法都需要将输入数据转入内存。然而，有一些应用程序，它们的输入数据量太大装不进内存。本节将讨论一些外部排序（external sorting）算法它们是用来处理大量的输入数据的排序。

7.9.1 外部排序模型

各种各样的海量存储装置使得外部排序比内部排序对设备的依赖性要严重得多。我们将考虑的一些算法在磁带上工作，而磁带可能是最受限制的存储介质。由于访问磁带上的一个元素需要把磁带转动到正确的位置，因此磁带必须要有（两个方向上）连续的顺序才能够被有效地访问。

我们将假设至少有三个磁带驱动器进行排序工作，其中两个驱动器执行有效的排序，而第三个驱动器进行简化的工作。如果只有一个磁带驱动器可用，那么我们不得不说：任何算法都将需要 $\Omega(N^2)$ 次磁带访问。

7.9.2 简单算法

基本的外部排序算法使用归并排序中的合并算法。设有四盘磁带 T_{a1}、T_{a2}、T_{b1} 和 T_{b2}，它们是两盘输入磁带和两盘输出磁带。根据算法的特点，磁带 a 和磁带 b 或者用作输入磁带，或者用作输出磁带。设数据最初在 T_{a1} 上，并设内存可以一次容纳（和排序）M 个记录。一种自然的做法是首先从输入磁带一次读入 M 个记录，在内部将这些记录排序，然后再把排过序的记录交替地写到 T_{b1} 和 T_{b2} 上。我们将把每组排过序的记录叫作一个顺串（run）。做完这些之后，倒回所有的磁带。设这里的输入与谢尔排序的例子中的输入数据相同。

T_{a1}	81	94	11	96	12	35	17	99	28	58	41	75	15
T_{a2}													
T_{b1}													
T_{b2}													

如果 ，那么在这些顺串构造以后，磁带将包含下图所指出的数据。

T_{a1}							
T_{a2}							
T_{b1}	11	81	94	17	28	99	15
T_{b2}	12	35	96	41	58	74	

现在T_{b1}和T_{b2}包含一组顺串。我们将每个磁带的第一个顺串取出并将二者合并，把结果写到T_{a1}上，该结果是一个二倍长的顺串。注意，合并两个排过序的表是简单的操作，几乎不需要内存，因为合并是在T_{b1}和T_{b2}前进时进行的。然后再从每盘磁带取出下一个顺串，合并，并将结果写到T_{a2}上。继续这个过程，交替使用T_{a1}和T_{a2}，直到T_{b1}和T_{b2}为空。此时，或者T_{b1}和T_{b2}均为空，或者剩下一个顺串。对于后者，把剩下的顺串拷贝到适当的磁带上。将全部四盘磁带倒回，并重复相同的步骤，这一次用两盘 a 磁带作为输入，两盘 b 磁带作为输出，结果得到一些 4M 的顺串。继续这个过程直到得到长为 N 的一个顺串。

该算法将需要 $\log(N/M)$ 趟工作，外加一趟初始的顺串构造。例如，若有 1000 万个记录，每个记录 128 个字节，并有 4MB 的内存，则第一趟将建立 320 个顺串。此时再需要九趟才能完成排序。我们的例子再需要 $\log 13/3 = 3$ 趟，见下图所示。

T_{a1}	11	12	35	81	95	96	15
T_{a2}	17	28	41	58	75	99	
T_{b1}							
T_{b2}							

T_{a1}												
T_{a2}												
T_{b1}	11	12	17	28	35	41	58	75	81	94	96	99
T_{b2}	15											

T_{a1}	11	12	15	17	28	35	41	58	75	81	94	96	99
T_{a2}													
T_{b1}													
T_{b2}													

7.9.3 多路合并

如果有额外的磁带，那么可以减少将输入数据排序所需要的趟数，通过将基本的（2 路）合并扩充为 k 路合并就能做到这一点。

两个顺串的合并操作通过将每一个输入磁带转到每个顺串的开头来进行。然后找到较小的元素，把它放到输出磁带上，并将相应的输入磁带向前推进。如果有 k 盘输入磁带，那么这种方法以相同的方式工作，唯一的区别在于，它找到 k 个元素中最小的元素的过程稍微复杂一些。可以使用优先队列找出这些元素中的最小元。为了得出下一个写到磁盘上的元素，进行一次 deleteMin 操作。将相应的磁带向前推进，如果输入磁带上的顺串尚未完成，那么将新元素 insert 到优先队列中。仍然利用前面的例子，将输入数据分配到三盘磁带上。

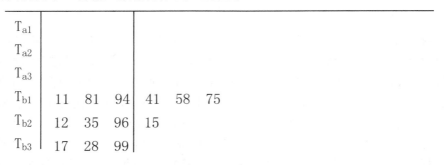

然后，还需要两趟 3 路合并以完成该排序。

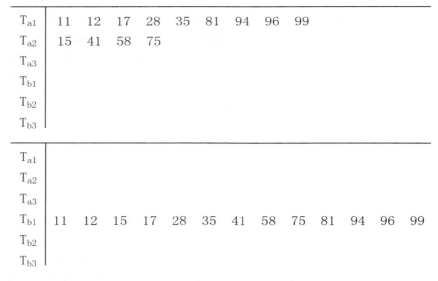

在初始顺串构造阶段之后，使用 k 路合并所需要的趟数为$\log_k(N/M)$，因为在每趟合并中顺串达到 k 倍大小。对于上面的例子，公式成立，因为$\log_3 13/3 = 2$。如果有 10 盘磁带，那么k ＝ 5，而前一节的大例子需要的趟数将是$\log_5 320 = 4$。

7.9.4 多相合并

上一节讨论的 k 路合并方法需要使用 2k 盘磁带,这对某些应用极为不便。只使用 k + 1 盘磁带也有能完成排序的工作。以三盘磁带作为例子示例如何完成 2 路合并。

设有三盘磁带 T_1、T_2 和 T_3,在 T_1 上有一个输入文件,它将产生 34 个顺串。一种选择是在 T_2 和 T_3 的每二盘磁带中放入 17 个顺串。然后可以将结果合并到 T_1 上,得到一盘有 17 个顺串的磁带。由于所有的顺串都在一盘磁带上,因此必须把其中的一些顺串放到 T_2 上以进行另外的合并。执行该合并的逻辑方式是将前 8 个顺串从 T_1 复制到 T_2 合并。这样的效果是对于我们所做的每一趟合并又附加了另外的半趟工作。

另一种选择是把原始的 34 个顺串不均衡地分成两份。设把 21 个顺串放到 T_2 上而把 13 个顺串放到 T_3 上。然后,将 13 个顺串合并到 T_1 上直到 T_3 用完。此时,可以倒回磁带 T_1 和 T_3, 然后将具有 13 个顺串的 T_1 和 8 个顺串的 T_2 合并到 T_3 上。此时,合并 8 个顺串直到 T_2 用完为止,这样,在 T_1 上将留下 5 个顺串而在 T_3 上则有 8 个顺串。然后,再合并 T_1 和 T_3,等等。下面的图表显示了每趟合并之后每盘磁带上的顺串的个数。

	顺串 个数	T_3+T_2 之后	T_1+T_2 之后	T_1+T_3 之后	T_2+T_3 之后	T_1+T_2 之后	T_1+T_3 之后	T_2+T_3 之后
T1	0	13	5	0	3	1	0	1
T2	21	8	0	5	2	0	1	0
T3	13	0	8	3	0	2	1	0

顺串最初的分配造成了很大的不同。例如,若 22 个顺串放在 T_2 上,12 个在 T_3 上,则第一趟合并后将得到 T_1 上的 12 个顺串以及 T_2 上的 10 个顺串。在下一次合并后,T_1 上有 10 个顺串而 T_3 上有 2 个顺串。此时,排序的速度慢了下来,因为在已用完之前只能合并两组顺串。这时 T_1 上有 8 个顺串而 T_2 上有 2 个顺串。同样,只能合并两组顺串,结果 T_1 上有 6 个顺串且 T_3 上有 2 个顺串。再经过 3 趟合并之后,T_2 上还有 2 个顺串而其余磁带均已没有任何内容。我们必须将一个顺串拷贝到另外一盘磁带上,然后结束合并。

事实上,我们给出的最初分配是最优的。如果顺串的个数是一个斐波那契数 F_N,那么分配这些顺串最好的方式是把它们分裂成两个斐波那契数 F_{N-1} 和 F_{N-2}。否则,为了将顺串的个数补足成一个斐波那契数就必须用一些哑顺串(dummy run)来填补磁带。

可以把上面的做法扩充到 k 路合并,此时我们需要 k 阶斐波那契数用于分配顺串, 其中 k 阶斐波那契数定义为 $K^{(k)}(N) = K^{(k)}(N-1) + K^{(k)}(N-2) + \cdots + K^{(k)}(N-k)$,辅以适当的初始条件 $K^{(k)}(N) = 0, 0 \leq N \leq k-2, K^{(k)}(k-1) = 1$。

7.9.5 替换选择

最后我们将要考虑的是顺串的构造。迄今我们已经用到的策略是所谓的最简可能：读入尽可能多的记录并将它们排序，再把结果写到某个磁带上。这看起来像是可能的最佳处理，直到认识到：只要第一个记录被写到输出磁带上，它所使用的内存就可以被另外的记录使用。如果输入磁带上的下一个记录比刚刚输出的记录值大，那么它就可以被放入顺串中。

利用这种想法，可以给出产生顺串的一个算法，该方法通常称为替换选择(replacement selection)。开始，M 个记录被读入内存并被放到一个优先队列中。我们执行一次 deleteMin，把最小（值）的记录写到输出磁带上，再从输入磁带读入下一个记录。如果它比刚刚写出的记录大，那么可以把它加到优先队列中，否则，不能把它放入当前的顺串。由于优先队列少一个元素，因此，可以把这个新元素存入优先队列的死区(dead space)，直到顺串完成构建，而该新元素用于下一个顺串。将一个元素存入死区的做法类似于堆排序中的做法。继续这样的步骤直到优先队列的大小为零，此时该顺串构建完成。我们使用死区中的所有元素通过建立一个新的优先队列开始构建一个新的顺串。图 7-10 解释了这个小例子的顺串构建过程，其中 M ＝ 3。死元素以星号标示。

	堆数组中的3个元素			输出	读的下一个元素
	h[1]	h[2]	h[3]		
顺串1	11	94	81	11	96
	81	94	96	81	12*
	94	96	12*	94	35*
	96	35*	12*	96	17*
	17*	35*	12*	顺串结尾	重建堆
顺串2	12	35	17	12	99
	17	35	99	17	28
	28	99	35	28	58
	35	99	58	35	41
	41	99	58	41	15*
	58	99	15*	58	磁带结尾
	99		15*	99	
			15*	顺串结尾	重建堆
顺串3	15			15	

图 7-10 顺串构建的例子

在这个例子中，替换选择只产生 3 个顺串，这与通过排序得到 5 个顺串不同。正因为如此，3 路合并经过一趟而非两趟而结束。如果输入数据是随机分配的，那么可以证明替换选择产生平均长度为 2M 的顺串。对于我们所举的大例子，预计为

160 个顺串而不是 320 个顺串，因此，5 路合并需要进行 4 趟。在这个例子中，我们没有节省一趟，虽然在幸运的情况下是可以节省的，并且可能有 125 个或更少的顺串。由于外部排序花费的时间太多，因此节省的每一趟都可能对运行时间产生显著的影响。

我们已经看到，替换选择做得可能并不比标准算法更好。然而，输入数据常常甚至全部从排序开始，此时替换选择仅仅产生少数非常长的顺串。这种类型的输入通常要进行外部排序，这就使得替换选择具有非常大的价值。

参考文献

[1] Bentley J L,McIlroy M D.Engineering a sort function[J].Software:Practice and Experience,1993,23（11）：1249-1265.

[2] Floyd R W.Algorithm 245:Treesort[J].Communications of the ACM,1964,7（12）：701.

[3] Ford L R,Johnson S M.A tournament problem[J].The American Mathematical Monthly,1959,66（5）：387-389.

[4] Gonnet G H,Baeza-Yates R.Algorithms and Data Structures[J]. Addison-Wesley, Reading, MA,1991.

[5] Hibbard T N.An empirical study of minimal storage sorting[J]. Communications of the ACM,1963, 6（5）：206-213.

[6] Papernov A A,Stasevich G V. A method of information sorting in computer memories[J]. Problemy Peredachi Informatsii,1965,1（3）:81-98.

[7] Horvath E C.Stable sorting in asymptotically optimal time and extra space[J].Journal of the ACM （JACM）,1978,25（2）:177-199.

[8] Huang B C,Langston M A.Practical in-place merging[C]//Proceedings of the 1987 Fall Joint Computer Conference on Exploring technology:today and tomorrow.IEEE Computer Society Press,1987:376-380.

[9] Floyd R W.Algorithm 245:Treesort[J].Communications of the ACM,1964,7（12）:701.

[10] Knuth D E.The art of computer programming:sorting and searching[M].Pearson Education,1998.

[11] Musser D R.Introspective sorting and selection algorithms[J].Softw, Pract.Exper. 1997,27（8）:983-993.

[12] Incerpi J,Sedgewick R.Improved upper bounds on Shellsort[J].Journal of Computer and System Sciences,1985,31（2）:210-224.

[13] Janson S,Knuth D E.Shellsort with three increments[J].Random Structures &

Algorithms,1997,10（1-2）:125-142．

[14] Plaxton C G,Poonen B,Suel T.Improved lower bounds for Shellsort[C] //FOCS.
    1992,92:226-235．

[15] Pratt V R.Shellsort and Sorting Networks[R].STANFORD UNIV CALIF DEPT OF
    COMPUTER SCIENCE,1972．

[16] Sedgewick R.A new upper bound for Shellsort[J].Journal of Algorithms,1986,7（2）:
    159-17

第八章 分类算法

分类其基本方法是根据待分类数据的某些特征来进行匹配，完全的匹配是不太可能的，因此需要对匹配结果进行筛选以选择最优的匹配，从而实现分类。

词匹配法是最早被提出的分类算法。该方法仅根据文档中是否出现了与类别名相同的词来判断文档是否属于某个类别。通常这种方法无法带来很好的分类效果。

之后的知识工程方法则借助于专业人员，为每个类别定义大量的推理规则，如果一篇文档能满足这些推理规则，则可以判定属于该类别。由于在系统中加入了人为判断的因素，准确度比词匹配法大为提高。但是由于规则的制定是由相关领域的专家来进行的，所以不能将一个领域的分类系统扩充到另一个不相同的领域中。

在知识工程之后出现了统计学习方法。统计学习方法需要一些已经分类好的文本作为训练集，计算机通过训练学习从中提取出有效的分类规则，最后由这些规则组合的集合作为分类器。训练完成后，对于待分类的文本就使用训练好的分类器进行分类。

当下有很多分类算法，比较流行的分类算法有：

朴素贝叶斯、Rocchio、KNN 算法、决策树算法、支持向量机、神经网络、线性最小平方拟合、遗传算法、最大熵等。在这里给出其中几个的介绍。

8.1 朴素贝叶斯算法

贝叶斯分类属于非规则分类，它通过训练集训练得到分类器，然后利用已有的分类器。

对没有分类的数据进行分类，贝叶斯分类具有以下特点：

（1）一般情况下在贝叶斯分类中所有的属性都有潜在的作用，所有的属性都参与分类，而不单单依据一个或多个属性来决定分类，其中可能某些属性对分类的影响较大。

（2）贝叶斯分类通过计算得到属于不同类的概率，而不是把一个数据对象唯一地指派给某个类别，在多类标数据的情况下概率较大的类为该对象所属的类，在单类标数据的情况下具有最大概率的类便是该对象所属的类，具体划分按设计者要求

171

来确定。

（3）贝叶斯分类对数据的格式没有什么要求，既可以是连续的、离散的，也可以是混合的，这使得贝叶斯具有很好的通用性。

贝叶斯分类器中具有代表性的分类器有朴素贝叶斯分类器、贝叶斯网络分类器和可扩展的朴素贝叶斯分类器等。而其中的朴素贝叶斯分类器以其简单的结构和良好的性能备受人们关注。

朴素贝叶斯分类器（Naïve Bayes Classifier，NBC）是贝叶斯分类模型中一种最简单有效且在实际应用中很成功的分类器。其分类模型如图 8-1 所示，设变量集 U={A1，A2，…，An，C}，其中 A1，A2，…，An 是实例的属性变量，C 是取 m 个值的类变量。假设所有的属性都独立于类变量 C，即每一个属性变量都以类变量作为唯一的父节点，就得到朴素贝叶斯分类器。

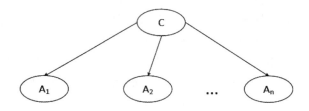

图 8-1　朴素贝叶斯分类模型

贝叶斯定理如下：

$$P(A|B) = \frac{P\ (B|A)\ \times P\ (A)}{P\ (B)} \qquad (8.1)$$

将贝叶斯定理应用于文本分类时，假设 v（d）={w_1，w_2，…，w_n}为待分类文档 d 的特征向量，它属于文档类别集 C={c_1，c_2，…，c_m}中某一类的概率如公式 8.2 所示：

$$P(c_i|d) = \frac{P\ (c_i)\ \times P\ (d|c_i)}{P\ (d)} = \frac{P\ (c_i)\ \times P\ (d|c_i)}{\sum_{j=1}^{m} P\ (c_j)\ \times P\ (d|c_j)}$$

$$= \frac{P\ (c_i)\ \times \prod_{k=1}^{n} P\ (w_i|c_i)}{\sum_{j=1}^{m} P(c_j) P\ (d|c_j)}$$

$$= \frac{P\ (c_i)\ \times \prod_{k=1}^{n} P\ (w_k|c_i)}{\sum_{j=1}^{m} P\ (c_j)\ \times \prod_{k=1}^{n} P\ (w_k|c_j)} \qquad (8.2)$$

其中 m 为类别数，n 为特征空间的维数，P（w_k|c_j）是给定类别 c_j 时，w_k 出现

的概率。P（c_j）是类别 c_j 的先验概率。

利用公式 8.2 计算出待分类文档 d 与所有类别的概率后选择概率最大的将待分类文档 d 归为该类别。

贝叶斯算法关注的是文档属于某类别的概率。文档属于某个类别的概率等于文档中每个词属于该类别的概率的综合表达式。而每个词属于该类别的概率又在一定程度上可以用这个词在该类别训练文档中出现的次数（词频信息）来粗略估计，因而使得整个计算过程成为可行的。使用朴素贝叶斯算法时，在训练阶段的主要任务就是估计这些值。

8.2 Rocchio 算法

Rocchio 算法是一种高效的分类算法，被广泛地应用到文本分类、查询扩展等领域。该算法是 20 世纪 70 年代左右在 Salton 的 SMART 系统中引入并广泛流传的一种相关反馈算法，它提供了一种将相关反馈信息融入向量空间模型的方法。其基本思想是使用训练集为每个类构造一个原型向量，构造方法如下：

对于给出的一个类，用正数表示训练文本集中所有属于此类的文本的分类，而用负数表示不属于这类文本的分量，将这些向量的加和作为这个类的原型向量。使用余弦夹角计算两个向量的相似度，计算训练文本集中每一个文本与原型向量的相似度，挑选出某个相似度作为阈值。对于待分类文本，如果该文本与原想向量的相似度达到该阈值，则将该文本归于此类。

其基本思想不难解释，对于一个词集和一个分类总有某些词，这些词一旦出现属于这个分类的可能性就会增加，而另一些词一旦出现属于这个分类的可能性就会降低，那么累计这些正面的，和负面的影响因素，最后由文档分离出的词向量可以得到对于每个类的一个打分，打分越高属于该类的可能性就越大。

假设待分类文档 d 的特征向量用 $\vec{d}$={w_1，w_2，…，w_n}表示，训练文本集为 D，类别集 C={c_1，c_2，…，c_n}，则某一类别 c_i 可以被表示成向量 $\vec{c_i}$，如公式 8.3 所示：

$$\vec{c_i} = \frac{1}{|c_i|} \sum_{d \in c_i} \frac{\vec{d}}{||d||} - \gamma \frac{1}{|D| - |c_i|} \sum_{d \in D - c_i} \frac{\vec{d}}{||d||} \qquad （8.3）$$

其中 γ 表示反例训练样本对 $\vec{c_i}$ 的影响，|D|为文本总数，|c_i|为类别 c_i 文本数，

$$||d|| = \sqrt{\sum_{j=1}^{n} （w_j）^2}_i$$

设通过公式 8.3 计算的 $\vec{c_i}$={w_1'，w_2'，…，w_n'}，则待分类文档 d 的决策规则可通过计算向量间的余弦相似度表示，如公式 8.4 所示：

$$Cos\ (c_i,\ d) = \frac{\vec{c_i} \times \vec{d}}{|c_i| \times |d|} \qquad\qquad (8.4)$$

最后选择余弦值最大的将待分类文档 d 归为该类别。

Rocchio 算法的优点是容易实现，计算特别简单，它通常用来实现衡量分类系统性能的基准系统，而实用的分类系统很少采用这种算法解决具体的分类问题。

8.3 KNN 算法

KNN 即 k 近邻分类方法，它是最著名的模式识别和统计学方法之一，其基本思想是：首先在多维向量空间中寻找与待分类样本最接近的 k 个邻居，然后根据这 k 个近邻点的类别来决定待分类样本所属的类别。KNN 虽然是一种有效的分类方法，但是它也有以下缺憾：

（1）KNN 是一种"懒惰"的学习方法，在判断待分类样本的类别时，需要把它与现存的所有训练样本全部比较一遍，所以对于大规模数据集来说其分类效率较低。

（2）KNN 分类效果的好坏在很大程度上取决于 k 值选择的好坏。

（3）当样本不平衡时，如一个类别的样本容量特别大，而其他类别样本容量很小时，有可能导致当输入一个新样本时，该样本的 k 个邻居中大容量类别的样本占多数。

KNN 算法具有良好的文本分类效果，所以被广泛应用于文本分类中。KNN 算法在分类时不需要训练，在给定待分类文本后，计算该文本的特征向量与训练样本集中每个文本向量的相似度，找到与该文本距离最近、最相似的 k 个训练文本，根据这 k 个文本所属的类别判定该文本所属的类别。这种判断方法很好地解决了 Rocchio 算法中无法处理线性不可分问题的缺陷，也很适用于分类标准随时会产生变化的需求。

8.3.1 距离度量

KNN 算法常用的距离计算公式有两类：一是距离度量，它包括欧几里得距离（Euclidean Distance）、明可夫斯基距离（Minkowski Distance）、曼哈顿距离（Manhattan Distance）、切比雪夫距离（Chebyshev Distance）；二是相似度度量，其包括向量空间余弦相似度（Cosine Similarity）、皮尔森相关系数（Pearson Correlation Coefficient）、Jaccard 相似系数（Jaccard Coefficient）等。

为了方便对各个距离公式的解释说明，现设定两个数据点 X 和 Y，它们都包含了 n 维的特征，即 $X = (x_1,\ x_2,\ x_3,\ \cdots,\ x_n)$，$Y = (y_1,\ y_2,\ y_3,\ \cdots,\ y_n)$。

1.距离度量

距离度量（Distance）用于衡量个体在空间上存在的距离，距离越远说明个体间的差异越大。

（1）欧几里得距离（Euclidean Distance）

欧氏距离是最常见的距离度量，衡量的是多维空间中各个点之间的绝对距离。公式如下：

$$dist(X，Y) = \sqrt{\sum_{i=1}^{n}(x_i - y_i)^2} \tag{8.5}$$

因为计算是基于各维度特征的绝对数值，所以欧氏度量需要保证各维度指标在相同的刻度级别，比如对身高（cm）和体重（kg）两个单位不同的指标使用欧式距离可能使结果失效。

（2）明可夫斯基距离（Minkowski Distance）

明氏距离是欧氏距离的推广，是对多个距离度量公式的概括性表述。公式如下：

$$dist(X，Y) = (\sum_{i=1}^{n}|x_i - y_i|^p)^{1/p} \tag{8.6}$$

这里的 p 值是一个变量，当 p=2 的时候就得到了上面的欧氏距离。

（3）曼哈顿距离（Manhattan Distance）

曼哈顿距离来源于城市区块距离，也就是在欧几里得空间的固定直角坐标系上两点所形成的线段对轴产生的投影的距离总和，即当上面的明氏距离中 p=1 时得到的距离度量公式，如下：

$$dist(X，Y) = \sum_{i=1}^{n}|x_i - y_i| \tag{8.7}$$

（4）切比雪夫距离（Chebyshev Distance）

以数学的观点来看，切比雪夫距离是由一致范数（uniform norm）（或称为上确界范数）所衍生的度量，也是超凸度量（injective metric space）的一种。在平面几何中，若二点 p 及 q 的直角坐标系坐标为（x_1，y_1）及（x_2，y_2），则切比雪夫距离为：

$$dist(p，q) = \max (|x_2 - x_1|, |y_2 - y_1|) \tag{8.8}$$

将其扩展到多维空间，其实切比雪夫距离就是当 p 趋向于无穷大时的明氏距离：

$$dist(X，Y) = \lim_{p \to \infty} (\sum_{i=1}^{n}|x_i - y_i|^p)^{1/p} = \max|x_i - y_i| \tag{8.9}$$

2.相似度度量

相似度度量（Similarity），即计算个体间的相似程度，与距离度量相反，相似度度量的值越小，说明个体间相似度越小，差异越大。

（1）向量空间余弦相似度（Cosine Similarity）

余弦相似度用向量空间中两个向量夹角的余弦值作为衡量两个个体间差异的大小。相比距离度量，余弦相似度更加注重两个向量在方向上的差异，而非距离或长度上的差异。公式如下：

$$\text{sim}(X, Y) = \cos\theta = \frac{\vec{x} \cdot \vec{y}}{||x|| \cdot ||y||} \tag{8.10}$$

（2）皮尔森相关系数（Pearson Correlation Coefficient）

即相关分析中的相关系数 r，分别对 X 和 Y 基于自身总体标准化后计算空间向量的余弦夹角。公式如下：

$$r(X, Y)$$
$$= \frac{n\sum xy - \sum x \sum y}{\sqrt{n\sum x^2 - \left(\sum x\right)^2} \cdot \sqrt{n\sum y^2 - \left(\sum y\right)^2}} \tag{8.11}$$

（3）Jaccard 相似系数（Jaccard Coefficient）

Jaccard 系数主要用于计算符号度量或布尔值度量的个体间的相似度，因为个体的特征属性都是由符号度量或者布尔值标识，因此无法衡量差异具体值的大小，只能获得"是否相同"这个结果，所以 Jaccard 系数只关心个体间共同具有的特征是否一致这个问题。如果比较 X 与 Y 的 Jaccard 相似系数，只比较 x_n 和 y_n 中相同的个数，公式如下：

$$\text{Jaccard}(X, Y) = \frac{X \cap Y}{X \cup Y} \tag{8.12}$$

K 近邻分类器使用以上计算方法计算待分类文本与训练样本集的距离或相似度，找到与待分类文本最近邻的 k（k≥1）个训练样本，然后按照某种决策规则把待分类文本归属于某一类。

8.3.2 k 值的选择

k 值的选择会对 k 近邻法的结果产生重大影响。

如果选择较小的 k 值，就相当于用较小的邻域中的训练实例进行预测，"学习"的近似误差（approximation error）会减小，只有与输入实例较近的（相似的）训练实例才会对预测结果起作用。但缺点是"学习"的估计误差（estimation error）会增大，预测结果会对近邻的实例点非常敏感。如果邻近的实例点恰巧是噪声，预测就会出错。换句话说，k 值的减小就意味着整体模型变得复杂，容易发生拟合。

如果选择较大的 k 值，就相当于用较大邻域中的训练实例进行预测。其优点是可以减少学习的估计误差。缺点是学习的近似误差会增大。这时与输入实例较远的（不相似的）训练实例也会对预测起作用，使预测发生错误。k 值的增大就意味着整体的模型变得简单。

在实际应用中，k 值一般取一个比较小的数值。通常采用交叉验证法来选取最优的 k 值。

8.3.3 Kd 树

Kd-树是 K-dimension tree 的缩写，是对数据点在 k 维空间（如二维（x，y），三维（x，y，z），k 维（x_1，x_2，x_3，…，x_n））中划分的一种数据结构，主要应用于多维空间关键数据的搜索（如：范围搜索和最近邻搜索）。本质上说，Kd 树就是一种平衡二叉树。

构造 Kd 树相当于不断地用垂直于坐标轴的超平面将 k 维空间切分，构成一系列的 k 维超矩形区域。Kd 树的每个结点对应于一个 k 维超矩形区域。

构造 Kd 树的方法如下：构造根结点，使根结点对应于 k 维空间中包含所有实例点的超矩形区域；通过下面的递归方法，不断对 k 维空间进行切分，生成子结点。在超矩形区域（结点）上选择一个坐标轴和在此坐标轴上的一个切分点，确定一个超平面，这个超平面通过选定的切分点并垂直于选定的坐标轴，将当前超矩形区域切分为左右两个子区域（子结点）；这时，实例被分到两个子区域。这个过程直到子区域内没有实例时终止（终止时的结点为叶结点）。在此过程中，将实例保存在相应的结点上。

算法实现：

输入：k 维空间数据集 T = {X_1，X_2，...，X_n}，其中，

$$x_i = \{x_i^{(1)}, x_i^{(2)}, ..., x_i^{(k)}\}^T, i = 1, 2, ..., N$$

输出：kd 树

（1）开始：构造根节点，根节点对应于包含 T 的 k 维空间的超矩形区域。

选择 $x^{(1)}$ 为坐标轴，以 T 中所有实例的 $x^{(1)}$ 坐标的中位点为切分点，将根节点对应的区域切分为两个子区域，切分由通过切分点并与坐标轴 $x^{(1)}$ 垂直的超平面实现。由根节点生成深度为 1 的左右子结点（此时的结点是一个区域，里面可以包含许多实例，左节点对应于坐标小于的区域，右节点对应与坐标大于的区域）。

（2）重复：对深度为 j 的结点（此时的结点是一个区域），选择 $x^{(1)}$ 为切分的坐标轴，m=（j mod k）+1，以该结点的区域中所有实例的 $x^{(1)}$ 坐标的中位点为切分点，将该结点对应的矩形区域切分为两个子区域，切分由通过切分点并与坐标轴 $x^{(1)}$ 垂直的超平面实现。

（3）直到切分后的两个字区域内没有实例存在时停止，从而形成了 kd 树的区域划分。

利用 Kd 树进行 k 近邻搜索的算法实现如下：

输入：已构造的 kd 树；目标点 x；辅助结构，最大堆。

输出：x 的 k 近邻

公共操作 P：在访问每个结点时，若最大堆容量不足 k，则将该结点加入最大堆，若堆容量已达到 k，则比较当前节点是否比堆顶元素与 x 的距离更近，若更近则以当前节点代替堆顶结点，并调整堆。

（1）从根节点出发，递归地向下访问 kd 树，若目标 x 当前维的坐标小于切分点的坐标，则移动到左子结点，否则移动到右子结点，直到结点为叶节点为止。执行公共操作 P。

（2）以此叶结点为"当前最近点"。

（3）递归地向上回退，在每个节点进行以下操作：

    a.执行公共操作 P。

    b.检查该子结点的兄弟结点区域是否有比堆顶元素更近的点或堆容量未满。具体的方法为：检查另一子结点对应的区域是否与以目标点为求心，以目标点与堆顶元素距离为半径的球体相交。如果相交或容量未满，以另一子结点为根节点执行（1）。

（4）当回退到根节点时，搜索结束，堆中实例即为所求实例。

8.4 决策树

决策树由一个决策图和可能的结果组成，用来创建到达目标的规划。决策树是一种类似于流程图的树结构，非树叶节点表示一个属性上的测试，树叶节点存放一个类标号，每个分枝代表一个测试输出[1]。在构造决策树时，使用属性选择度量（信息增益、增益率和 Gini 指标）来将元组划分成不同的类的属性。在决策树建立时，往往有许多分枝反映的是训练数据中的噪声或离群点，可以采用剪枝方法处理过分拟合数据的问题。典型的决策树算法有 ID3、C4.5 及分类与回归树（CART）等。

8.4.1 ID3 算法

ID3 算法（Iterative Dichotomiser 3，迭代二叉树 3 代）是一个由 Ross Quinlan 发明的用于决策树的算法。从信息论知识中我们知道，期望信息越小，信息增益越大，从而纯度越高。ID3 算法的核心思想就是以信息增益度量属性选择，选择分裂后信息增益最大的属性进行分裂。该算法采用自顶向下的贪婪搜索遍历可能的决策树空间。

在构造决策树时，我们使用属性选择度量来将元组划分成不同的类的属性。属性选择度量是一种选择分裂准则，其提供了每个属性描述给定训练元组的秩评定。具有最好度量得分的属性被选作给定元组的分裂属性。

ID3 算法依据信息增益选择测试属性，若属性 a 的值将样本集 T 划分为 $T_1, T_2, ...,$

T_m 共 m 个子集，则信息增益为：

$$Gain(a) = Info(T) - \sum_{i=1}^{m} \frac{|T_i|}{|T|} \times Info(T_i) \qquad （8.13）$$

其中|T|为 T 的样本个数，|T_i|为子集 T_i 的样本个数，Info（T）的计算公式为：

$$Info(T) = -\sum_{j=1}^{s} freq（C_j，T）\times \log_2\left(freq(C_j，T)\right) \qquad （8.14）$$

其中 freq（C_j，T）为 T 中的样本属于 C_j 类别的频率，s 是 T 中样本的类别数量。
ID3 算法的基本流程如下[2]：

（1）从代表训练样本的单个节点开始建树。

（2）如果样本都在同一个类，则该节点成为树叶，并用该类标号。

（3）否则，使用信息增益作为启发信息，选择能够最好地将样本分类的属性。

（4）对测试属性的每个已知的值，创建一个分枝，并据此划分样本。

（5）递归地形成每个划分上的样本判定树。

（6）递归划分步骤仅当以下条件成立时停止。

　① 没有剩余属性可以用来进一步划分样本。

　② 在某个测试属性值上没有样本。

　③ 给定节点的所有样本属于同一类。

8.4.2　C4.5 算法

C4.5 算法与 ID3 算法相似，C4.5 算法对 ID3 算法进行了改进，C4.5 在生成的过程中，用信息增益比来选择特征。

C4.5 的生成算法如下：

输入：训练数据集 D，特征集 A，阈值 ε。

输出：决策树 T。

（1）如果 D 中所有实例属于同一类 C_k，则置 T 为单结点树，并将 Ck 作为该结点的类，返回 T；

（2）如果 A=∅，则置 T 为单结点树，并将 D 中实例数最大的类 C_k 作为该结点的类，返回 T；

（3）否则，按式　$g_R(D,A) = \frac{g(D,A)}{H(D)}$　计算 A 中各特征对 D 的信息增益比，选择信息增益比最大的特征 Ag；

（4）如果 Ag 的信息增益比小于阈值，则置 T 为单结点树，并将 D 中实例数最大的类 C_k 作为该结点的类，返回 T；

（5）否则，对 Ag 的每一可能值 a_i，依 Ag=a_i 将 D 分割为子集若干非空 D_i，将

D_i中实例数最大的类作为标记，构建子结点，由结点及其子结点构成树 T，返回 T；

（6）对结点 i，以 D_i 为训练集，以 A-{Ag} 为特征集，递归地调用（1）~（5）。得到子树 T_i，返回 T_i。

8.4.3 决策树剪枝

决策树生成算法递归地产生决策树，直到不能继续下去为止。这样产生的树往往对训练数据的分类很准确，但对未知的测试数据的分类却没有那么准确，即出现过拟合现象的原因在于学习时过多地考虑如何提高对训练数据的正确分类，从而构建出过于复杂的决策树。解决这个问题的办法是考虑决策树的复杂度，对已生成的决策树进行简化。

在决策树的学习中将已生成的树进行简化的过程称为剪枝（pinning）如图 8-2。具体地，剪枝从已生成的树上裁掉些子树或叶结点，并将其根结点或父结点作为新的叶结点，从而简化分类树模型。

剪枝算法描述如下：

输入：生成算法产生的整个树 T，参数 α。

输出：修剪后的子树 T。

（1）计算每个结点的经验熵。

（2）递归地从树的叶结点向上回缩。

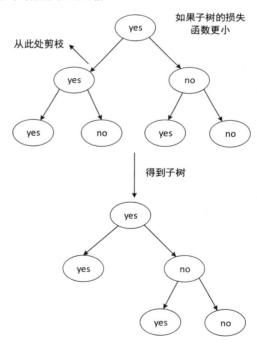

图 8-2　决策树剪枝

设一组叶结点回缩到其父结点之前与之后的整体树分别为 T_B 与 T_A，其对应的损失函数值分别是 $C_a(T_B)$ 与 $C_a(T_A)$，如果

$$C_a(T_A) \leq C_a(T_B)$$

则进行剪枝，即将父结点变为新的叶结点。

（3）返回（2），直至不能继续，得到损失函数最小的子树 T。

8.5 支持向量机

支持向量机（Support Vector Machine，SVM）[3]是 Cortes 和 Vapnik 于 1995 年首先提出的，它在解决小样本、非线性及高维模式识别中表现出许多特有的优势，并能够推广应用到函数拟合等其他机器学习问题中。

SVM 方法有很坚实的理论基础，它是建立在统计学习理论的结构风险最小原理和 VC 维理论的基础上，根据有限的样本信息在模型的复杂性和学习能力之间寻求最佳折中。SVM 训练的本质是解决一个二次规划问题，得到的是全局最优解，这使它有着其他统计学习技术难以比拟的优越性。SVM 分类器的文本分类效果很好，是最好的分类器之一。同时使用核函数将原始的样本空间向高维空间进行变换，能够解决原始样本线性不可分的问题。

SVM 分类器的优点在于分类精度高且速度快、分类速度与训练样本个数无关及通用性较好，在查全率和查准方面都略优于朴素贝叶斯方法及 kNN 算法。

SVM 的缺点是难以针对具体问题选择最佳的核函数，核函数的选择缺乏指导；另外 SVM 训练速度极大地受到训练集规模的影响，计算开销比较大，针对这个问题，研究者提出了很多改进方法，包括 Chunking 方法、Osuna 算法、SMO 算法和交互 SVM 等。给定训练数据集 D={（X_1, y_1），（X_2, y_2），…，（X_n, y_n）}，其中 X_i 是训练元组，具有相关联的类标号 y_i，$y_i \in \{-1, +1\}$。将训练集 D 进行分类的最基本做法就是在样本空间中找到一个划分超平面将不同类别样本分开，如图 8-3 所示。可以看出，有多个划分超平面存在，我们如何找出最佳超平面呢？

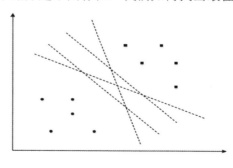

图 8-3 线性可分的数据集

在样本空间中，划分超平面可由如下的线性方程描述：

$$< w \cdot x > + b = 0 \qquad (8.15)$$

其中 w 是权重向量，w=（w_1，w_2，…，w_n），n 是属性数，b 是标量，决定超平面与原点之间的距离。

分类决策函数如公式所示：

$$f(x) = sgn(< w \cdot x > + b) \qquad (8.16)$$

对于 （x_i, y_i）∈D 如果$< w \cdot x_i > + b \geq 1$，则$y_i$=1；若$< w \cdot x_i > + b \leq -1$，则$y_i$=-1。

对于线性可分的情况，在二维空间上的最优超平面如图 8-4 所示。

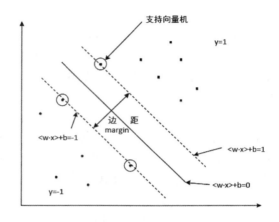

图 8-4 支持向量机中的最优超平面

从分离超平面到$< w \cdot x_i > + b \geq 1$上任意点的距离是

$$\frac{1}{||w||} \qquad (8.17)$$

其中||w||是欧几里得范数，即$\sqrt{w \cdot w}$，它等于$< w \cdot x_i > + b \leq -1$到分离超平面的距离。因此，最大边缘是$\frac{2}{||w||}$。想要找到"最大间隔"的划分超平面，即找出满足$< w \cdot x_i > + b \geq 1$ 及 $< w \cdot x_i > + b \geq 1$约束的 w 和 b 使得$\frac{2}{||w||}$最大，即

$$\max_{w, b} \frac{2}{||w||} \qquad (8.18)$$

其中 $y_i(< w \cdot x_i > + b) \geq 1$ i = 1，2，…，m

通过式 8.18 可以看出，为了最大化间隔，需最大化$||w||^{-1}$，等价于最小化$||w||^2$ [4]，所以 8.18 可化为：

$$\min_{w, b} \frac{||w||^2}{2} \qquad (8.19)$$

其满足$y_i(< w \cdot x_i > + b) \geq 1$，i = 1，2，…，m 。

为了求解这个最优化问题，引入拉格朗日乘子α_i，构造拉格朗日方程：

$$\mathrm{L}(\mathrm{w},\ \mathrm{b},\ \alpha) = \frac{1}{2}\|w\|^2 + \sum_{i=1}^{m}\alpha_i[1 - y_i(<w \cdot x_i> + b)] \qquad (8.20)$$

其中，$\alpha_i \geq 0$。 对 w 和 b 求偏导得：

$$\frac{\partial \mathrm{L}}{\partial w} = \mathrm{w} - \sum_{i=1}^{m} y_i\alpha_i x_i = 0 \qquad (8.21)$$

$$\frac{\partial \mathrm{L}}{\partial b} = -\sum_{i=1}^{m} y_i\alpha_i = 0 \qquad (8.22)$$

将通过式 8.21 求得的 w 带入到式 8.20 得到 8.19 式的对偶问题：

$$\max_{\alpha} \sum_{i=1}^{m}\alpha_i \quad -\frac{1}{2}\sum_{i,\ j=1}^{m} y_iy_j\alpha_i\alpha_j <x_i,\ x_j> \qquad (8.23)$$

优化公式 8.23 是一个二次规划问题。最终的分类决策函数为

$$\mathrm{f}(\mathrm{x}) = \mathrm{sgn}\left(\sum_{i=1}^{m} y_i\alpha_i <x_i,\ x> + b\right) \qquad (8.24)$$

对于非线性分类,可以将原空间样本数据通过非线性变换映射到高维特征空间。假设Φ是从输入空间 X 到另一个空间 F 的映射函数,原始训练数据$\{(\mathrm{x}_1, \mathrm{y}_1), (\mathrm{x}_2, \mathrm{y}_2), ..., (\mathrm{x}_m, \mathrm{y}_m)\}$映射后变成了
$\{(\Phi(\mathrm{x}_1), \mathrm{y}_1)), (\Phi(\mathrm{x}_2), \mathrm{y}_2), ..., (\Phi(\mathrm{x}_m), \mathrm{y}_m)\}$。

根据变换，得到对偶问题

$$\max_{\alpha} \sum_{i=1}^{m}\alpha_i \quad -\frac{1}{2}\sum_{i,\ j=1}^{m} y_iy_j\alpha_i\alpha_j\emptyset(\mathrm{x}_i),\ \emptyset(\mathrm{x}_j) \qquad (8.25)$$

最终得到分类决策函数

$$\mathrm{f}(\mathrm{x}) = \mathrm{sgn}\left(\sum_{i=1}^{m} y_i\alpha_i <\emptyset(\mathrm{x}_i),\ \emptyset(\mathrm{x}_j)> + b\right) \qquad (8.26)$$

由于特征空间维数可能很高，甚至可能是无穷维，因此直接计算$<\emptyset(\mathrm{x}_i), \emptyset(\mathrm{x}_j)>$是很困难的，为了解决这个问题，我们可以用满足 Mercer 条件的对称核函数$\mathrm{K}(\mathrm{x}_i, \mathrm{x}_j)$代替。

常用的核函数有以下几种：

（1）高斯核函数 $K(x_i, x_j) = \exp\left(-\dfrac{\|x_i - x_j\|^2}{2\sigma^2}\right)$ $\sigma > 0$ 是高斯核的带宽

（2）多项式核 $K(x_i, x_j) = (<x_i, x_j>)^d$ $d \geq 1$ 为多项式的次数

（3）线性核 $K(x_i, x_j) = <x_i, x_j>$

（4）Sigmoid 核 $K(x_i, x_j) = \tanh(\beta < x_i, x_j > + \theta)$ $tanh$ 为双曲正切函数

（5）拉普拉斯核 $K(x_i, x_j) = \exp\left(-\frac{\|x_i - x_j\|}{\sigma}\right)$ $\sigma > 0$

引入核函数后，分类决策函数表位

$$f(x) = \text{sgn}\left(\sum_{i=1}^{m} y_i \alpha_i K(x_i, x_j) + b\right) \tag{8.27}$$

8.6 神经网络

神经网络的研究很早就已出现，其起源于生理学和神经生物学中有关神经细胞计算本质的研究工作，发展到今天，神经网络已是一个多学科交叉的、相当大的学科领域。神经网络就是一组相互连接的输入输出单元所形成的网络，它的组织能够模拟生物神经系统对真实世界事务所做出的反应。这些单元之间的连接都关联一个权重，在网络学习阶段，网络通过调整权重来实现输入样本与其相应类别对应。

神经元模型如图 8-5 所示。

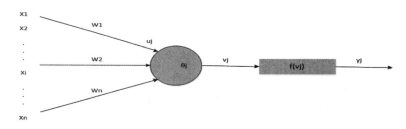

图 8-5　神经元模型

其数学模型描述如下：

$$u_j = \sum_i w_{ij} x_i \tag{8.28}$$

$$v_j = u_j + b_j \tag{8.29}$$

$$y_j = f(v_j) \tag{8.30}$$

神经元接收到来自 n 个其他神经元传递过来的输入信号，神经元接收到的总输入值将于神经元的阈值进行比较，然后通过"激活函数"（阶跃函数、sigmoid 函数等）处理产生神经元的输出。

神经网络对噪声数据有较好的适应能力，且对未知数据也具有较好的预测分类能力。目前神经网络的模型有好几十种，常见的神经网络有：前馈神经网络、反馈网络、RBF（Radial Basis Function，径向基函数）网络、SOM（Self-Organizing Map，自组织映射）网络、级联相关网络、Elman 网络、Boltzmann 机、ART（Adaptive Resonance Theory，自适应谐振理论）网络及竞争神经网络等。在此对数据分类所使用的前馈神经网络进行介绍。

前馈神经网络由一个输入层、一至多个隐藏层和一个输出层构成[2]。前馈神经网络使用最广泛的算法是误差逆传播（BackPropagation，简称 BP）算法，现实任务中大多使用 BP 算法进行训练。

BP 神经网络的拓扑结构如图 8-6：

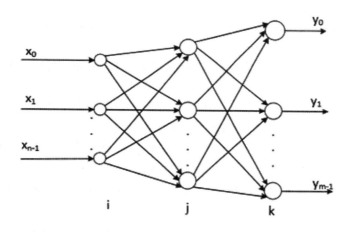

图 8.6　BP 神经网络的拓扑结构

设 BP 神经网络的输入矢量为 $x \in R^n$，其中 $x = (x_0, x_1, \ldots, x_{n-1})^T$；隐含层有 n_1 个神经元，它们的输出为 $x' \in R^{n1}$，$x' = (x_0', x_1' \ldots, x_{n-1}')^T$；输出层有 m 个神经元,输出 $y \in R^m$，$y = (y_0, y_1, \ldots, y_{n-1})^T$。输入层到隐含层的权值为 w_{ij}，阈值为 θ_j；隐含层到输出层的权值为 w_{jk}'，阈值为 θ_k'。于是各层神经元输出为：

$$\begin{cases} x_j' = f\left(\sum_{i=0}^{n-1} w_{ij}x_i - \theta_j\right), \ j = 0, 1, \ldots, n1-1 \\ y_k = f\left(\sum_{j=0}^{n1-1} w_{jk}'x_j' - \theta_k'\right), \ k = 0, 1, \ldots, m-1 \end{cases} \quad (8.31)$$

BP 算法基本流程如下[5]：

（1）初始化神经网络的权值和节点阈值；

（2）将训练样本集中的每个样本输入到神经网络，计算每个神经元输出；

（3）计算每个神经元结点所产生的误差，反向传递该误差，修正各个权值和阈值；

（4）重复步骤（2）和（3），直到满足终止条件。

8.7 分类器集成

实践证明，对于一个复杂的识别分类问题，单一的方法难以获得令人满意的分类性能，同时不同的分类方法之间往往存在着互补性，把多个分类器集成在一起可以降低识别错误及增强识别鲁棒性。因此，在实际应用中，我们要充分利用每个分类器的长处，既要发挥最佳性能，又要克服单个分类器的弱点，从而达到理想的分类性能。

分类器的组合一般有两部分组成：一部分是单一分类器的生成方法，另一部分是分类器的组合方法。

单一分类器的生成方法主要有：Bagging 算法、Boosting 算法、CMM 算法及DAGGER 算法等。

Bagging（Bootstrap aggregating）[6]是一种把多个不同的个体学习器集成为一个学习器的集成学习方法，其理论基础是通过可重复取样得到不同的数据子集，使得在不同数据子集上训练得到的个体学习器具有较高的泛化性能及有较大的差异。该算法用从原始训练集中随机抽取的若干样例来训练模型，得到的预测集合体再预测一个类标时，采取投票方式，取多个预测类标中出现次数最多的那个类标为该样例的最后类标。

Boosting 算法是一族可将弱学习器提升为强学习器的算法，Boosting 的训练集选择不是独立的，每一次学习选择的学习样本由上一次的分类结果决定，上一次分类错误的训练样本赋以较大的权重，在下一次会被重点考虑，从而逐渐改正分类错误。一般来说,Boosting 算法生成的模型要比 Bagging 算法生成的模型准确率更高，但有时会因为组合的分类对数据产生的过度拟合问题，使得 Boosting 算法失效，其准确率有可能比相同数据中生成的单一模型还要差。

分类器组合方法主要有：投票表决法、Dempster-Shafer 方法、贝叶斯方法、行为知识空间法、并集法、交集法、最高序号法、Borda 数法及逻辑回归法等。

参考文献

[1] Jiawei Han,Micheline Kamber.Data Mining:Concepts and Techniques[M],Second Edition. China Machine Press,2007.

[2] 朱明.数据挖掘导论.中国科学技术大学出版社,2012.

[3] K.P.Soman,ShyamDiwakar,V.Ajay.Insight into Data Mining: Theory and Practice[M]. China Machine Press,2009:182-202.

[4] 周志华.机器学习[M].清华大学出版社,2016：121-126.

[5] 黄丽. BP 神经网络算法改进及应用研究[J].2008.

[6] Hamid P,Sajad P, Zahra R, et al. CDEBMTE: Creation of Diverse Ensemble Based on Manipulation of Training Example[J]. Pattern Recogition,2012,7329: 197-206.

第九章　聚类算法

9.1　聚类

9.1.1　聚类简介

近十年来，随着计算机技术的迅速发展，人们获取与采集数据的能力大大提高，信息迅速增长、互联网的发展更是为我们带来了海量的数据和信息。但存储在各种数据媒介中的数据，在缺乏有力分析工具的情况下，已经超出了人们的理解和概括能力，基于此，作为数据挖掘的一种有效工具，聚类算法引起了人们的广泛关注。聚类分析是一个古老的问题，人类要认识世界就必须区别不同的事物并且认识事物间的相似性。

聚类（clustering）是指根据"物以类聚"原理，将本身没有类别的样本聚集成不同的组，这样的一组数据对象的集合叫作簇，并且对每一个这样的簇进行描述的过程。它的目的是使得属于同一个簇的样本之间彼此相似，而不同簇的样本应该足够不相似。聚类技术正在蓬勃发展，涉及范围包括数据挖掘、统计学、机器学习、空间数据库技术、生物学以及经济学等各个领域，聚类分析已经成为数据挖掘研究领域中一个非常活跃的研究课题。聚类方法主要包括以下五类：

1.基于分层的聚类（hierarchical methods）

这种方法对给定的数据集进行逐层分解，直到某种条件满足为止，具体可分为合并型的"自底向上"和分列型的"自顶向下"两种方案。例如在"自底向上"方案中，初始时每一个数据记录都组成一个单独的组，在接下来的迭代中，它把那些相互邻近的组合合成一个组，直到所有的记录组成一个分组或者某个条件满足为止。代表算法有：BIRCH 算法（1996）、CURE 算法、CHAMELEON 算法等。

2.基于划分的聚类（partitioning methods）

给定一个有 N 个记录的数据集，分裂法将构造 K 个分组，每一个分组就代表一个聚类，K < N，而且这 K 个分组满足下列条件：（1）每一个分组至少包含一个数据记录；（2）每一个数据记录属于且仅属于一个分组（注意：这个要求在某些模糊聚类算法中可以放宽）。对于给定的 K，算法首先给出一个初始的分组方法，以后通过反复迭代的方法改变分组，使得每一次改进之后的分组方案都较前一次好，而所谓好的标准就是：同一分组中的记录越近越好，而不同分组中的记录越远越好，使用这个基本思想的算法有：K-mean 算法、K-medoids、clare 算法。

3.基于密度的聚类（density-based methods）

基于密度的方法与其他方法的一个根本区别是：它不是基于各种各样距离的，而是基于密度的，这样就能克服基于距离的算法只能发现"类圆形"聚类的缺点，这个方法的指导思想为：只要一个区域中的点的密度大于某个阀值，就把它加到与之相近的聚类中去。代表算法有 DBSCAN（Density-Based Spatial Clustering of Application with Noise）算法（1996）、DEBCLUE 算法（1998）、WaveCluster 算法（1998，具有 O（N）时间复杂性），但是只能适用于低维数据。

4.基于网格的聚类（grid-based methods）

这种方法首先将数据空间划分为有限个单元（cell）的网格结构，所有的处理都是以单个的单元为对象的。这么处理的一个突出的优点就是处理的速度很快，通常这是与目标数据库中记录的个数无关的，它只是与把数据空间分为多少个单元有关。代表算法有 STING（Statistical Information Grid）算法。其中 STING 算法把数据空间层次地划分为单元格。依赖于存储在网格单元中的统计信息进行聚类：CLIQUE 算法结合了目睹和网格的方法。

5.基于模型的聚类（model-based methods）

基于模型的方法给每一个聚类假定一个模型，然后去寻找能够很好地满足这个模型的数据集。这样一个模型可能是数据点在空间中的密度分布函数或者其他。它的一个潜在的假定就是：目标数据集是由一系列的概率分布所决定的，通常有两种尝试方向：统计的方案和神经网络的方案。

不同的算法有着不同的应用背景，有的适合于大数据集，可以发现任意形状的聚类：有的算法思想简单，适用于小数据集。总的来说，算法都试图从不同的途径实现对数据集进行高效、可靠的聚类。数据挖掘对聚类的典型要求包括以下九条：

1.可扩展性（Scalability）

大多数来自机器学习和统计学领域的聚类算法在处理数百条数据时能表现出高效率。

2.处理不同数据类型的能力

有些聚类算法，其处理对象的属性的数据类型只能为数值类型，但是实际应用场景中，我们往往会遇到其他类型的数据，比如二院数据、分类数据等。当然，我们也可以在预处理数据时将这些其他类型的数据转成数值型的数据。但是在聚类效率上或者聚类准确上往往会有折损。

3.发现任意形状的能力

许多聚类算法是根据欧氏距离和 Manhattan 距离来进行聚类的，基于这类距离的聚类方法一般只能发现具有类似大小和密度的圆形或者球状聚类。而实际上一个聚类是可以具有任意形状的，因此设计出能够发现形状类集的聚类算法是非常重要的。

4.用于决定输入参数的领域知识最小化

许多聚类算法需要用户输入一些聚类分析中所需要的参数（如期望所获聚类的

个数），聚类结果通常都与输入参数密切相关；而这些参数常常也很难决定，特别是包含高维对象的数据集。这不仅构成了用户的负担，也使得聚类质量难以控制。

5.处理噪声数据的能力

大多数现实世界的数据库均包含异常数据、不明数据、数据丢失和噪声数据。有些聚类算法对这样的数据特别敏感并会导致获得质量较差的数据。

6.对于输入数据的顺序不敏感

同一个数据集合，以不同的次序提交给同一个算法，应该产生相似的结果。

7.高维度问题

一个数据库或者一个数据仓库或许包含若干维或属性。许多聚类算法在处理低维数据（仅包含 2 到 3 个维）时表现很好，人的视觉也可以帮助判断多至 3 维的数据聚类分析质量。然而对高维空间中的数据对象，特别是对高维空间稀疏和怪异分布的数据对象，能进行较好的聚类分析的聚类算法已经成为聚类研究的一项挑战。

8.基于约束的聚类

现实世界中的应用可能需要在各种约束下进行聚类分析。假设需要在一个城市中确定一些新的加油站的位置，就需要考虑诸如城市中的河流、高速公路以及每个区域的客户需求等约束情况下的聚类分析。设计能够满足特定约束条件且有较好聚类质量的聚类算法也是一个重要的聚类研究任务。

9.可解释性和可用性

用户往往希望聚类结果是可理解的，可以解释的以及可用的，这就需要聚类分析要与特定的解释和应用联系在一起。因此研究一个应用的目标是如何影响聚类方法的选择也是非常重要的。

9.1.2 聚类分析概述

1.聚类概念

聚类分析（Cluster Analusis）是一个数据集中的所有数据，按照相似性划分为多个类别（Cluster，簇）的过程。

聚类分析是一种无监督（Unsupervised Learning）分类方法：集中的数据没有预定义的类别标号（无训练集和训练的过程）。要求：聚类分析之后，应尽可能保证类别相同的数据之间具有较高的相似性，而类别不同的数据之间具有较低的相似性。

2.聚类的应用

空间数据分析：图像处理——灰度图像的二值化（对灰度像素进行聚类）。

万维网：对 WEB 日志数据进行聚类，以发现类似用户的访问模式。

金融领域：用户交易数据的聚类分析，以获得奇异点（异常交易）。

9.1.3 聚类分析方法

1.划分法

划分法（Partitioning Methods）：以距离作为数据集中不同数据间的相似性度量，

将数据集划分成多个簇。属于这样的聚类方法有：k-means、k-medoids、clara 等。后面会着重讲解划分法算法。

划分法示例如图 9-1 所示。对人群的年龄与收入进行划分集中群组。

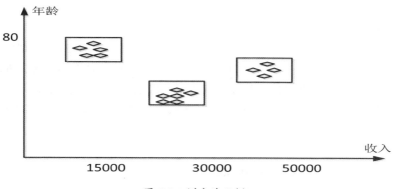

图 9-1　划分法示例

2.层次法

层次法（Hierarchical Methods）：对给定的数据集进行层次分解，形成一个树形的聚类结果。属于这样的聚类方法有：自顶向下法、自底向上法。

例如，在"自底向上"方案中，初始时每一个数据记录都组成一个单独的组，在接下来的迭代中，它把那些相互邻近的组合并成一个组，直到所有的记录组成一个分组或者某个条件满足为止。

层次聚类方法可以是基于距离的或基于密度或连通性的。层次聚类方法的一些扩展也考虑了子空间聚类。层次方法的缺陷在于：一旦一个步骤（合并或分裂）完成，它就不能被撤销。这个严格规定是有用的，因为不用担心不同选择的组合数目，它将产生较小的计算开销。然而这种技术不能更正错误的决定。现已经提出了一些提高层次聚类质量的方法。

代表算法有：BIRCH 算法、CURE 算法、CHAMELEON 算法等。

层次法示例如图 9-2 所示：a，b，c，d，e 根据 AGNES 左往右合并成一个整体。反之，根据 DIANA 从右往左整体分解成单个。

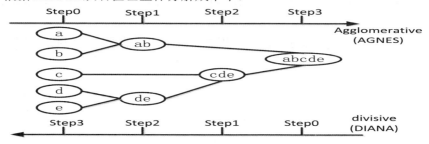

图 9-2　层次法示例

3.图论聚类法

图论聚类方法解决的第一步是建立与问题相适应的图，图的节点对应于被分析数据的最小单元，图的边（或弧）对应于最小处理单元数据之间的相似性度量。因此，每一个最小处理单元数据之间都会有一个度量表达，这就确保了数据的局部特性较易处理。图论聚类法是以样本数据的局域连接特征作为聚类的主要信息源，因而其主要优点是易于处理局部数据。

4.网格算法

基于网格的方法（grid-based methods），这种方法首先将数据空间划分为有限个单元（cell）的网格结构，所有的处理都是以单个的单元为对象的。这么处理的一个突出的优点就是处理速度很快，通常这是与目标数据库中记录的个数无关的，它只与把数据空间分为多少个单元有关。代表算法有：STING 算法、CLIQUE 算法、WAVE-CLUSTER 算法；

5.模型算法

基于模型的方法（model-based methods），基于模型的方法给每一个聚类假定一个模型，然后去寻找能够很好的满足这个模型的数据集。这样一个模型可能是数据点在空间中的密度分布函数或者其他。它的一个潜在的假定就是：目标数据集是由一系列的 概率分布所决定的。通常有两种尝试方向：统计的方案和神经网络的方案。

9.1.4 聚类算法比较

（1）层次聚类优点：适用于任意形状和任意属性的数据集；灵活控制不同层次的聚类粒度，强聚类能力

缺点：大大延长了算法的执行时间，不能回溯处理

（2）网格算法利用属性空间的多维网格数据结构，将空间划分为有限数目的单元以构成网格结构；

优点：处理时间与数据对象的数目无关，与数据的输入顺序无关，可以处理任意类型的数据。

缺点：处理时间与每维空间所划分的单元数相关，一定程度上降低了聚类的质量和准确性。

（3）基于图论的聚类优点：应用最为广泛；收敛速度快；能扩展以用于大规模的数据集

缺点：倾向于识别凸形分布、大小相近、密度相近的聚类；中心选择和噪声聚类对结果影响大。

9.2 相似度计算

9.2.1 相似度计算概述

在聚类分析中，样本之间的相似性通常采用样本之间的距离来表示。

（1）两个样本之间的距离越大，表示两个样本越不相似，差异性越大；

（2）两个样本之间的距离越小，表示两个样本越相似，差异性越小。

（3）特例：当两个样本之间的距离为零时，表示两个样本完全一样，无差异。

（4）样本之间的距离是在样本的描述属性（特征）上进行计算的。

（5）在不同应用领域，样本的描述属性的类型可能不同，因此相似性的计算方法也不尽相同，其中主要包括以下几种：

①连续型属性（如重量、高度、年龄等）。

②二值离散型属性（如性别、考试是否通过等）。

③多值离散型属性（如收入分为高、中、低等）。

9.2.2 连续型属性计算

假设两个样本 X_i 和 X_j 分别表示成如下形式：

$X_i=$（x_{i1}, x_{i2}, ..., x_{id}），$X_j=$（x_{j1}, x_{j2}, ..., x_{jd}）

它们都是 d 维的特征向量，并且每维特征都是一个连续型数值。对于连续型属性，样本之间的相似性通常采用如下三种距离公式进行计算。

1.欧氏距离（Euclidean distance）

欧式距离公式表示为：

$$d(x_i, x_j) = \sqrt{\sum_{k=1}^{d} (x_{ik} - x_{jk})^2}$$

2.曼哈顿距离（Manhattan distance）

曼哈顿距离公式表示为：

$$d(x_i, x_j) = \sum_{k=1}^{d} \left| x_{ik} - x_{jk} \right|$$

3.闵可夫斯基距离（Minkowski distance）

闵可夫斯基距离计算公式：

$$d(x_i, x_j) = (\sum_{k=1}^{d} \left| x_{ik} - x_{jk} \right|^q)^{1/q}$$

欧式距离的示例，如图 9-3 所示的点计算距离：

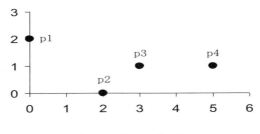

图 9-3　欧式距离示例

将图 9-3 中的点制作出表格如表 9-1 所示。

表 9-1　欧式距离

Point	X	Y
p1	0	2
p2	2	0
p3	3	1
p4	5	1

最后根据欧式公示计算出结果如表 9-2。

表 9-2　欧式距离计算结果

	P1	P2	P3	P4
P1	0	2.828	3.162	5.099
P2	2.828	0	1.141	3.162
P3	3.162	1.414	0	2
P4	5.099	3.162	2	0

9.2.3　二值离散型属性的相似性计算方法

二值离散型属性只有 0 和 1 两个取值。其中：0 表示该属性为空，1 表示该属性存在。

例如：描述病人是否抽烟的属性（smoker），取值为 1 表示病人抽烟，取值为 0 表示病人不抽烟。

假设两个样本 X_i 和 X_j 分别表示成如下形式：

$X_i=（x_{i1}，\quad x_{i2}，\quad …，\quad x_{ip}）$，$X_j=（x_{j1}，\quad x_{j2}，\quad …，\quad x_{jp}）$

它们都是 p 维的特征向量，并且每维特征都是一个二值离散型数值。假设二值离散型属性的两个取值具有相同的权重，则可以得到一个两行两列的可能性矩阵。
如下：

		X_j		
		1	0	SUM
X_i	1	a	b	a+b
	0	c	d	c+d
	SUM	a+c	b+d	a+b+c+d

a = the number of attributes where Xi was 1 and Xj was 1；

b = the number of attributes where Xi was 1 and Xj was 0；

c = the number of attributes where Xi was 0 and Xj was 1；

d = the number of attributes where Xi was 0 and Xj was 0。

如果样本的属性都是对称的二值离散型属性，则样本间的距离可用简单匹配系
数（Simple Matching Coefficients，SMC）计算。

计算公式为：SMC＝（b＋c）/（a＋b＋c＋d）。其中：对称的二值离散型属
性是指属性取值为 1 或者 0 同等重要。

例如：性别就是一个对称的二值离散型属性，即：用 1 表示男性，用 0 表示女
性；或者用 0 表示男性，用 1 表示女性是等价的，属性的两个取值没有主次之分。
如果样本的属性都是不对称的二值离散型属性,则样本间的距离可用 Jaccard 系数计
算（Jaccard Coefficients，JC），公式为：JC＝（b＋c）/（a＋b＋c）。其中：不对
称的二值离散型属性是指属性取值为 1 或者 0 不是同等重要。

例如：血液的检查结果是不对称的二值离散型属性，阳性结果的重要程度高于
阴性结果，因此通常用 1 来表示阳性结果，而用 0 来表示阴性结果。

示例：已知两个样本 p=[1 0 0 0 0 0 0 0 0 0]和 q=[0 0 0 0 0 0 1 0 0 1]

a = 0 （the number of attributes where p was 1 and q was 1）

b = 1 （the number of attributes where p was 1 and q was 0）

c = 2 （the number of attributes where p was 0 and q was 1）

d = 7 （the number of attributes where p was 0 and q was 0）

计算 SMC，JC 得：

SMC＝（b＋c）/（a＋b＋c＋d）

　　＝（1+2）/（0+1+2+7）

　　＝0.3

JC＝（b+c）/（a＋b＋c）

　＝（1+2）/（0+1+2）

= 1

9.2.4 多值离散型属性的相似性计算方法

多值离散型属性是指取值个数大于 2 的离散型属性。例如：成绩可以分为优、良、中、差。

假设一个多值离散型属性的取值个数为 N，给定数据集 X={xi | i=1, 2, ..., total}。其中：每个样本 xi 可用一个 d 维特征向量描述，并且每维特征都是一个多值离散型属性，即：x_i = （x_{i1}, x_{i2}, ..., x_{id}）。

问题：给定两个样本 x_i=（x_{i1}, x_{i2}, ..., x_{id}）和 x_j=（x_{j1}, x_{j2}, ..., x_{jd}），如何计算它们之间的距离?

简单匹配方法，距离计算公式如下：

$$d(x_i, x_j) = \frac{d-u}{d}$$

其中：d 为数据集中的属性个数，u 为样本 xi 和 xj 取值相同的属性个数。

示例如表 9-3 中的样本属性所示：

表 9-3　多值离散型示例

样本序号	年龄段	学历	收入
X_1	青年	研究生	高
X_2	青年	本科	低
X_3	老年	本科以下	中
X_4	中年	研究生	高

d（x_1, x_2）=（3-1）/3 ≈ 0.667，d（x_1, x_3）=（3-0）/3 = 1
d（x_1, x_4）=（3-2）/3 ≈ 0.333

9.3 K-means 算法

9.3.1 K-means 算法简介

K-means 算法是典型的基于距离的聚类算法，采用距离作为相似性的评价指标，即认为两个对象的距离越近，其相似度就越大。该算法认为簇是由距离靠近的对象组成的，因此把得到紧凑且独立的簇作为最终目标。

k 个初始类聚类中心点的选取对聚类结果具有较大的影响，因为在该算法第一步中是随机地选取 k 个对象作为初始聚类的中心，初始地代表一个簇。该算法在每次迭代中对数据集中剩余的每个对象，根据其与各个簇中心的距离将每个对象重新赋给最近的簇。当考察完所有数据对象后，一次迭代运算完成，新的聚类中心被计算出来。如果在一次迭代前后，J 的值没有发生变化，说明算法已经收敛。

9.3.2 K-means 算法注意问题

1.如何确定 K 的值

K-menas 算法首先选择 K 个初始质心，其中 K 是用户指定的参数，即所期望的簇的个数。这样做的前提是我们已经知道数据集中包含多少个簇，但很多情况下，我们并不知道数据的分布情况，实际上聚类就是我们发现数据分布的一种手段，这就陷入了鸡和蛋的矛盾。如何有效地确定 K 值，这里大致提供几种方法。

（1）与层次聚类结合：经常会产生较好的聚类结果的一个有趣策略是，首先采用层次凝聚算法决定结果簇的数目，并找到一个初始聚类，然后用迭代重定位来改进该聚类。

（2）稳定性方法：稳定性方法对一个数据集进行 2 次重采样产生两个数据子集，再用相同的聚类算法对两个数据子集进行聚类，产生两个具有 k 个聚类的聚类结果，计算两个聚类结果的相似度的分布情况。两个聚类结果具有高相似度说明 k 个聚类反映了稳定的聚类结构，其相似度可用来估计聚类个数。采用次方法试探多个 k，找到合适的 k 值。

（3）系统演化方法：系统演化方法将一个数据集视为伪热力学系统，当数据集被划分为 K 个聚类时称系统处于状态 K。系统由初始状态 K=1 出发，经过分裂过程和合并过程，系统将演化到它的稳定平衡状态 Ki，其所对应的聚类结构决定了最优类数 Ki。系统演化方法能提供关于所有聚类之间的相对边界距离或可分程度，它适用于明显分离的聚类结构和轻微重叠的聚类结构。

（4）使用 canopy 算法进行初始划分：基于 Canopy Method 的聚类算法将聚类过程分为两个阶段。Stage1：聚类最耗费计算的地方是计算对象相似性的时候，Canopy Method 在第一阶段选择简单、计算代价较低的方法计算对象的相似性，将相似的对象放在一个子集中，这个子集被叫作 Canopy ，通过一系列计算得到若干 Canopy，Canopy 之间可以是重叠的，但不会存在某个对象不属于任何 Canopy 的情况，可以把这一阶段看作数据预处理；Stage2：在各个 Canopy 内使用传统的聚类方法（如 K-means），不属于同一 Canopy 的对象之间不进行相似性计算。从这个方法起码可以看出两点好处：首先，Canopy 不要太大且 Canopy 之间重叠的不要太多的话会大大减少后续需要计算相似性的对象的个数；其次，类似于 K-means 这样的聚类方法是需要人为指出 K 的值的，通过 Stage1 得到的 Canopy 个数完全可以作为这个 K 值，一定程度上减少了选择 K 的盲目性。

2.初始质心的选取

选择适当的初始质心是基本 k-means 算法的关键步骤。常见的方法是随机的选取初始质心，但是这样簇的质量常常很差。处理选取初始质心问题的一种常用技术是：多次运行，每次使用一组不同的随机初始质心，然后选取具有最小 SSE（误差的平方和）的簇集。这种策略简单，但是效果可能不好，这取决于数据集和寻找的簇的个数。

第二种有效的方法是，取一个样本，并使用层次聚类技术对它聚类。从层次聚类中提取 K 个簇，并用这些簇的质心作为初始质心。该方法通常很有效，但仅对下列情况有效：第一，样本相对较小，例如数百到数千（层次聚类开销较大）；第二，K 相对于样本较小。

第三种选择初始质心的方法，随机地选择第一个点，或取所有点的质心作为第一个点。然后对于每个后继初始质心，选择离已经选取过的初始质心最远的点。使用这种方法，确保了选择的初始质心不仅是随机的，而且是散开的。但是这种方法可能选中离群点。此外，求离当前初始质心集最远的点开销也非常大。为了克服这个问题，通常该方法用于点样本。由于离群点很少（多了就不是离群点了），它们多半不会在随机样本中出现。计算量也大幅减少。

第四种方法就是上面提到的 canopy 算法。

3.距离的度量

常用的距离度量方法包括：欧几里得距离和余弦相似度。两者都是评定个体间差异大小的。欧几里得距离度量会受指标不同单位刻度的影响，所以一般需要先进行标准化，同时距离越大，个体间差异越大；空间向量余弦夹角的相似度度量不会受指标刻度的影响，余弦值落于区间[-1, 1]，值越大，差异越小。但是针对具体应用，如什么情况下使用欧氏距离，什么情况下使用余弦相似度？从几何意义上来说，n 维向量空间的一条线段作为底边和原点组成的三角形，其顶角大小是不确定的。也就是说对于两条空间向量，即使两点距离一定，它们的夹角余弦值也可以随意变化。感性的认识，当两用户评分趋势一致时，但是评分值差距很大，余弦相似度倾向给出更优解。举个极端的例子，两用户只对两件商品评分，向量分别为（3，3）和（5，5），这两位用户的认知其实是一样的，但是欧式距离给出的解显然没有余弦值合理。

4.质心的计算

对于距离度量不管是采用欧式距离还是采用余弦相似度，簇的质心都是其均值，即向量各维取平均即可。对于距离对量采用其他方式时，这个还没研究过。

5.算法停止条件

一般是目标函数达到最优或者达到最大的迭代次数即可终止。对于不同的距离度量，目标函数往往不同。当采用欧式距离时，目标函数一般为最小化对象到其簇质心的距离的平方和，如下：

$$\min \sum_{i=1}^{K} \sum_{x \in C_i} dist(c_i, x)^2$$

当采用余弦相似度时,目标函数一般为最大化对象到其簇质心的余弦相似度和,如下:

$$\max \sum_{i=1}^{K} \sum_{x \in C_i} \cosine(c_i, x)$$

6.空聚类处理

如果所有的点在指派步骤都未分配到某个簇,就会得到空簇。如果这种情况发生,则需要某种策略来选择一个替补质心,否则平方误差将会偏大。一种方法是选择一个距离当前任何质心最远的点。这将消除当前对总平方误差影响最大的点。另一种方法是从具有最大 SSE 的簇中选择一个替补的质心。这将分裂簇并降低聚类的总 SSE。如果有多个空簇,则该过程重复多次。另外,编程实现时,要注意空簇可能导致的程序 bug。

9.3.3 K-means 算法步骤

(1)从 D 中随机取 k 个元素,作为 k 个簇的各自的中心。

(2)分别计算剩下的元素到 k 个簇中心的相异度,将这些元素分别划归到相异度最低的簇。

(3)根据聚类结果,重新计算 k 个簇各自的中心,计算方法是取簇中所有元素各自维度的算术平均数。

(4)将 D 中全部元素按照新的中心重新聚类。

(5)重复第 4 步,直到聚类结果不再变化。

(6)将结果输出。

算法流程图如图 9-4 所示,图 9-5 为 K-means 算法的运行的示例。

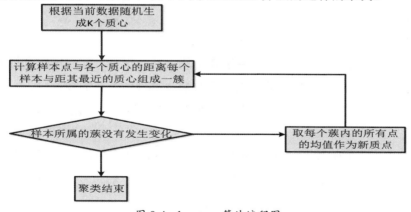

图 9-4 k-means 算法流程图

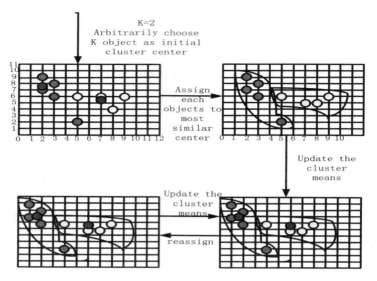

图 9-5 k-means 算法运行示例

9.3.4 K-means 算法示例

一组样本数据为样本序号为 1 到 8 的属性分别为（1，1），（2，1），（1，2），（2，2），（4，3），（5，3），（4，4），（5，4）

则根据所给的数据通过对其实施 k-means （设 n=8，k=2），其主要执行步骤为：

第一次迭代：假定随机选择的两个对象，如序号 1 和序号 3 当作初始点，分别找到离两点最近的对象，并产生两个簇{1，2}和{3，4，5，6，7，8}。

对于产生的簇分别计算平均值，得到平均值点。

对于{1，2}，平均值点为（1.5，1）；

对于{3，4，5，6，7，8}，平均值点为（3.5，3）。

第二次迭代：通过平均值调整对象所在的簇，重新聚类，即将所有点按离平均值点（1.5，1）、（3.5，3）最近的原则重新分配。得到两个新的簇：{1，2，3，4}和{5，6，7，8}。重新计算簇平均值点，得到新的平均值点为（1.5，1.5）和（4.5，3.5）。

第三次迭代：将所有点按离平均值点（1.5，1.5）和（4.5，3.5）最近的原则重新分配，调整对象，簇仍然为{1，2，3，4}和{5，6，7，8}，发现没有出现重新分配，而且准则函数收敛，程序结束。

具体迭代如表 9-4 所示。

表 9-4　迭代过程

平均值（簇 1）	平均值（簇 2）	产生的新簇	新平均值（簇 1）	新平均值（簇 2）
（1，1）	（1，2）	1，2}，{3，4，5，6，7，8}	（1.5，1）	（3.5，3）
（1.5，1）	（3.5，3）	{1，2，3，4}，{5，6，7，8}	（1.5，1.5）	（4.5，3.5）
（1.5，1.5）	（4.5，3.5）	{1，2，3，4}，{5，6，7，8}	（1.5，1.5）	（4.5，3.5）

9.3.5　K-means 算法评价

1.K-means 聚类算法的优点

（1）算法快速、简单。

（2）对大数据集有较高的效率并且是可伸缩性的。

（3）时间复杂度近于线性，而且适合挖掘大规模数据集。K-means 聚类算法的时间复杂度是 O（nkt），其中 n 代表数据集中对象的数量，t 代表算法迭代的次数，k 代表簇的数目。

2.K-means 聚类算法的缺点

（1）在 K-means 算法中 K 是事先给定的，这个 K 值的选定是非常难以估计的。很多时候，事先并不知道给定的数据集应该分成多少个类别才最合适。这也是 K-means 算法的一个不足。有的算法是通过类的自动合并和分裂，得到较为合理的类型数目 K，例如 ISODATA 算法。关于 K-means 算法中聚类数目 K 值的确定在文献中，是根据方差分析理论，应用混合 F 统计量来确定最佳分类数，并应用了模糊划分熵来验证最佳分类数的正确性。在文献中使用了一种结合全协方差矩阵的 RPCL 算法，并逐步删除那些只包含少量训练数据的类。而一种称为次胜者受罚的竞争学习规则，来自动决定类的适当数目。它的思想是：对每个输入而言，不仅竞争获胜单元的权值被修正以适应输入值，而且对次胜单元采用惩罚的方法使之远离输入值。

（2）在 K-means 算法中，首先需要根据初始聚类中心来确定一个初始划分，然后对初始划分进行优化。这个初始聚类中心的选择对聚类结果有较大的影响，一旦初始值选择得不好，可能无法得到有效的聚类结果，这也成为 K-means 算法的一个主要问题。对于该问题的解决，许多算法采用遗传算法（GA）以内部聚类准则作为评价指标。

（3）从 K-means 算法框架可以看出，该算法需要不断地进行样本分类调整，不断地计算调整后的新的聚类中心，因此当数据量非常大时，算法的时间开销是非常大的。所以需要对算法的时间复杂度进行分析、改进，提高算法的应用范围。在文献中从该算法的时间复杂度进行分析考虑，通过一定的相似性准则来去掉聚类中心的侯选集。而在文献中，使用的 K-means 算法是对样本数据进行聚类，无论是初始点的选择还是一次迭代完成时对数据的调整，都是建立在随机选取的样本数据的基础上的，这样可以提高算法的收敛速度。

9.4 K-medoids 算法

9.4.1 K-medoids 算法简介

前面写到了 k-means 算法，并列举了该算法的缺点。而 K 中心点算法（K-medoids）正好能解决 k-means 算法中的"噪声"敏感这个问题。

首先，我们介绍下 k-means 算法为什么会对"噪声"敏感。还记得 K-means 寻找质点的过程吗？对某类簇中所有的样本点维度求平均值，即获得该类簇质点的维度。当聚类的样本点中有"噪声"（离群点）时，在计算类簇质点的过程中会受到噪声异常维度的干扰，造成所得质点和实际质点位置偏差过大，从而使类簇发生"畸变"。

例如：类簇 C1 中已经包含点 A（1，1）、B（2，2）、C（1，2）、D（2，1），假设 N（100，100）为异常点，当它纳入类簇 C1 时，计算质点 Centroid（（1+2+1+2+100）/5，（1+2+2+1+100）/5）=centroid（21，21），此时可能造成了类簇 C1 质点的偏移，在下一轮迭代重新划分样本点的时候，将大量不属于类簇 C1 的样本点纳入，因此得到不准确的聚类结果。

为了解决该问题，K 中心点算法（K-medoids）提出了新的质点选取方式，而不是简单像 k-means 算法采用均值计算法。在 K 中心点算法中，每次迭代后的质点都是从聚类的样本点中选取，而选取的标准就是当该样本点成为新的质点后能提高类簇的聚类质量，使得类簇更紧凑。该算法使用绝对误差标准来定义一个类簇的紧凑程度。如果某样本点成为质点后，绝对误差能小于原质点所造成的绝对误差，那么 K 中心点算法认为该样本点是可以取代原质点的，在一次迭代重计算类簇质点的时候，我们选择绝对误差最小的那个样本点成为新的质点。

例如：样本点 A –>E1=10 ，样本点 B –>E2=11 ，样本点 C –>E3=12 原质点 O －>E4=13，那我们选举 A 作为类簇的新质点。与 K-means 算法一样，K-medoids 也是采用欧几里得距离来衡量某个样本点到底是属于哪个类簇。终止条件是，当所有的类簇的质点都不在发生变化时，即认为聚类结束。

该算法除了改善 K-means 的"噪声"敏感以后，其他缺点和 K-means 一致，并且由于采用新的质点计算规则，也使得算法的时间复杂度上升：O（k（n-k）^{2}）

9.4.2 K-medoids 算法步骤

k 中心算法的基本过程：首先为每个簇随意选择一个代表对象，剩余的对象根据其与每个代表对象的距离（此处距离不一定是欧氏距离，也可能是曼哈顿距离）分配给最近的代表对象所代表的簇；然后反复用非代表对象来代替代表对象，以优化聚类质量。聚类质量用一个代价函数来表示。当一个中心点被某个非中心点替代时，除了未被替换的中心点外，其余各点被重新分配。

为了减轻 k 均值算法对孤立点的敏感性，k 中心点算法不采用簇中对象的平均值作为簇中心，而选用簇中离平均值最近的对象作为簇中心。

算法如下：

输入：包含 n 个对象的数据库和簇数目 k；

输出：k 个簇；

（1）随机选择 k 个代表对象作为初始中心点。

（2）指派每个剩余对象给离它最近的中心点所代表的簇。

（3）随机地选择一个非中心点对象 y。

（4）计算用 y 代替中心点 x 的总代价 s。

（5）如果 s 为负，则用可用 y 代替 x，形成新的中心点。

（6）重复（2）（3）（4）（5），直到 k 个中心点不再发生变化。

K-medoids 算法流程图如图 9-6 所示。

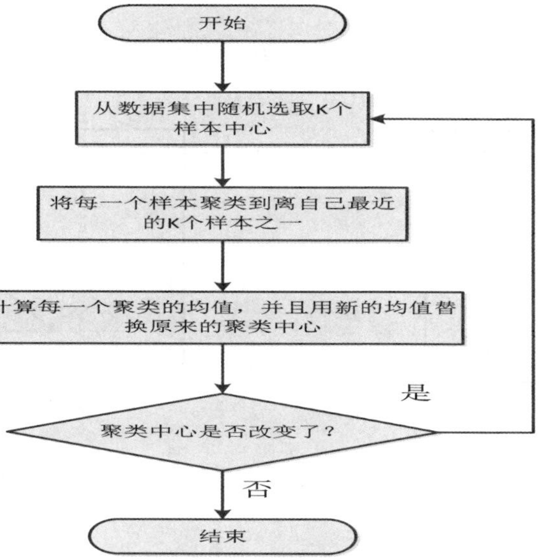

图 9-6　K-medoids 算法流程图

9.4.3 K-medoids 算法的四种情况

如果代表样本能被非代表样本所替代，则替代产生的总代价 S 是所有样本产生的代价之和。当非代表样本 Orandom 替代代表样本 Oj 后，对于数据集中的每一个样本 p，它所属的簇的类别将有以下四种可能的变化：

情况 1：样本 p 属于代表样本 Oj。如果 Oj 被 Orandom 替代，则此时样本 p 最接近另外一个代表样本 Oi，因此 p 被分配为 Oi（i≠j），代价函数：Cpjo = d（i, p）- d（j, p）。如图 9-7（a）所示。

情况 2：样本 p 属于代表样本 Oj。如果 Oj 被 Orandom 替代，则此时样本 p 最接近代表样本 Orandom，因此 p 被分配为 Orandom。代价函数：Cpjo = d（o, p）- d（j, p）如图 9-7（b）所示。

情况 3：样本 p 属于代表样本 Oi（i≠j）。如果 Oj 被 Orandom 替代，则此时样本 p 仍然最接近代表样本 Oi，因此 p 无变化。代价函数：Cpjo = 0，如图 9-7（c）所示。

情况 4：样本 p 属于代表样本 Oi（i≠j）。如果 Oj 被 Orandom 替代，则此时样本 p 最接近代表样本 Orandom，因此 p 被分配为 Orandom。代价函数：Cpjo = d（o, p）- d（p, i），如图 9-7（d）所示。

每当重新分配时，替换的总代价是所有非中心点对象产生的代价之和：

$$TC_{jo} = \sum_{j=1}^{n} C_{pjo}$$

如果总代价为负，则 Oj 可被 Orandom 替代；否则，则认为当前的中心点 Oj 是可接受的，在本次迭代中没有变化。

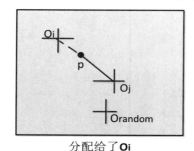

分配给了 Oi

（a）情况一

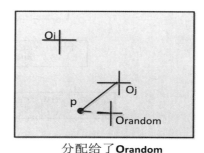

分配给了 Orandom

（b）情况二

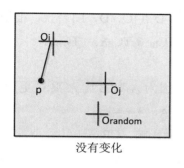

没有变化

（c）情况三

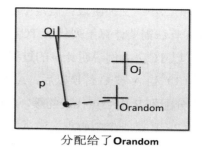

分配给了 **Orandom**

（d）情况四

图 9-7　k-medoids 算法的四种情况

9.4.4 K-medoids 算法例题理解

假设空间中的五个点{A、B、C、D、E}，如下图 9-8 所示。各点之间的距离关系如下表 9-5 所示。根据所给的数据对其运行 k-medoids 算法实现划分聚类（设 k=2）。点的分布如图 9-8（a）所示，点与点的距离如表 9-5 所示。

表 9-5　点与点之间的距离

样本点	A	B	C	D	E
A	0	1	2	2	3
B	1	0	2	4	3
C	2	2	0	1	5
D	2	4	1	0	3
E	3	3	5	3	0

（a）　　　　　　　　　　　　　（b）

图 9-8　k-medoids 算法示例点分布

第一步：建立阶段：假如从 5 个对象中随机抽取的两个中心点为{A，B}，则样本被划分为{A、C、D}和{B、E}，如图 9-8（b）所示。

第二步：交换阶段：假定中心点 A、B 分别被非中心点{C、D、E}替换，根据 PAM 算法需要计算下列代价 TC_{AC}、TC_{AD}、TC_{AE}、TC_{BC}、TC_{BD}、TC_{BE}。

以 TC_{AC} 为例说明计算的过程：

（1）当 A 被 C 替换以后，A 不再是一个中心点，因为 A 离 B 比 A 离 C 更近，A 被分配到 B 中心点代表的簇，$CA_{AC}=d（A，B）-d（A，A）=1$。

（2）B 是一个中心点，当 A 被 C 替换以后，B 不受影响，$CB_{AC}=0$。

（3）C 原先属于 A 中心点所在的簇，当 A 被 C 替换以后，C 是新中心点，符合 PAM 算法代价函数的第二种情况 $CC_{AC}=d（C，C）-d（C，A）=0-2=-2$。

（4）D 原先属于 A 中心点所在的簇，当 A 被 C 替换以后，离 D 最近的中心点是 C，根据 PAM 算法代价函数的第二种情况 $CD_{AC}=d（D，C）-d（D，A）=1-2=-1$。

（5）E 原先属于 B 中心点所在的簇，当 A 被 C 替换以后，离 E 最近的中心仍然是 B，根据 PAM 算法代价函数的第三种情况 $CE_{AC}=0$。

因此，$TC_{AC}=CA_{AC}+ CB_{AC}+ CB_{AC}+ CD_{AC}+ CE_{AC}=1+0-2-1+0=-2$。

可按上述步骤依次计算代价 TC_{AD}、TC_{AE} 以及 TC_{BC}、TC_{BD}、TC_{BE}。

在上述代价计算完毕后，要选取一个代价最小的替换。

图 9-10（a），（b），（c）分别表示了 C 替换 A，D 替换 A，E 替换 A 的情况和相应的代价。

图 9-10（d），（e），（f）分别表示了用 C、D、E 替换 B 的情况和相应的代价。

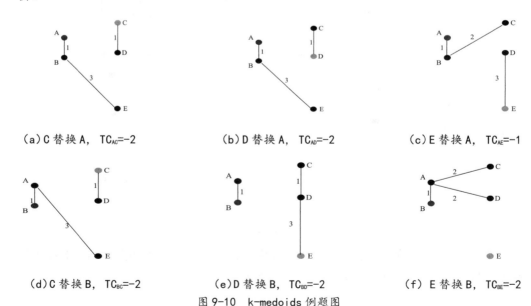

（a）C 替换 A，$TC_{AC}=-2$　　　（b）D 替换 A，$TC_{AD}=-2$　　　（c）E 替换 A，$TC_{AE}=-1$

（d）C 替换 B，$TC_{BC}=-2$　　　（e）D 替换 B，$TC_{BD}=-2$　　　（f）E 替换 B，$TC_{BE}=-2$

图 9-10　k-medoids 例题图

通过上述计算，选择代价最小的替换（如：C 替换 A）。这样就完成了 PAM 算法的第一次迭代。在下一迭代中，将用其新的非中心点{A、D、E}来替换中心点{B、C}，从中找出具有最小代价的替换。一直重复上述过程，直到代价不再减小。

9.5 CLARA 算法

9.5.1 CLARA 算法简介

clara 算法可以说是对 k-mediod 算法的一种改进，就如同 k-mediod 算法对 k-means 算法的改进一样。clara（clustering large application）算法是应用于大规模数据的聚类。而其核心算法还是利用 k-mediod 算法。只是这种算法弥补了 k-mediod 算法只能应用于小规模数据的缺陷。clara 算法的核心是：先对大规模数据进行多次采样，每次采样样本进行 med-diod 聚类，然后将多次采样的样本聚类中心进行比较，选出最优的聚类中心.当然 clara 算法也有一定的缺陷，因为它依赖于抽样次数、每次样本数据是否均匀分布，以及抽样样本的大小。尽管这样，clara 算法还是为我们提供了一种进行大规模数据聚类的方法。

9.5.2 CLARA 算法步骤

它从数据集中抽取多个样本集，对每个样本集使用 PAM，并以最好的聚类作为输出。

（1）for i = 1 to v（选样的次数），重复执行下列步骤（2）～（4）。

（2）随机地从整个数据库中抽取一个 N（例如：（40 + 2k））个对象的样本，调用 PAM 方法从样本中找出样本的 k 个最优中心点。

（3）将这 k 个中心点应用到整个数据库上，对于每一个非代表对象 Oj，判断它与从样本中选出的哪个代表对象距离最近。

（4）计算上一步中得到的聚类的总代价。若该值小于当前的最小值，用该值替换当前的最小值，保留在这次选样中得到的 k 个代表对象作为到目前为止得到的最好的代表对象的集合。

（6）返回到步骤（1），开始下一个循环。

算法结束后，输出最好的聚类结果。

CLARA 算法复杂度分析：CLARA 算法对于大数据集其性能较好（例如，在 10 个聚类中有 1000 个对象）。对于 CLARA 而言，由于只是将算法应用于样本上，每一步循环的计算复杂性为 $O（K（40+K）^2+K（N-K））$。

CLARA 算法流程图，如图 9-11 所示。

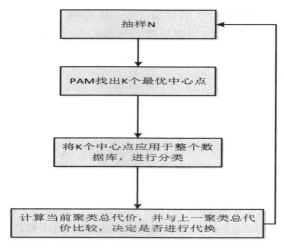

图 9-11　clara 算法流程图

9.5.3 CLARA 算法样本数据抽取

1.样本数据抽取分析

为了实现空间数据的随机存取，有必要分析一下 MapInfo 的数据组织情况。MapInfo 采用双数据库存储模式，即其空间数据与属性数据是分开存储的。属性数据存储在关系数据库的若干属性表中，而空间数据则是 MapInfo 的自定义格式保存于若干文件之中，两者通过一定的索引机制联系起来。为了提高查询和处理效率，MapInfo 采用层次结构对空间数据进行组织，即根据不同的专题将地图分层，每层还可以分割成若干图层。每个图层存储为若干个基本文件，即属性数据的表结构文件。Tab：属性数据文件。Dat：交叉索引文件。Id：空间数据文件。mapMapInfo 的索引机制。

属性数据文件中指针的排列顺序和交叉索引文件中指针的排列顺序是一致的。从属性信息查询空间信息时，MapInfo 先在属性数提文件中找到第 N 个指针 ，该指针所指向的地图对象就是与属性数据库记录相对应的空间对象。反之，也可以通过空间对象查询到对象的属性记录。因此，从整个空间可数据抽取数目为（40 十 2K）的空间对象数据进行空间聚类，可理解为从原数据表中抽取（40+2K）个记录。以记录号来标记。来用相应的算法可实现属性数据和空间数据的查询并集类。

2.样本数据抽取实现

用 MapBasic 实现样本数据随机抽取的主要代码如下。其中用到了 3 个函数 tableinfo（ ），int（ ）及 rnd（ ），功能依次为取表中记录个数、取整数、任意取记录。ts 数组保存的编号对应数据集的所有记录号，记录的随机抽取通过一个循环实现，每次循环都从剩余的记录中随机抽取一个，然后经置换后放于数组尾部。最后得到的数组中尾部的（40十2i）个编号即为需要随机抽取的记录，根据编号对应的原属性表中的记录可以抽取相应的对象数，以组成一个新的仅包含样本对象数据的属性表。

```
n=tableinfo（属性表，tab_info_nrows）
Redim ts（n）
For i=1 to n
Ts（i）=i;
Next
M=40+2*k;
For i=1 to m
R=int（（n-i+1）*rnd（1））+1;
T=ts（r）;
Ts（r）=ts（n-i）+1;
Ts（n-i+1）=t;
Next
```

9.5.4 聚类划分

1.相异度或距离函数的说明

在 CLARA 算法处理中，需要计算所有非选中对象与选中对象之间的距离作为分组的依据。不同的数据类型有不同的距离函数，因此距离函数的选择依据是数据对象类型。根据空间点坐标的数据类型选用欧式距离公式。

2.聚类划分实现

将各个空间分布对象按照其相异度分配给指定的中心点对象之间的相异度，将非中心点对象分配到距离最近的中心点对象，其主要实现代码如下：

```
For i=1 to n
Fetch rec i from 属性表
Temponj=属性表，obj
For j=1 to k
Dist（j）=distance（centroidx（tempobj），centroidy（tempobj），
Cetroidx（certerobj（j）），centroidy（certerobj（j），km）
Next
```

Tempdist=dist（1）

For j=1 to k

If dist（j）<=tempdist then

Tempdist=dist（j）

Minnum==j

Endif

Next

Update 属性表

Set cluster=minnum

Where rowid=i

Next

9.5.5 代价计算

1.代价算法分析

为了从 n 个空间对象中发现 K 个聚类，首先在样本上随机选 K 个对象，然后在每一步中，用一个非选中的对象 O_A 替换一个选中对象 O_i，能够提高聚类质量，为了估量 O_A 与 O_i 之间替换的效果，为了每一个非选中对象 O_i 计算代价 O_{jih}，根据 O_j 属于表 9-6 所列的情况 C_{jih} 用不同的公式定义。O_i 与 O_A 替换分类情况。

表 9-6　C_{jih} 用不同的公式定义

替换前 O_i 类属情况	O_j 相似 O_h，O_{j2} 比较	若替换，代价 C_{jih} 等于	C_{jih} 的正负性	替换后 O_j 类属情况
O_i	$d（O_j，O_h）>=d（O_j，O_{j2}）$	$d（O_j，O_{j2}）-d（O_j，O_i）$	非负	O_{j2}
O_i	$d（O_j，O_h）<=d（O_j，O_{j2}）$	$d（O_j，O_h）-d（O_j，O_{j2}）$	可正	O_h
O_{j2}	$d（O_j，O_h）>=d（O_j，O_{j2}）$	0	可负	O_{j2}
O_{j2}	$d（O_j，O_h）<d（O_j，O_{j2}）$	$d（O_j，O_h）-d（O_j，O_{j2}）$	负	O_h

说明：O_i 为中心点对象；O_h 为非中心点对象；O_{j2} 为另一个中心点；O_j 属于 O_i 时，O_j 的第二最相似中心点；C_{jih} 为每一个中心点对象 O_j 的替换代价。将表 9-6 中

的 4 中情况作图，其中：·代表数据对象；+表示聚类中心；——代表替代前；……代表替代后。如图 9-12（a），（b），（c），（d）所示为四种情况分别做出来的图：

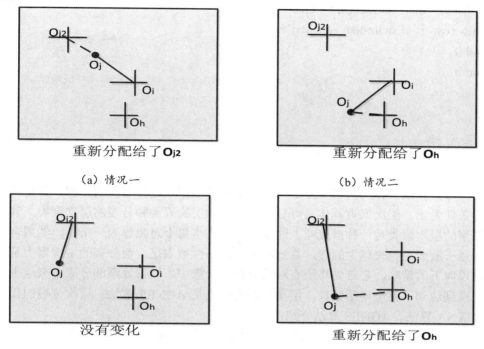

（a）情况一　　　　　　　　　　　（b）情况二

（c）情况三　　　　　　　　　　　（d）情况四

图 9-12　clara 四种情况作图

综合考虑图中的 4 种情况，得到 O_h 替换 O_i 的总代价为：

$$TC_{jo} = \sum_{j=1}^{n} C_{pjo}$$

如果总代价是负的，那么 O_i 可以被 O_h 替代；如果总代价是整的，则当前的中心点被认为是可接受的，在本次迭代中没有发生变化。

2.代价计算实现

计算第一次中心点替换的代价，代码首先从属性表中获取非中心点对象，计算非中心点对象替换对象以及非中心点对象与中心点对象之间的相异度，然后根据 4 种情况计算替换代价，主要代码如下：

if 属性表. cluster= clusterOh then

if distOh>- ternpdist then

cost= cost ＋ tempdist- dist（clusterOh）

else

cost = cost 十 distOh- dist（clusterOh）

end if

else

if distOh< dist（clusterOh） then

cost- cost 十 distOh-dist（clusterOh）

end if

end if

9.6 层次法

层次聚类算法又称为树聚类算法，是对给定的数据集进行层次的分解，直到满足某种条件为止。层次聚类具体又可分为：凝聚的层次聚类和分裂的层次聚类。其中，凝聚的层次聚类是一种自底向上的策略，首先将每个对象作为一个簇，然后合并这些原子簇成为越来越大的簇，直到某个终结条件被满足。而分裂的层次聚类是采用自顶向下的策略，它首先将所有对象放在一个簇中，然后逐渐细分成越来越小的簇，直到达到了某个终结条件。层次凝聚的代表是 AGNES 算法。层次分裂的代表是 DIANA 算法。AGNES 算法介绍：

AGNES 算法最初将每个对象作为一个簇，然后这些簇根据某些准则被一步步地合并。两个簇间的相似度由这两个不同簇中距离最近的数据点对的相似度来确定。聚类的合并过程反复进行直 AGNES 流程图，如图 9-13 所示。

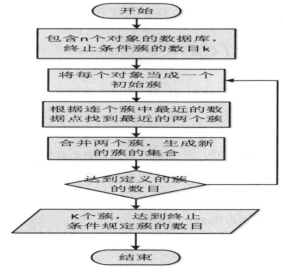

图 9-13 AGNES 算法流程图

缺点及不足：AGNES 算法比较简单，但经常会遇到合并点选择的困难。假如一旦一组对象被合并，下一步的处理将在新生成的簇上进行。已做处理不能撤销，聚类之间也不能交换对象。如果在某一步没有很好的选择合并的决定，可能会导致低质量的聚类结果。另外，这种聚类方法不具有很好的可伸缩性，因为合并的决定需要检查和估算大量的对象或簇。

AGNES 算法的改进及应用：在分析分层聚类和 k-means 算法优缺点的基础上提出了一种改进的聚类算法，改进算法将分层聚类和 k-means 聚类算法的优点相结合，首先采用分层聚类，得到一个初始的聚类结果，然后应用 K-means 聚类算法继续聚类。实验结果表明，改进算法较原先传统的聚类算法，不但算法执行速度快、效率高，而且聚类效果也比较好。

9.7 密度法

密度聚类方法的指导思想是，只要一个区域中的点的密度大于某个阈值，就把它加到与之相近的聚类中去。这类算法能克服基于距离的算法只能发现"类圆形"的聚类的缺点，可发现任意形状的聚类，且对噪声数据不敏感。但计算密度单元的计算复杂度大，需要建立空间索引来降低计算量，且对数据维数的伸缩性较差。这类方法需要扫描整个数据库，每个数据对象都可能引起一次查询，因此当数据量大时会造成频繁的 I/O 操作。代表算法有：DBSCAN、OPTICS、DENCLUE 算法等。

DBSCAN 算法介绍：

DBSCAN 算法是一个比较有代表性的基于密度的聚类算法。与划分和层次聚类方法不同，它将簇定义为密度相连的点的最大集合，能够把具有足够高密度的区域划分为簇。DBSCAN 算法可以利用类的高密度连通性，快速在一个数据空间中发现任意形状的类，高密度区总是被低密度区所分割，它能够从含有噪音的空间数据中发现任意形状的聚类。

DBSCAN 算法的基本思想是：对于一个类中的每个对象，在其给定半径的领域中包含的对象不能少于某一给定的最小数目。在 DBSCAN 中，发现一个类的过程是基于这样的事实：一个类能够被其中任意一个核心对象所确定。

DBSCAN 算法流程图，如图 9-14 所示。

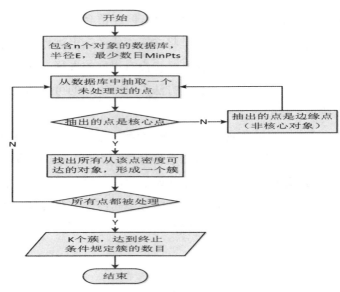

图 9-14　DBSCAN 算法流程图

　　DBSCAN 算法的显著优点是聚类速度快，且能够有效处理噪声点和发现任意形状的空间聚类。

　　算法缺点：由于它直接对整个数据库进行操作，且进行聚类时使用了一个全局性的表征密度的参数，因此具有两个比较明显的弱点：①当数据量增大时，要求较大的内存支持，I/O 消耗也很大；②当空间聚类的密度不均匀、聚类间距离相差很大时，聚类质量较差。

　　针对上述问题，提出了一种基于数据分区的 DBSCAN 算法，即根据数据的空间分布特性，将整个数据空间划分为多个较小的分区，然后分别对这些局部分区进行聚类，最后将各局部聚类进行合并。测试结果表明这种方法是行之有效的。大规模数据库聚类时，数据分区是一种行之有效的方法。Guha 等人提出的 CURE 算法就使用了数据分区技术。进而提出一种基于数据分区的 DBSCAN 算法，称之为PDBSCAN。

9.8　网格法

　　基于网格的聚类方法采用一个多分辨率的网格数据结构。它将空间量化为有限数目的单元，这些单元形成网格结构，所有的聚类操作都在网格上进行，网格中的数据压缩质量就决定了算法的聚类质量。

　　在网格聚类方法中有利用存储在网格单元中的统计信息进行聚类的 STING 算法、用小波转换方法进行聚类的 WaveCluster 方法和在高维数据空间基于网格和密度的聚类方法。

STING 算法是将空间区域划分为矩形单元，它是一种基于网格的多分辨率聚类技术。STING 算法网格的计算独立于查询；网格结构利于并行处理和增量更新；效率很高：时间复杂度是 O（n），其中 n 是对象的数目。网格结构的最底层的粒度决定了 STING 算法聚类的质量。该算法处理速度较快，但簇的质量和精确性有可能会降低。

可以自顶向下的基于网格的方法。首先，在层次结构中选定一层作为查询处理的开始点。对当前层次的每个单元，计算置信度区间，用以反映该单元与给定查询的关联程度。不相关的单元就不再考虑。低一层的处理就只检查剩余的相关单元。这个处理过程反复进行，直到达到底层。此时，如果查询要求被满足，那么返回相关单元的区域。否则，检索和进一步的处理落在相关单元中的数据，直到它们满足查询要求。

与其他聚类算法相比，STING 有几个优点：

（1）由于存储在每个单元中的统计信息描述了单元中数据与查询无关的概要信息，所以基于网格的计算是独立于查询的；

（2）网格结构有利于并行处理和增量更新；

（3）该方法的效率很高：STING 扫描数据库一次来计算单元的统计信息，因此产生聚类的时间复杂度是 O（n），n 是对象的数目。

缺点：在层次结构建立后，查询处理时间是 O（g），这里 g 是底层网格单元的数目，通常远远小于 n。由于 STING 采用了一个多分辨率的方法来进行聚类分析，STING 聚类的质量取决于网格结构的底层的粒度。如果粒度比较细，处理的代价会显著增加；但是如果网格结构底层的粒度太粗，将会降低聚类分析的质量。而且，STING 在构建一个父亲单元时没有考虑孩子单元和其相邻单元之间的关系。因此，所有的聚类边界或是水平的，或者是竖直的，没有斜的分界线。尽管该技术有快速的处理速度，但可能降低簇的质量和精确性。

参考文献

[1] K.P.Soman, Shyam Diwakar, V.Ajay.Insigh into Data Mining Theory and Practice [M].ChinaMachine Press,2009(1):209-242

[2] G. Patane, M. Russo. Fully Automatic Clustering System[J], IEEE Trans. NerualNetworks,2002, 13(6):1285-1298.

[3] 陈黎飞,姜青山,王声瑞.基于层次划分的最佳聚类数确定方法[J],软件学报, 2008, 19(1):62-72.

[4] 张莉,周伟达,焦李成.核距离算法[J].计算机学报,2002,25(6)：587-590.

[5] 吴斌,傅伟鹏,郑毅.一种基于群体只能的 Web 文档的聚类算法[J].计算机研究与发

展,2002,39(11)：1429-1435.

[6] 杨欣斌,孙京诰,黄道.一中金华聚类学习新方法[J].计算机工程与应用,2003, 15：60-62.

[7] 孙吉贵,刘杰.聚类算法研究[J].软件学报,2008.19(1)：48-61

[8] Nima Asgharbeygi,Arian Maleki.Geodesic K-means Clustering[M]. 2008 19th International Conference on Pattern Recognition,2008-December11.

[9] 黄韬,刘胜辉,谭艳娜.基于 k-means 聚类算法的研究[J].计算机技术与发,2011, 21(7).

[10] 李欣宇,傅彦.改进型的 k-mediods 算法[J].成都信息工程学院学报,20016, 21(4)：532-534.

[11] 朱晔,冯万兴,郭钧天,李雪皎,刘娟一种改进的 k-中心点聚类算法及在雷暴聚类中的应用[J].武汉大学学报,2015,61(5).

[12] Journal of Software, Vol.19, No.1, January 2008, pp.48−61.

[13] 金微,陈慧萍.基于分层聚类的 k-means 算法[J].河海大学常州分校学报,2007. 21(1).

[14] 蔡颖琨,谢昆青,马修军.屏蔽了输入参数敏感性的 DBSCAN 改进[J].北京大学学报, 2004,40(3)：480-486.

[15] 马帅,王滕蛟,唐世渭,等.一种基于参考点和密度的快速聚类算[J].软件学报,2003,14(6)：1089-1095.

第十章 高级算法分析

10.1 社交网络定义

10.1.1 社交网络的起源

在维基百科中，社交网络（Social Network）被定义为：由许多节点构成的一种社会结构。节点通常是指个人或组织，而社交网络代表着各种社会关系。在社交网络中，成员之间因为互动而形成相对稳定的关系体系，这种关系体系可以是朋友、同学关系，也可是生意伙伴关系或种族信仰关系。通过这些关系，社交网络把偶然相识的泛泛之交到紧密结合的家庭关系，再到社会活动中的各种人组织串联起来[1]。

根据百度百科的定义："社交网络即社交网络服务，源自于英文 SNS（Social Network Service）的中文翻译，也可以直译为社会性网络服务或社会化网络服务，意译为社交网络服务"。中文的网络含义包括硬件、软件、服务及应用，由于四字构成的词组更符合中国人的习惯，因此人们习惯上用社交网络来代指 SNS（Social Network Service）。

广义上讲，社交网络可以指通过某种方式连接在一起的任何对象及其对象之间关系的集合，包括传感器网络、通信网络、Internet 网络、航空网络、电站网络、学家合作网络、生物链网络、蛋白质网络等。狭义上讲，指的是建立在真实人际关系基础上、利用互联网技术方便人们进行交流、沟通、分享的网络服务或平台，包括邮件网络、电话网络、好友关系网络等。

10.1.2 在线社交网络的概念

随着互联网技术的飞速发展，人们将早期社会性网络的概念引入互联网，创立了面向社会性网络服务的在线社交网络（Social Network Services，SNS，翻译为社会性网络服务或社会化网络服务）。中文的网络含义包括硬件、软件、服务及应用，由于四字构成的词组更符合中国人的习惯，因此人们习惯上用社交网络来代指 SNS（Social Network Service）。

在线社交网络是一种在信息网络上由社会个体集合及个体之间的连接关系构成的社会性结构。这种社会性结构包括关系结构、网络群体与网络信息三个要素。

以国外的 Facebook（脸谱）、Google+（谷歌）以及国内的人人网、开心网、QQ空间等为代表的新一代社交网络进一步将线下的真实人际网络搬移到虚拟的网络世界中，消除了人们的沟通障碍，降低了人际关系的管理成本，得到了广泛的应用。在 Web 2.0 时代，"以用户为中心"的理念极大地激发了人们创新的热潮，人们越来越渴望发出自己的声音，以国外的 Twitter 以及国内的新浪微博、腾讯微博为代表的微博时代已经为广大用户所接受。通过微博，人们可以方便地获取的感兴趣的资讯，自由地发表看法、见解，与好友分享生活中的新鲜事和心情。这些平台中的内容由每位用户的参与而产生，参与所产生的个性化内容借助人们之间的分享，形成了现在的 Web 2.0 世界。

10.1.3 在线社交网络的特点

与传统的 Web 应用及信息媒体应用相比，在线社交网络主要具有以下新特点。

（1）迅捷性：信息发布和接收异常简便迅速。用户可通过手机和浏览器随时发布和接收信息。

（2）蔓延性："核裂变"式的信息传播。消息一经发布即被系统推送到所有关注者，一旦被其转发，又立即传播到下一批关注者，呈现"核裂变"式的几何级数扩散状态。

（3）平等性：每个人都有机会成为意见领袖。社交网络服务中的广大网民都有机会通过社交网络中消息的产生、传播环节生成重要作用。

（4）自组织性：呈现自媒体形态，能够快速形成虚拟社区。由于社交网络中的个体都具有提供、发布信息的手段和渠道，并依靠社交网络快速传播信息、快速形成网上的虚拟社区。

10.2 传统的情感分析技术

情感分析，又称为意见挖掘，是针对主观性信息进行分析、处理和归纳的过程。情感分析起源于自然语言处理领域，主要从语法、语义规则等方面对文本的情感倾向性进行研判。随着社交网络的兴起与迅速发展，情感分析逐渐涉及多个研究领域，如文本挖掘、Web 数据挖掘等，并延伸至管理学及社会科学等学科，并在产品评论、舆情监控、信息预测等多个领域发挥重要作用。

随着互联网的兴起，网络成为人们获取信息的重要媒介，新闻、报道等大量可利用数据给情感分析技术带来了新的突破，并逐渐形成了基于语义规则的情感分析技术和基于监督学习的情感分析技术。此时情感分析技术主要面向对象为新闻、报道等长文本，其重要特点在于语法规则完整，从而易于分析处理。随着 web2.0 的兴起与社交网络的发展，用户可以随意发表自己的观点意见，在丰富可利用语料库的同时，也给情感分析带来了诸多新问题与挑战。与新闻、报道等长文本相比，社交网络中的文本信息短，语法不规则、数据噪声大，同时充斥着大量网络流行用语，从而极大地增加了情感分析的难度。同时，社交网络中群体特征及存在于群体间的链接与互动特征，也给传统情感分析带来了新的研究领域。

10.2.1　意见定义及分类

我们首先定义情感分析中需要抽取的观点意见。

定义 1：（意见）一般采用四元组<g，s，h，t>来表示，其中 g 表示情感对象或目标，s 表示情感倾向性，h 表示观点持有者，t 表示时间。

情感倾向性 s，又称为情感极性，一般采用三元分类方法分为正面、中立、负面或者积极、中立、消极或者支持、中立、反对。

我们采用微博中针对 iPhone 手机的评价进行说明：

> **例 10-1：**用户 A：（1）我昨天买了 iPhone5。（2）它外观时尚、新潮，摄像头像素高，拍照质量好，我非常喜欢它。（3）但是我的同学 B 认为其虽然漂亮，但价格高，性价比低。——*2013 年 12 月 20 日*

在例 10-1 中，句子（1）属于客观描述句，表示作者购买手机的事实，不含有任何情感倾向。句子（2）属于针对 iPhone 的正面评价，观点持有者为用户 A。句子（3）为负面评价，但观点持有者为用户 B。评论的发表时间代表用户持有此观点的时间。从而我们可以抽取出如下两个意见：

> **例 10-2：**抽取例 1 中产品评论的意见，结果如下：
> 意见 1：=<iPhone 手机，正面，用户 A，2013 年 12 月 20 日>
> 意见 2：=<iPhone 手机，负面，用户 B，2013 年 12 月 20 日>

从而情感分析的主要任务为抽取评论中的意见，例如，从例 10-1 的评论中抽取出意见 1 和意见 2，具体表示为抽取意见中的评价对象、情感倾向性、观点持有者和评价时间。

从例 10-1 中我们可以看出，虽然用户 A 和用户 B 都是对 iPhone 手机做出的评价，但用户 A 更注重手机的外观和相机功能，而用户 B 更关心手机的价格，从而导致不同的情感倾向性。我们可以对评价对象进行更细致的分类。

2004 年引入实体[2]（entity）的概念。每个实体包含许多特征（feature）或刻面（aspect），用于表示产品的不同属性。如在例 10-1 中，iPhone 表示实体，其属性包含外观、质量、电池、价格等。从而引入实体概念后的需要抽取的情感评价对象不再是实体本身，而是实体的不同属性。可以将定义 1 做如下扩展：

定义 2：（基于实体的意见）采用五元组<e，a，s，h，t>来表示，其中 e 表示实体，a 表示实体的不同属性，s 表示情感倾向性，h 表示观点持有者，t 表示时间。

基于实体的情感分析，不仅仅需要抽取每个实体的情感倾向性，而且要针对实体的每个属性进行情感分析。引入实体概念后，例 1 中的意见可以扩展至如下：

例 **10-3**：　基于实体概念，抽取例 1 中的意见，结果如下：

意见 1：=<iPhone 手机，外观，正面，用户 A，2013-12-20>

意见 2：=<iPhone 手机，摄像，正面，用户 A，2013-12-20>

意见 3：=<iPhone 手机，价格，负面，用户 B，2013-12-20>

意见 4：=<iPhone 手机，性价比，负面，用户 B，2013-12-20>

引入实体概念后，给定待分析文档集合 D，情感分析主要包含如下任务：

任务 1：（实体抽取和分类）抽取文档集合 D 中的所有实体，并将实体进行分类或聚合。每个类别仅表示一个唯一实体。如实体 iPhone 手机。

任务 2：（属性抽取和分类）对于每个实体，抽取其每个属性特征，并进行分类或聚合。每个类别表示实体的一个唯一属性。如实体 iPhone 的外观、质量等属性。

任务 3：（观点持有者抽取）抽取定义 2 中每个意见的观点持有者。

任务 4：（时间抽取）抽取定义 2 中每个意见的评论时间或者观点持有者表达该观点的时间，并进行标准化，如将"昨天"等相对时间映射至标准时间等。

任务 5：（情感倾向性分析）抽取观点持有者对评价对象的情感倾向性，一般采用三元分类（如正面、中立、负面）或者数值评分（如 1~5 分）来表示。

其中，任务 5 情感倾向性分析是文本情感分析的最主要任务，本章主要介绍该任务的主要方法。在不引起冲突的前提下，本章常用术语及解释如表 10-1 所示。

表 10-1　常用术语及解释

术语名称	相似术语或解释
情感分析	又称意见挖掘
情感倾向性	又称情感极性
正面	表示情感倾向性为积极或支持
负面	表示情感倾向性为消极或反对
评价词	又称情感词,用于表达作者情感的词语或单元，如"美好""时尚"等

10.2.2 基于语义规则的情感分析技术

从词性的角度，名词多用于表示实体或者其特征属性，而形容词和副词多用于表达用户的情感观点，即评价词多由形容词或者副词构成。如果能获得所有评价词的情感极性，则很容易计算出作者的情感倾向性。如评论"iPhone 手机外观漂亮、新潮、个性、时尚"，可以看出作者所采用的表达自己观点的情感词"漂亮、新潮、个性、时尚"都是褒义词，从而很容易判断出作者的情感倾向性为正面。这种方法需要已经标注好的情感倾向性的情感词典做基础,我们称之为基于情感词典的方法。

基于情感词典的方法能初步判断文本的情感倾向性，但并非所有情况下都能适用，因为任何一个情感词典都不能包含所有的评价词，并且部分情感词在不同上下文环境中具有不同的情感极性。基于语义规则的情感分析技术在情感词典的基础上，通过语义规则计算评价词与情感词典中种子词的距离，从而达到情感分类的目的。

基于语义规则的情感分析技术本质上属于无监督学习算法，其典型算法为 Turney 在 2002 年提出的 SO-PMI 算法。其仅仅选择"excellent"与"poor"作为正面评价与负面评价的基准词，基于点互信息计算评价词与上述两个情感基准词的距离，从而达到情感分类的目的。其算法步骤如下：

Step1：抽取待分析文本中的评价词集合 W。抽取方式采用词性标注的算法，主要选择形容词和副词作为评价词。在此注意，评价词一般用于表达用户的情感倾向，但是在不同的上下文环境中具有不同倾向性。

Step2：选择"excellent"和"poor"作为基准词。对于每个情感词 $w_i \in W$，基于点互信息计算其语义倾向性：

$$SO(w_i) = PMI(w_i,\ \text{excellent}) - PMI(w_i,\ \text{poor})$$

其中点互信息 $PMI(word_1,\ word_2) = \log_2 \frac{p\ (word_1 \& word_2)}{p\ (word_1)\ p\ (word_2)}$

p（$word_1 \& word_2$）表示 $word_1$ 和 $word_2$ 同时出现的概率，p（$word_i$）表示词 $word_i$ 单独出现的概率。

Step3：计算句子的平均语义倾向性：

$$SO(W) = \frac{1}{|W|} \sum_{w_i \in W} SO\ (w_i)$$

如果 $SO(W) > 0$，表示情感极性为正面。反之，如果 $SO(W) < 0$ 表示句子情感极性为负面。

SO-PMI 算法采用点互信息衡量评价词与种子词的距离，其基本原理在于如果评价词与种子词的 PMI 值越大，则评价词与种子词同时出现的概率越大，从而两者更倾向于与其具有相同的情感极性。

算法举例：

例 10-4：　用户 A：①我昨天买了 iPhone5。②它外观时尚、新潮，摄像头像素高，拍照质量好，我非常喜欢它。③但是我同学 B 认为其虽然漂亮，但价格高、性价比低。——2013 年 12 月 20 日。

下面采用例 10-4 举例说明采用 SO-PMI 算法进行文本情感分析的步骤。

采用 SO-PMI 算法计算例 10-4 中文本情感倾向性。

1.首先采用词性标注方法对评论进行词性标注，并抽取评价词，如表 10-2 所示。

表 10-2　评价词

序号	评价词
语句 2	时尚、新潮、像素高、质量好
语句 3	漂亮、价格高、性价比低

2.基于产品评价语料，根据公式

$$PMI(word_1，word_2) = \log_2 \frac{p（word_1 \& word_2）}{p（word_1）p（word_2）}$$

计算每个评价词与"excellent"及"Poor"的点互信息。假设在 1000 篇语料库中，评价词及基准词的出现次数如表 10-3 所示：

此表 10-3 中交叉项表示词的共同出现次数，最后行和最后列表示单独出现次数。如时尚与 excellent 在 1000 篇评论中同时出现 57 次，与"poor"同时出现 3 次。同时，"时尚"单独出现 97 次，excellent 单独出现 137 次，poor 单独出现 102 次，从而

$$PMI（"时尚"，excellent）= \log_2 \frac{p（时尚，excellent）}{p（时尚）p（excellent）} = \log_2 \frac{0.057}{0.097*0.137} = 2.1007$$

$$PMI（"时尚"，poor）= \log_2 \frac{p（时尚，poor）}{p（时尚）p（poor）} = \log_2 \frac{0.003}{0.097*0.102} = -1.7216$$

从而SO(时尚) $= PMI(时尚，excellent) - PMI(时尚，poor) = 3.8223.$

同理，对于每个评价词，计算 SO-PMI 值如表 10-4：

表 10-3 评价词及基准词的出现次数

	Excellent	Poor	单独出现次数
时尚	57	3	97
新潮	37	1	122
像素高	23	2	85
质量好	28	4	76
漂亮	46	3	97
价格高	6	29	68
性价比低	1	52	79
（单独出现次数）	137	102	

表 10-4 计算 SO-PMI 的值

评价词			
时尚	2.1007	-1.7216	3.8223
新潮	1.1465	-3.6374	4.7839
像素高	0.9819	-2.116	3.0979
质量好	1.4272	-0.9546	2.3818
漂亮	1.7914	-1.7216	3.513
价格高	-0.6347	2.0639	-2.6986
性价比低	-3.436	2.69	-6.126

3.计算整体 SO 值。根据情感分析的粒度，我们可以计算评论的整体倾向性（篇章级情感分析）及每个语句的情感倾向性（语句级情感分析）。分别计算如下：

评论的情感倾向性：

$$SO(W) = \frac{1}{|W|} \sum_{w_i \in W} SO（w_i） = 1.2535 > 0$$

从而可以判断评论的整体极性为正面。

（1）语句 2 的情感倾向性：

$$SO(2) = \frac{1}{|W_2|} \sum_{w_i \in W_2} SO（w_i） = 3.5215 > 0$$

从而语句 2 为正面评价。

（2）语句 3 的情感倾向性：

$$SO(W_3) = \frac{1}{|W_3|} \sum_{w_i \in W_3} SO（w_i） = -1.7705 < 0$$

从而语句 3 为负面评价。

SO-PMI 首次采用无监督学习算法进行文本情感分析，并将其应用于汽车产品评价和电影评价领域。在汽车评论领域取得了 84% 的准确率，而在电影评价领域，准确率则为 66%。之后很多工作在此基础上进行了扩展。如 Ding（丁晓文）等人在 2008 年提出了一种基于整体词典进行意见挖掘的方法[3]。对于每个句子，其认为可能包含多个特征（feature）及多个情感词。对每个特征，采用如下公式判断其倾向性。

$$score(f) = \sum_{w_i:w_i \in s \cap w_i \in V} \frac{w_i.SO}{dis（w_i，\ f）},$$

其中 w_i 表示情感词，V 表示情感词的集合，$dis（w_i，f）$ 表示情感词 w_i 与特征 f 在句子中的距离，$w_i SO$ 表示情感词 w_i 的情感极性，如果为正面则为 1，负面为-1。从而对于特征 f，如果 $socre(f) > 0$，表示该文本中针对特征 f 的情感极性为正面。如果 $score(f) < 0$ 表示情感极性为负面。否则，表示中立。同时，其考虑了否定词及转折词提高判断句子极性的精度。针对否定词，其定义"否定词+否定=肯定" "否定词+肯定=否定" "否定词+中立=否定" 三类规则。对于转折词如"但是" "然而"等，则表示句子前后极性相反，从而达到提高判断文本极性的目的。

Kim and Hovy 在 2005 年 提出了一种基于 WordNet 语义距离收集情感词的方法[4]，其首先收集 34 个形容词和 44 个副词作为种子词，然后基于 WordNet 进行情感词的扩展。主要思想在于情感词的同义词或者反义词也是情感词语。从而对每个需要判断情感极性的词 w，采用

$$\text{argmax}_c P（c|w） \cong \text{arg max} P(c|syn_1，\ syn_2 \ldots syn_n）$$

判断词是否属于情感词。其中 c 表示目标类别（情感词或非情感词），w 为要

判断的词语，syn_i 表示 WordNet 中 w 的同义词或者反义词。根据贝叶斯公式，有：

$$argmax_c P(c|w) = argmax_c P(c)P(w|c)$$
$$= \text{argmax}_c P(c)P(syn_1,\ syn_2,\ syn_3,\ ...syn_n|c)$$
$$= \text{argmax}_c P(c)\prod_{k=1}^{m} P(f_k|c)^{count(f_k,\ synset(w))}$$

从而根据分类结果判断目标词是否为情感词。

10.2.3 基于监督学习的情感分析方法

基于监督学习的情感分析方法首先人工标注文本极性，并将其作为训练集，通过机器学习的方法构造情感分类器，实现对目标文本进行情感分类。

Pang 等人在 2002 年针对电影评价数据，首次将机器学习技术引入文本情感分析。其首先人工标注了 752 条负面评价和 1301 条正面评价作为训练集，分别采用朴素贝叶斯方法（Naïve Byes）、最大熵模型（Maximum Entropy）和支持向量机（Support Vector Machines）对目标文本进行情感分类。其结果表明，机器学习方法可以有效提高情感分析的精度。

1.朴素贝叶斯分类

定义 $d = \{f_1,\ f_2 \cdots f_n\}$ 表示文档，其中 f_i 表示文档的特征或者属性。c 表示文档的情感类别，采用 1 和 -1 表示，其中 1 表示情感倾向性为正面，-1 表示情感倾向性为负面。给定待判断情感倾向性的文档 d，朴素贝叶斯分类通过训练集计算后验概率分布，将后验概率最大的情感类别 c 作为文档 d 的情感倾向性。即

$$c = argmax_c P\ (c|d)$$

根据贝叶斯条件概率

$$P(c|d) = \frac{P(c)P\ (d|c)}{P\ (d)}$$

在此公式中 $P\ (d)$ 表示文档 d 出现的概率，由于 $P\ (d)$ 与文档 d 的情感类别 c 相互独立，从而不会对分类结果产生影响。假设 d 的特征属性 f_i 相互独立，从而条件概率

$$P(d|c) = P(f_1,\ f_2 \cdots f_n|c) = \prod_i P\ (f_i|c)$$

朴素贝叶斯方法通过训练集学习先验概率分布 $P\ (c)$ 及条件概率分布 $P\ (d|c)$，从而达到情感分类的目的，其算法步骤如下所示：

输入：标注情感类别的文档集合 $D = \{d_i,\ c_i\}$，表示文档 d_i 的情感倾向性为 c_i，c_i 取值集合为 1 或 -1。

输出：待分类文档 d 的情感类别

算法步骤：

Step1.计算先验概率$P（c）$及条件概率$P（f_i|c）$

$$P(c) = \frac{\#c}{N}$$

其中$\#c$表示D中情感倾向性为c的文档数目，N表示文档总数目。

$$P(f_i|c) = \frac{P（f_i，c）}{P（c）}$$

Step2.计算后验概率

$$P(c|d) \propto P(c)P(d|c) = P（c）\prod_i P（f_i|c）$$

Step3.选择最大化后验概率作为输出

$$c = argmax_c P（c|d）$$

我们以下面例子对利用朴素贝叶斯方法进行情感分类进行说明。在此，训练集仅包含 15 篇文档，每个文档包含两个特征f_1，f_2，f_i可以表示文档中包含的评价词，或者其他能表征作者情感倾向的属性，其取值为{0，1，2}，表示f_i在文档中出现的次数。c表示文档的情感倾向性，取值为{−1，1}，1 表示情感倾向性为正面，-1 表示情感倾向性为负面。在实际过程中，训练集的数目及特征数目等要比此大的多，我们在此仅举例说明贝叶斯算法用户情感分类的算法步骤。

例 10-5：假设训练集如表 10-5 所示。计算文档 d={1，0}的情感倾向性。

表 10-5 训练集

	1	2	3	4	5	6	7	8	9	10	11	12	13	14	15
	0	0	0	0	0	1	1	1	1	1	2	2	2	2	2
	0	1	1	0	0	0	1	1	2	2	2	1	1	2	2
c	-1	-1	1	1	-1	-1	-1	1	1	1	1	1	1	1	-1

解：Step1：计算先验概率和条件概率：

$$P(c = 1) = \frac{9}{15}, \qquad P(c = -1) = \frac{6}{15}.$$

$$P(f_1 = 0|c = 1) = \frac{2}{9}, \quad P(f_1 = 1|c = 1) = \frac{3}{9}, \quad P(f_1 = 2|c = 1) = \frac{4}{9}$$

$$P(f_2 = 0|c = 1) = \frac{1}{9}, \quad P(f_2 = 1|c = 1) = \frac{4}{9}, \quad P(f_2 = 2|c = 1) = \frac{4}{9}$$

$$P(f_1 = 0|c = -1) = \frac{3}{6}, \quad P(f_1 = 1|c = -1) = \frac{2}{6}, \quad P(f_1 = 2|c = -1) = \frac{1}{6}$$

$$P(f_2 = 0|c = 1) = \frac{3}{6}, \quad P(f_2 = 1|c = 1) = \frac{2}{6}, \quad P(f_2 = 2|c = 1) = \frac{1}{6}$$

Step2: 计算后验概率：

$$P(c = 1|d) = P(c = 1)P(f_1 = 1|c = 1)P(f_2 = 0|c = 1) = \frac{9}{15} \times \frac{3}{9} \times \frac{1}{9} = \frac{1}{45}$$

$$P(c = -1|d) = P(c = -1)P(f_1 = 1|c = -1)P(f_2 = 0|c = -1) = \frac{6}{15} \times \frac{2}{6} \times \frac{3}{6} = \frac{1}{15}$$

Step3: 将最大化后验概率作为输出：

$P(c = -1|d) > P（c = 1|d）$，从而文档d的情感类别为$c = -1$，即文档d为负面。

2.最大熵模型

最大熵原理是 1957 年由 E.T.Jaynes 提出的[5]，其主要思想是在只掌握关于未知分布的部分知识时，应选择符合这些条件的熵最大的概率分布。假设随机变量 X 的概率分布为P（X），则其信息熵定义为：

$$H(P) = -\sum_x P（x）logP（x）$$

可以证明信息熵满足不等式

$$0 \leq H(P) \leq \log_2 N$$

其中 N 表示 X 的可能取值个数。当且仅当 X 满足均匀分布时，右不等式取等号，即 X 满足均匀分布时，熵最大。

给定 X 分布的约束条件，满足该约束条件的 X 的概率分布有很多，每一种概率分布我们称之为一种模型。最大熵原理即为在满足约束条件的模型中选择熵最大的模型作为输出模型。

例 10-6： 计算信息熵

假设未知变量 X 的取值范围为{a，b，c，d，e，f，g，h}.

（1）当未知其他任何信息时，我们仅有约束条件

$$p(a) + p(b) + p(c) + p(d) + p(e) + p(f) + p(g) + p(h) = 1$$

满足此约束条件的 X 概率分布有很多，不同分布具有不同的信息熵，比如以下两个概率分布：

①当 X 满足均匀分布时，即$p(a) = p(b) = p(c) = p(d) = p(e) = p(f) = p(g) = p(h) = \frac{1}{8}$，则信息熵为：

$$H(P_1) = -8 \times \frac{1}{8}\log_2 \frac{1}{8} = 3$$

②当 X 满足概率分布$\{\frac{1}{2}，\frac{1}{4}，\frac{1}{8}，\frac{1}{16}，\frac{1}{64}，\frac{1}{64}，\frac{1}{64}，\frac{1}{64}\}$时，其信息熵为

$$H(P_2) = -\left(\frac{1}{2}\log_2 \frac{1}{2} + \frac{1}{4}\log_2 \frac{1}{4} + \frac{1}{8}\log_2 \frac{1}{8} + \frac{1}{16}\log_2 \frac{1}{16} + \frac{1}{64}\log_2 \frac{1}{64} + \frac{1}{64}\log_2 \frac{1}{64}\right.$$
$$\left. + \frac{1}{64}\log_2 \frac{1}{64} + \frac{1}{64}\log_2 \frac{1}{64}\right) = 2$$

从而$H(P_1) > H(P_2)$

（2）在约束 1 的基础上，我们增加其他约束条件时，比如

$$p(a) + p(b) = \frac{1}{2}$$

则现在满足上述条件的 X 取值概率同样有很多，当 X 在满足约束条件的前提下满足均匀分布时信息熵取得最大值，即 $P(X) = \{\frac{1}{4}, \ \frac{1}{4}, \ \frac{1}{12}, \ \frac{1}{12}, \ \frac{1}{12}, \ \frac{1}{12}, \ \frac{1}{12}, \ \frac{1}{12}\}$ 时具有最大熵为

$$H(P_3) = -\left(2 \times \frac{1}{4}\log_2 \frac{1}{4} + 6 \times \frac{1}{12}\log_2 \frac{1}{12}\right) = 2.79$$

而其他的概率分布信息熵都比此要小。

给定标注好文本极性的训练文档 D，我们可以从训练文档中抽取特征函数作为约束条件，定义

$$F_i（d，c）= \begin{cases} 1, & \text{如果满足} d \text{与 c 满足事实} \\ 0, & \text{否则} \end{cases}$$

则最大熵模型可以转换成为求解约束最优化问题，即

$$\max \ H\big(P（c|d）\big) = max -\sum_{c,\ d} \tilde{p}(d)p(c|d)\log p(c|d)$$

$$= min \sum_{c,\ d} p（c，d）\log p(c|d)$$

使得

$$\begin{cases} \displaystyle\sum_{c,\ d} p(c|d)\tilde{p}(d)F_i(d，c) = \sum_{c,\ d} \tilde{p}(c|d)\tilde{p}(d)F_i(d，c) \\ \displaystyle\sum_{c} p(c|d) = 1 \end{cases}$$

我们在此给出求解上述最优化问题的解，即最大熵模型的形式，具体推导过程读者可参考文献《浅谈最大熵模型》。最大熵模型形式如下：

$$P_{ME}(c|d) = \frac{1}{Z（d）}\exp\left(\sum_{i} \lambda_{i,\ c}F_{i,\ c}（d，c）\right)$$

其中

$$Z（d）= \sum_{c} \exp\left(\sum_{i} \lambda_{i,\ c}F_{i,\ c}(d，c)\right)$$

$\lambda_{i,\ c}$ 为模型参数。为求解最大化的模型参数，通常需要基于迭代的数值方法来求解，常用方法为 GIS（Generalized Iterative Scaling）算法和 IIS 算法（Improved

Iterative Scaling）算法。读者可参考文献进行详细解读。

3.支持向量机方法

支持向量机（support vector machines， SVM）是一种二类分类模型，其基本模型为定义在特征空间上的间隔最大化的线性分类器。给定特征空间，如果能找到分离超平面，能将特征空间的实例分到不同类别，则成为线性可分。分离超平面具有如下形式，其中表示法向量，表示截距。考虑如下二维空间的分类问题，我们称问题为线性可分，如果能找到直线将正例和反例两类数据正确划分。

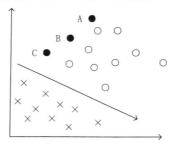

图 10-1 线性可分空间

显然，此分离超平面并不唯一。支持向量机采用间隔最大化求解最优化的分离超平面实现分类的目的。同样，问题转化成如下最优化问题

$$\min \frac{1}{2}||w||^2$$

使得对所有的训练结合

$$y_i(w \times x_i) + b - 1 \geq 0$$

采用支持向量机进行文本情感分类的算法步骤如下所示：

输入：标注情感类别的文档集合$D = \{d_i， c_i\}$，表示文档d_i的情感倾向性为c_i，c_i取值集合为 1 或-1.

输出：最大间隔分离超平面和分类决策函数

算法步骤：

Step1.构造并求解约束最优化问题

$$\min \frac{1}{2}||w||^2$$

使得

$$c_i(w \times d_i) + b - 1 \geq 0$$

求得最优解w^*，b^*;

Step2.构造分离超平面

$$w^* \cdot x + b^* = 0$$

及分类决策函数

$$f(d) = sign（w^* \cdot x）+ b^*$$

从而对于任何输入文档d，根据分类决策函数$f(d)$可判断d的情感倾向性。如果

$f(d) = 1$，则表示情感倾向性为正面，如果$f(d) = -1$，则表示情感倾向性为负面。

10.2.4 基于话题模型的方法

随着话题模型的逐渐兴起，很多学者将其应用到情感分析领域，分析用户对于社会中某个话题或者事件的情感态度。基于话题模型如 Probabilistic Latent Semantic Analysis（pLSA）模型[6]和 Latent Dirichlet allocation（LDA）模型[7]的基础上，增加情感词变量，从而同时识别出文档所谈论的话题以及作者的情感倾向性。上述 pLSA 模型和 LDA 模型属于贝叶斯生成模型，读者可参考《Pattern recognition and Machine Learning》进行详细解读。

Zhao 等人在 2010 年提出了基于最大熵 LDA 模型进行情感分析的方法，其在 LDA 模型的基础上进行改进，同时识别文本中的评价对象和评价词语。其生成模型如图 10-2 所示：

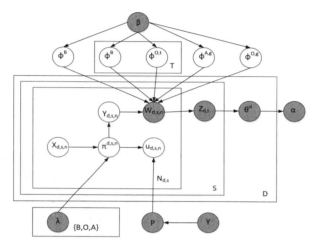

图 10-2　最大熵 LDA 模型

在此模型中，参数α为文档在话题上的狄利克雷先验分布；β为话题在词语上的狄利克雷先验分布。对于每一篇文档 d，其话题分布满足参数为，α狄利克雷分布$\theta^d \sim \text{Dir}(\alpha)$的对于每个话题，其分布与 LDA 模型中的分布相同，满足$z_{d, s} \sim \text{Mulit}(\theta^d)$。最大熵 LDA 模型根据参数$\beta$提出了四种不同的对象分布：background 模型ϕ^B, general aspect 模型$\phi^{A, g}$, T aspect 模型$\{\phi^{A, t}\}_{t=1}^T$及 T aspect-specific opinion 模型$\{\phi^{O, t}\}_{t=1}^T$。参数$y_{d, s, n}$用于表征词语的类别：background, aspect 还是情感 opinion，参数$u_{d, s, n}$表征词语是 general 还是 aspect-specific。最大熵模型用于训练模型参数$\pi^{d, s, n}$及$x^{d, s, n}$。其词语分布$w^{d, s, n}$满足如下分布

$$\omega(d,\ s,\ n) \sim \begin{cases} \text{Multi}(\emptyset^B), & if\ y_{d,\ s,\ n} = 0 \\ \text{Multi}(\emptyset^{A,\ z_{d,\ s}}), & if\ y_{d,\ s,\ n} = 1,\ u_{d,\ s,\ n} = 0 \\ \text{Multi}(\emptyset^{A,\ g}), & if\ y_{d,\ s,\ n} = 1,\ u_{d,\ s,\ n} = 1 \\ \text{Multi}(\emptyset^{O,\ z_{d,\ s}}), & if\ y_{d,\ s,\ n} = 2,\ u_{d,\ s,\ n} = 0 \\ \text{Multi}(\emptyset^{O,\ g}), & if\ y_{d,\ s,\ n} = 2,\ u_{d,\ s,\ n} = 1 \end{cases}$$

其中Multi（·）表示多项式分布。

然后可以根据评价词语的情感极性采用之前的基于语义规则的方法等判断作者对评价目标的情感倾向性。此方法的最大优点在与评价对象与评价词语可以同时抽取，从而提高了计算的效率。

除此之外还有很多基于话题模型的方法，如 Sauper 等在 2011 年提出了话题与情感的联合模型挖掘短文片段中的情感倾向性，其采用的话题模型包含隐马尔科夫模型（Hidden Markov Mode），从而又称为 HMM-LDA 模型。Mukherjee and Liu 在 2012 年提出基于半监督学习的混合模型，允许用户提供种子词语从而提高情感分析的精度。

10.2.5 情感摘要技术

情感摘要技术针对大量主题情感文档，自动分析，归纳情感分析结果供用户参考，从而节省用户翻阅相关文档的时间。情感摘要与传统多文档摘要技术具有很大的不同。传统多文档摘要主要目的在于从多文档中抽取话题和话题的主要内容，而情感摘要技术基于情感评价对象，针对某个话题或者产品进行情感信息归纳，并且具有明显的量化特征，比如针对某个产品，80%的文档为正面，20%的文档为负面信息。

Liu 在 2005 年首次提出情感摘要技术，并针对不同的产品属性，采用结构化进行展示。用户可以对不同产品的特征进行横向比较，从而根据需求做出最终决策。对产品集合 $P = \{P_1,\ P_2 \cdots P_n\}$，其中 P_i 表示一种产品。对每个产品 P_i，其对应一评论集合 $R_i = \{r_1,\ r_2 \cdots r_k\}$。对于每种特征 f，如果 r_i 显示包含特征 f，则称 f 为 r_i 中的显示特征，如果 r_j 不直接包含 f 但是隐含 f，则称 f 为 r_i 中的隐式特征。对每一种特征 f，定义 $Pset$ 为其正面意见集合，$Nset$ 为负面特征集合。从而情感摘要的任务可定义为，对于每一种产品 P_i 及其评论集合 R_i，挖掘评论中包含的显示特征和隐式特征，并对每个特征 f，抽取其正面评论和负面评论。

例 10-7：情感摘要可视化

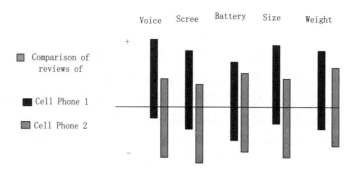

图 10-3　情感摘要结构化展示

此情感摘要可视化方法对产品的不同属性进行分别评分，并对不同的属性产生不同的情感摘要。图 10-3 中手机提供了声音、屏幕、电池、大小、重量等几个因素，根据用户评论的内容，挖掘出不同属性的情感倾向性程度，并极性标准化展示。

在情感摘要的抽取技术方面，Liu2005 采用监督关联规则挖掘的方法抽取产品特征。其首先人工标注特征训练集合，然后基于关联规则挖掘方法挖掘数据集中的频繁特征项，并进行后续人工提炼提高特征选择的精度。在此过程中，将隐式特征映射至显示特征。最后基于 Wordnet 语义将同义词特征进行合并，从而生成最终特征集合。对于每个特征，根据统计数据展示其正面和负面信息所占比例。

Lu2010 针对话题及其不同刻面提出了一种基于在线本体库抽取情感摘要的方法，其假设在线本体中已经包含话题的特征，从而着重解决两个问题：①如何从大量特征中选择有效特征；②如何对特征进行排序，从而有利于用户阅读。针对特征选择，其提出了基于集合大小的方法，基于意见覆盖的方法和基于条件熵的方法进行特征选择。对于特征排序问题，其根据文章中话题特征出现的顺序进行特征排序。定义需要排序的特征集合 $A' = \{A_i\}$，对于每个特征 A_i，其关联一系列相关的主观性语句 $S_i = \{S_{i1}, \ S_{i2} \cdots\}$，从而定义特征 A_i，A_j 的连贯顺序为：

$$Co(A_i, \ A_j) = \frac{\sum_{S_{i, \ k} \epsilon S_i, \ S_{j, \ t} \epsilon S_j} Co \ (S_{i, \ k}, \ S_{j, \ t})}{|S_i||S_j|}$$

对于特征集合 A'，定义最优化连贯度为：

$$\hat{\pi} \ (A') = \mathop{\arg\max}_{\pi \ (A', A_i, \ A_j \epsilon A', \ A_i < A_j)} \sum Co(A_i, \ A_j)$$

其中 $A_i < A_j$ 表示特征 A_i 在特征 A_j 之前。由于问题为 NP-hard 问题，从而采用贪心算法进行计算，得到特征的局部最优排序。

10.2.6 基于迁移学习机制的情感分析技术

文本情感分析算法具有很强的领域相关性，同一词语在不同领域具有不同的情感倾向性。从而通过迁移学习机制研究跨领域情感分类。

迁移学习将数据源分为源领域和目标领域。源领域往往具有大量的标注数据集，而目标领域往往没有或者只有少量的标注样本。迁移学习的目标在于通过源领域与目标领域的特征关联，将在源领域学习到的特征表示或模型直接应用到目标领域中。不同于传统机器学习方法，迁移学习不要求训练数据与测试数据服从相同的分布，从而能有效地在相似的领域或者任务之间进行信息共享和迁移。

我们将特征分为两种：领域相关（domain-dependent）特征词和领域独立特征词（domain-independent）。如果特征在源领域和目标领域都具有很高的排名（比如词频），说明特征词与领域无关，称为领域独立特征。如果特征词在源领域具有很强表征性，但在目标领域标示性很弱，说明特征词为领域相关特征词。Hui 在 2006 年 TREC 任务中使用简单的基于特征选择的迁移学习策略完成跨域的情感分析任务。其选择在产品评价和电影评价中都具有高排名的词语作为特征情感词，借助电影评价中 2041 正面评价和 2217 负面评价，成功对产品评价领域进行情感分类。

Blitzer 等人在 2007 年针对亚马逊中的不同产品类型：书、DVD、电子产品和厨具研究跨领域的情感分析技术，不仅采用迁移学习方法提高情感分析精度，同时研究源领域和目标领域的相关性，即给定目标领域，如何选择源领域使其具有最好的迁移学习效果。

在特征选择方面，Blitzer 在 2006 年提出结构相似学习算法（structural correspondence learning），其首先从源领域与目标领域选择一个中心特征，每个中心特征都在源领域与目标领域具有很强的表征性，即领域独立特征。然后利用这些特征词训练从初始特征空间到共享特征空间的映射。在映射特征空间，向量内积越大，表明相似性越高。Blitzer 在 2007 年对其算法进行了改进，提出了 SCL-MI 算法，在特征选择时，不仅考虑高频的领域独立特征词，同时考虑特征词与源领域标注标签上的信息，从而提高特征选择的有效性，进而提高目标领域中情感分析的精度。

Blitzer2007 基于 SCL 映射采用 $\mathcal{A}-distance$ 衡量源领域在目标领域的适用性。两个概率分布的 $\mathcal{A}-distance$ 定义为：

$$\mathrm{d}_{\mathcal{A}}\ (D,\quad D' = 2\ \sup_{A\in\mathcal{A}}|Pr_D[A]-Pr_{D'}[A]|$$

其只关心能够导致不同分类结果的特征词，而忽略源领域与目标领域的其他差异。

10.3 面向短文本的情感分析技术

随着 Twitter，Facebook，微博等社交网络的迅速发展，人们可以随时随地在网络上发表自己的观点意见。不同于传统新闻、报道等长文本，社交网络中文本短小，语法无规则性，并充斥大量噪声，针对社交网络中短文本的研究情感分析技术具有十分重要的意义。

Pak and Paroubek 采用表情符号进行训练集的收集，其在主观性表情符号的基础上，增加客观信息作为训练集，从而将模型推广至传统情感分析的三元分类。在情感分类方法上，采用朴素贝叶斯分类获取初步结果，并采用信息熵去除频繁出现的 $n-gram$ 词造成的影响达到提高分类结果的目的。

$$\text{entropy}(g) = \text{H}\big(p(S|g)\big) = -\sum_{i=1}^{N} p(S_i|g)\log p(S_i|g)$$

诸多社交网络媒体为用户开放了程度调用接口 application programming interface（API）以方便用户读取内容，如 Twitter，Facebook，新浪微博，腾讯微博等。用户可利用社交网络平台提供的搜索接口根据需要获取数据。根据表情符号收集数据为训练集省去了大量的人工标注工作，同时极大提高了训练集的数量规模。以下举例说明如何使用 Twitter 和新浪微博 API 获取情感训练集。

例 10-8：利用 API 获取情感文档训练集

（1）Twitter API（https://dev.twitter.com）

Twitter API 为用户提供了一系列的搜索规则方便用户快速搜索所需要的内容。采用":)"可搜索具有正面情感倾向性的文档，采用":("可以搜索具有负面情感倾向性的文档。用户可以同时结合文本内容获取需要的数据集：如

movie -scary :）　　　　　containing "movie"，but not "scary"，and with a positive attitude.

flight :（　　　　　　　containing "flight" and with a negative attitude.

（2）新浪微博 API

新浪微博提供了丰富的表情符号，并提供了专门的表情符号 API 供用户调用（http://open.weibo.com/wiki/2/emotions）。在新浪微博中，用户发博文时产生的表情符号转化为其对应的文本，并采用正则表达式"[**]"进行标示，如[哈哈]、[悲伤]、[欢乐]等，用户可以采用多关键字方式获取包含特定情感符号及文本内容的微博。

虽然利用表情符号收集训练集减少了人工标注成本，但同时给训练集带来了噪声，从而降低了训练数据的准确性。为此，Liu 等人在 2012 年研究了人工标注训练

集和依靠表情符号收集的训练集对情感分析结果的影响。令人工标注训练集合为A，依靠表情符号收集的训练集合为B。其采用概率模型对文本建模，并分别计算特征词在训练集A与训练集B中的情感分类概率，采用拉普拉斯平滑计算最终情感分类结果：

$$P_{co}(w_i|c) = \alpha P_\alpha(w_i|c) + （1-\alpha）P_u(w_i|c)$$

其中P_a（$w_i|c$）表示特征词w_i在人工标注训练集中的情感分类概率，P_u（$w_i|c$）表示特征词w_i在仅依靠表情符号收集的训练集中的情感分类概率，α表示平滑系数。实验结果表明，结合两类训练集可以有效提高情感分类结果的精度。

随着微博的兴起，针对短文本的情绪分析成为社交网络情感分析的一个重点。目前很多注重情感分析的评测会议如自然语言处理与中文计算会议（NLP&CC）、全国信息检索会议（COAE）等，都将作者的情绪分析作为重要部分。不同于传统的正面、中立、负面的三元情感分类，情绪评测采用更细粒度的情感分析模型，如NLP&CC2013将用户的情绪分为anger愤怒、disgust厌恶、fear恐惧、happiness高兴、like喜好、sadness悲伤、surprise惊讶七个类别。Zhang 2011采用情感向量模型表示社交网络中用户的多元化情感，并基于聚类构造情感向量的层次化结构。其算法步骤如下所示。

算法：层次化情感向量模型

Step1： 结合临床心理学中的情绪检测表，抽取能够表示情感的情感词初始化情感向量。

Step2： 对微博数据流进行监测，通过大规模语料库采用基于统计的方法，自动发现并吸收能够表示情感的网络新词，建立情感向量的自动学习及自动更新机制，保证情感向量的全面性。

Step 3： 采用自底向上的方法，基于分类和摘要建立情感向量的层次化结构。基于情感词的倾向性，对底层情感向量进行标注，建立倾向性分析层。

其最终建立的层次化情感模型如图10-4所示。

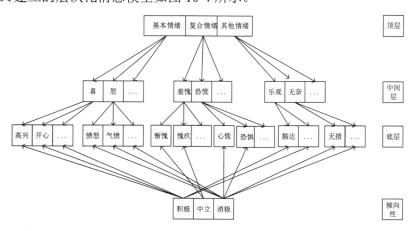

图10-4　层次化情感向量模型

基于情感向量的微博情感表示模型，能有效表示多元化情感进行表示。采用与临床心理学相结合的方法构建情感向量，并建立情感向量的自动更新机制，不仅具有一定的权威性，同时也保证了情感向量的全面性。采用自底向上的方法建立层次化结构，避免了情感向量的稀疏性。

在针对话题的情感分析方面，Wang 等人针对 Twitter 中的话题标签（hashtag），通过构造 hashtag-graph 模型在话题层次上进行情感分析。令 $HG = \{H，E\}$ 表示 hashtag-graph，其中 $\forall h_i \in H$ 表示标签，$e_k = \{h_i，h_j\} \in E$ 表示标签 h_i 与标签 h_j 出现在同一微博中。

例 10-9： 标签图模型如图 10-5。

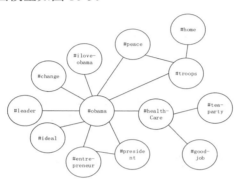

图 10-5 标签图模型

在标签图模型中，标签分为三种类型：

（1）话题标签，如#president，#healthcare 等。

（2）情感标签，如#ideal，#leader 等。

（3）情感话题标签，如#iloveobama 等。

标签之间存在链接表示标签出现在同一微博中。

给定标签图 HG，其主要任务在于对每个标签 $h_i \in HG$，标注其情感倾向性 $y_i \in \{pos，neg\}$。根据马尔科夫假设，每个标签的情感极性取决于包含其标签的微博极性及其邻居标签的极性。从而问题转化为最优化函数：

$$\log(\Pr(y|HG)) = \sum_{h_i \in H} \log(\emptyset_i(y_i|h_i)) + \sum_{(h_i，h_j) \in \varepsilon} \log\left(\psi_{i，j}(y_j，y_k|h_j，h_k)\right) - \log Z$$

其中 Z 为规则化因子。ϕ 函数及 ψ 函数如下定义：

$$\emptyset_i(y_i|h_i) = \sum_{\tau \in T_i} Pr_{y_i}（\tau）$$

$$\psi_{i，j}(y_j，y_k|h_j，h_k) = \frac{\#（h_j，h_k）}{\#（h_j）+ \#（h_k）} \cdot I_{y_j=y_k}$$

从而可以根据最终标签的情感分类结果对话题标签进行情感分类。

Bermingham and Smeaton 在 2010 年比较了支持向量机算法和多项式贝叶斯算法在长文本和 Twitter 短文本上的效果，实验表明在长文本数据集上，支持向量机算法的情感分类结果要好于贝叶斯分类，而在短文本数据集上，多项式贝叶斯算法效果更优。同时其指出，虽然类似 Twitter 等社交网络短文本中蕴含大量噪声信息，但在情感分析方面，短文本的情感分析比长文本的情感分析要简单容易。

10.4 社交网络群体行为

社交网络用户行为的研究主要基于两种思路展开：

一是将在线社交网络作为一种特定的信息技术，二是将在线社交网络视为提供各种服务和应用的平台。

在线社交网络中，群体用户间的互动是社交活动的最主要部分，也是信息能够得到有效传播的关键，研究用户群体互动行为特性无论是对于商业活动中的广告投放，还是对于危机管理中的舆论控制，都有着至关重要的意义。用户群体互动行为涉及互动对象的选择、互动内容的选择以及互动行为的时间特性。

10.4.1 群体互动的关系选择

关系选择是群体在互动过程中根据已有的历史交互记录，定性或定量地分析用户间的关系强度，依据关系强度选择互动对象。

Marlow 以 Facebook 研究对象，用一个月观察用户的使用情况，定义了相互联系的连接、单向联系的连接和保持关系的连接 3 种类型的连接[8]。

从关系强弱的视角，提出了一系列度量群体互动中的关系选择指标，其中，具有代表性的有 CN（Common Neigh-bors）指标、AA（Adamic-Adar）指标[9]。

CN 指标是基于局部信息的最简单的相似性指标，但是忽略了共同邻居节点的度中心性。

AA 指标是将共同邻居节点的度中心性纳入关系选择度量。

RA 指标[10]和 AA 指标的区别在于赋予共同邻居节点权重的方式不同，RA 指标中节点权重为节点度中心性的倒数，而 AA 指标取节点度中心性对数的倒数。实验结果表明，当网络的平均度中心性较小时，RA 指标与 AA 指标差别不大，但是当网络的平均度中心性较大时，RA 指标比 AA 指标优越。

10.4.2 群体互动的内容选择

群体互动时选择什么样的内容参与讨论、传播受很多因素的影响，主要有同质性、互惠性以及外部因素。

同质性是指具有相似兴趣爱好的用户选择彼此发布的信息内容进行互动，即所谓的"物以类聚，人以群分"。

互惠性[11]是指用户在社交网络上出于礼貌或习惯，选择其他用户发布的信息内容进行互动，也就是通常所说的"投桃报李"。

外部因素针对 YouTube 的视频传播，研究发现起决定性作用的是将内容曝光次数作为除同质性和互惠性之外的外部因素[12]。对于绝大多数的内容，其曝光次数为 2~4 次/小时，用户选择该内容的概率达到峰值，之后随着曝光次数的增加，用户选择该内容的概率呈下降趋势。

10.4.3　群体互动的时间规律

群体互动的时间规律体现了社交网络群体在互动过程中的时间特征，研究内容主要集中于分析行为发生的时间间隔分布[13]，研究方法主要是对大规模在线社交数据集的挖掘发现用户间的互动时间规律。

Barabasi 等构建的以最高优先权优先（Highest Priority First，HPF）为主，随机选择（Random Selection）为辅的行为决策策略的动力学模型，很好地解释了任务队长可变情形下任务的等待时间呈幂律分布的机理[14]。

Vázquez Alexei 等进一步研究了队长不可变和可变条件下的行为时间间隔分布特征，提出了幂指数分别为 1 和 1.5 的两种普适类观点。

Han 等根据个体参与活动的兴趣随时间的变化规律，建立了基于兴趣动机的在线社交网络上的行为动力学模型[15]，模型的解析结果表明，行为的时间间隔也服从幂律分布。

10.4.4　用户行为的模型研究

网络群体行为模型旨在描述网络群体行为形成和发展的过程，从中观尺度对网络群体的静态结构与动态行为进行抽象。

1.信息传播及观点交互模型

在社会关系网络上信息传播研究中，经典信息传播模型是 SIR（Susceptible Infective Removal）模型[16]和 SIS（Susceptible Infective Susceptible）模型[17]。

Moore 和 Newman 最早研究了基于小世界网络的 SIRS（Systemic Inflammatory Respon se Syndrome）模型[18]。

观点交互模型旨在描述一定的社会环境中个体通过观点交互形成和更新自身观点的规律，并在此基础上研究和解释群体观点信息的演化现象[19]。

信息传播模型着眼于群体行为在中观层面展现的整体效果，未特别关注个体观点交互的细节问题。现阶段信息传播模型通常是独立讨论的，与观点交互模型和群体结构模型结合来研究个体交互规则和不同群体结构给信息传播带来的不同结果，这是值得考虑的研究方向。

目前常用的观点交互模型有有限信任模型、演化博弈模型等。

Deffuant 模型[20]和 Krause-Hegselmann 模型[21]是有限信任模型的代表，描述了具有一定交互阈值的个体中的观点演化现象。

Deffuant 模型假设个体拥有在一定范围内使用连续实数值代表的观点，并在每一时间步长随机选取两个个体进行交互。当他们的观点差距小于某个阈值时，个体分别使用某个折中值来更新自身的观点。

在 Krause-Hegselmann 模型中，个体选择更新自身观点的折中值不仅受到双方观点值的影响，还受到个体间的权重值影响[22]。

Di Mare 和 Latora[23]在 2007 年首先提出了观点交互的博弈模型，研究了个体在交互中都倾向于说服对方而避免被对方说服的现象。该模型结合了有限信任模型的内容，定义了收益矩阵来描述用户的选择倾向，并且对不同的个体角色赋予不同的收益矩阵，称为 SO（Stubbornness-Orator）模型。该模型包括：Galam[24]提出的描述少数服从多数现象的 MajorityRule 模型，Nowak-Latane 的研究语言演化规律的模型[25]，Yang 等人[26]提出的一种考虑权重的 Voter 模型等。

2.群体行为演化模型

群体行为波动性、群体行为垄断性、群体行为合作密度和群体行为同步性等 4 个群体行为评价指标主要用来刻画群体行为演化过程所表现出来的特征。

群体行为中合作行为及其涌现现象得到深入研究，它是演化博弈研究的主要问题[27]。群体中的合作行为是指以自我利益最大化为目的个体构成的群体中通常会得到合作态占据多数的演化结果的现象[28]。

网络用户行为通常会表现出随机性，因此在描述用户行为的某些因素时，对各种行为进行某些随机假定是合理的。随着研究的深入，研究者们发现博弈模型在解决随机动态问题上的局限性，由此，将随机模型和演化博弈相结合[29]，为网络群体行为演化分析带来了新思路。

3.群体结构模型

个体间的交互关系可以表示一定的群体结构，而个体间的关系具有多种类型，每种关系对应着一个网络。社会关系网络是多种相互影响的关系所对应网络的非线性叠加，通常表示成多关系异质网络。

（1）连续场模型。场模型是 GIS（Geographic Information System）中用来描述空间地物和现象的一种主要方法。场模型考虑连续变化的空间，适合描述一些占据连续空间的现象，比如扩散过程。连续场模型的提出将群体运动重新定位在全局性控制的角度上[30]。

（2）人类动力学模型。社会关系网络中群体结构建模研究个体间多种交互关系对群体结构规则性的影响，这方面的研究被称为人类动力学。

（3）群体结构的特征现象。根据社会关系网络中节点的连接状况，研究人员发现在大量真实的复杂网络中，节点的度呈幂律分布（Power Law）[31]。 在这些网络结构中，极少数节点拥有非常大的连接数量，而绝大部分节点只有少量的连接。这些度数非常高的少数节点被称为 Hub，显然 Hub 的存在证实了网络社会中存在的不平等现象。一个常见的现象就是节点之间的聚集现象[32]。

10.5 用户偏好模型

目前，就用户偏好而言，获取偏好技术主要包括两大类：一类是数据挖掘技术；一类是上下文推理技术。

行为认知主要负责将获取的初始数据进行处理，通过对用户、文本信息分析，获取用户及文本特征，建立用户兴趣模型，为推荐层的协同推荐提供支撑。

研究现状：

（1）形式化的用户偏好模型[33]：该模型将用户偏好分为积极的偏好和消极的偏好。为了减少由于数据稀疏带来的噪声，采用了随机产状概率分布：帕累托分布。

（2）多目标决策分析技术（MCDA）[34]：它是一个完善的决策科学领域，其目的在于分析和构建决策者的价值体系。在他们的工作中，构建了一个混合的多用户模型，该模型将 MCDA 领域的技术和协同过滤的方法有效的结合，改善了简单的多级评分系统的性能。

（3）潜在分组模型[35]：该模型用来预测一个新文档的相关性。对用户和文档来说该模型假定了一个潜在的群体结构，然后用该模型与用户评分偏好模型进行对比实验，通过吉布斯抽样来评估这两个模型，实验结果显示新模型对于缺乏用户评分的文档来说，能够更加准确的预测用户的偏好。

（4）通过用户的直觉和用户之间的爱好行为建模来发现用户的兴趣偏好[36]。

（5）基于向量空间模型的用户偏好学习算法[37]：该算法应用于用户建模时的特征选择，提出了一种根据词性标注的信息将词频法与 TFIDF 方法相结合的特征选择方法。该算法能够实时动态的获取用户的兴趣需求，从而准确地给用户推荐其感兴趣的信息。

（6）基于用户行为分析的用户兴趣建模方法[38]：该方法在综合分析用户历史行为的基础上，考虑了不同用户的行为与用户兴趣偏向之间的关系。

（7）优化时间窗的用户兴趣漂移算法[39]：该算法利用分类错误率的变化来跟踪用户兴趣的漂移，当用户兴趣发生变化时，优化时间窗算法会自动调节时间窗的大小，进而达到调整用户兴趣模型的目的。

（8）长期模型和短期模型相结合的混合模型[40]：针对用户兴趣漂移问题，提出了一种正态分布密度曲线遗忘函数，短期模型采用最近最久未使用的滑动窗口算法进行更新，长期模型使用正态渐进遗忘算法进行更新。

（9）遗忘和重新激励用户偏好的算法（FRUP）[41]：该算法通过遗忘曲线跟踪用户的偏好，为了在不同的环境下更加精确地描述用户的偏好信息，将用户的偏好分为长期、中期和短期，并验证了该算法的自适应能力。

10.6 数据挖掘中的关联规则算法

数据挖掘（Data Mining）就是从大量的、不完全的、有噪声的、模糊的、随机的数据中，提取隐含的、人们事先不知道的、但有时潜在有用信息和知识的过程。

关联分析（Association Analysis）就是从给定的数据集中发现频繁出现的项集模式知识，又称为关联规则（Association Rules），广泛应用于市场营销、事务分析等领域。

关联规则最初动机是针对"购物篮"分析（Market Basket Analysis）问题提出的。假设分店经理想更多了解顾客的购物习惯，特别是，想知道哪些商品顾客可能会在一次购物时同时购买，可以对商店的顾客事物零售数量进行"购物篮"分析。该过程通过发现顾客放入"购物篮"中的不同商品之间的关联，分析顾客的购物习惯。

挖掘关联规则问题的本质实际上是在频繁集中发现符合最小可信度的规则，所以一般来说，挖掘关联规则主要是下列两个步骤：

（1）找出所有频繁集：发现满足最小支持度阈值的所有项集，即频繁项集。

（2）找出所有强关联规则：从上一步发现的频繁项目集中提取大于可信度阈值的规则，即强关联规则。

识别或发现所有频繁项目集是关联规则发现算法的核心。

10.6.1 关联规则的基本理论和概念

关联规则要处理的数据集的不同属性之间必然存在某种隐藏规律，这种规律可能是群体法则的，也可能是自然法则，关联规则就是将这种隐藏规律以数学的方式挖掘出来，一般将隐藏规律称之为规则。规则的一般表现形式是"如果...就会"如果..."表示的是事务发生的前提，"就会..."表示的是事务发生的结果。

对挖掘出来的关联规则进行优劣评价的指标主要有两条：支持度和可信度。在给出支持度、可信度的规范定义之前，首先需要对关联规则相关概念做出明确定义。

（1）项：对一个数据表而言，表的每个字段都具有一个或多个不同的值。字段的每种取值都是一个项（Item）。

（2）项集：项的集合称为项集（itemset）。包含 k 项的项集被称为 k-项集，k 表示项集中项的数目。由所有的项所构成的集合是最大的项集，一般用符号 I 表示。

（3）事务：事务是项的集合。本质上，一个事务就是事实表中的一条记录。事务是项集 I 的子集。事务的集合称为事务集。一般用符号 D 表示事务集/事务数据库。

设 $I=\{I_1, I_2, I_3, I_4, ..., I_n\}$ 为项目集合或项集，其中，I_K（$1<k<n$）是一个单独的项目，事务数据库 $D=\{T_1, T_2, \cdots, T_N\}$ 是由一系列具有唯一标识 TID 的事务

组成，其中，T_K（l<k<n）是一个单独的事务，且每个事务 T_I（I=1，2，…，n）都对应 I 上的一个子集。

如表 10-6 为一个事务数据库的表示形式：

表 10-6　某个事务数据库

TID	Items
T1	f, a, c, d, g, i, m, p
T2	a, b, c, f, i, m, o
T3	b, f, h, j, o
T4	b, c, k, s, b
T5	a, f, c, e, i, p, m, n

（4）关联规则：给定一个事务集 D，挖掘关联规则的问题就变成如何产生支持度和可信度分别大于用户给定的最小支持度和最小可信度的关联规则的问题。

（5）频繁项集：项集的出现频率是包含项集的事物数，简称项集的频率。项集满足最小支持度阈值 minsup，如果项集的出现频率大于或等于 minsup 与 D 中事物总数的乘积。满足最小支持阈值的项集就称为频繁项集 （或大项集）。频繁 k 项集的集合记为 L_k。

（6）关联规则的支持度：定义是在规则 A⇒B 中，A、B 都是两个事务集合，A 事务集合表示规则成立的条件，B 事务集合表示规则成立的结果，则该条规则的支持度可用概率 P（AB）表示，即：

support（A⇒B）=P（AB）=（包含 A 和 B 的元组数）/（元组总数）

（7）关联规则的可信度：定义是在规则 A⇒B 中，A、B 都是两个事务集合，A 事务集合表示规则成立的条件，B 事务集合表示规则成立的结果，则该条规则的可信度可用条件概率 P（B|A）表示。根据概率论的相关知识：

confidence（A⇒B）=P（B|A）=support（A⇒B）/support（A）

（8）强关联规则：从发现的频繁项集中提取大于可信度阈值的规则，即强关联规则。

10.6.2 Apriori 算法研究

1.Apriori 性质：

（1）频繁项集的所有非空子集都必须是频繁的。

If {beer， diaper， nuts} is frequent， so is {beer， diaper}

Every transaction having {beer， diaper， nuts} also contains {beer， diaper}

（2)任何非频繁项集的超级一定是非频繁的:非频繁项集的超级可以不用测试,

241

许多项之间的组合可以去掉（不满足频繁条件）。

2.Apriori 算法的基本思路：

Apriori 算法——挖掘单维布尔关联规则。

挖掘关联规则的重点在于第一步，产生所有频繁项集。 Apriori 算法是根据有关频繁项集性质的先验知识而命名的。该算法使用一种逐层搜索的迭代方法，利用 k-项集探索（k+1）-项集。

具体做法：对于所研究的事务数据库 D，首先找出频繁 1-项集的集合，记为 L_1；再用 L_1 找频繁 2-项集的集合 L_2 ；再用 L_2 找 L_3 …，如此下去，直到不能找到频繁 k-项集为止。找每一个 L_k 需要一次数据库扫描，这里用到了 Apriori 算法的性质：一个频繁项集的任一子集也应该是频繁项集。

3.Apriori 算法产生频繁项集的过程：

产生频繁项集的过程主要分为连接和剪枝两步：

（1）连接步：为找到 L_k（k>2），通过 L_{k-1} 与自身作连接产生候选 k-项集的集合，该候选项集的集合记作 C_k。执行 L_{k-1} 与 L_{k-1} 的连接：如果他们前（k-2）个项相同，则可连接。

（2）剪枝步：由 Apriori 的性质可知，频繁 k-项集的任何子集必须是频繁项集，由连接生成的集合 C_k 需要进行验证，去除不满足支持度的非频繁 k-项集。

4.Apriori 算法主要步骤：

（1）扫描全部数据，产生候选 1-项集的集合 C_1。

（2）根据最小支持度，由候选 1-项集的集合 C_1 产生频繁 1-项集的集合 L_1。

（3）对 k>1，重复执行步骤（4）（5）（6）。

（4）由 L_K 执行连接和剪枝操作，产生候选（k+1）-项集的集合 C_{k+1}。

（5）根据最小支持度，由候选（k+1）-项集的集合 C_{k+1}，产生频繁（k+1）-项集的集合 L_{k+1}。

（6）若 $L \neq \varnothing$，则 k=k+1，跳往步骤（4）；否则，跳往步骤（7）。

（7）根据最小可信度，由频繁项集产生强关联规则。

5.Apriori 算法实例分析

表 10-7 位某一超市销售事务数据库 D，在事物中有 9 笔交易。每笔交易都用唯一的标识符 TID 做标记，交易中的项按字典序存放，使用 Apriori 算法发现 D 中的频繁项集

表 10-7 某一超市销售事务数据库

TID	商品 ID 列表	TID	商品 ID 列表
T100	A，B，E	T600	B，C
T200	B，D	T700	A，C
T300	B，C	T800	A，B，C，E
T400	A，B，D	T900	A，B，C

T500	A，C			

超市中有五件商品可供顾客选择，即 I={A，B，C，D，E}，设最小支持度计数为 2，利用 Apriori 算法产生候选项集及频繁项集的过程如下所示：

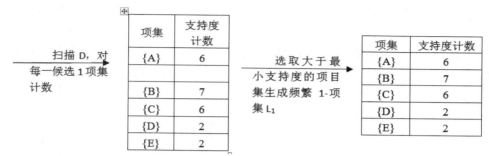

6.Apriori 算法流程图

由图 10-6 可以清楚地看到，Apriori.算法就是利用了 Apriori 性质在不断地对事务数据库进行迭代扫描，直至产生出最大频繁集的过程。

10.6.3　FP-tree 算法研究

FP-growth（frequent-pattern growth 频繁模式增长）是一种不同于 Apriori 算法生

成候选项集再检验是否频繁的"产生——测试"方法，而是使用一种称为频繁模式树（FP-tree）的紧凑数据结构组织数据，并直接从该结构中提取频繁项集。

其策略是将提供频繁项集的数据库压缩到 FP-tree 中，但仍保留项集关联信息；将这种压缩后的数据库（FP-tree）分成一组条件数据库（若干子树），每个数据库关联一个频繁项，并分别挖掘每个条件数据库（子树），从而获得频繁项。

由于 FP-growth 整个求解频繁模式是基于 FP-tree 的，因此首先研究 FP-tree。FP-growth 挖掘频繁模式的步骤主要分为 2 步：一是构建 FP-tree，二是对 FP-tree 的递归挖掘。

1.FP-tree 构建过程具体描述：

下面结合实例对 FP-tree 算法的运作流程进行详细说明：

生成目标数据集，设置关联规则最小的支持度计数为 2，如表 10-8 所示。

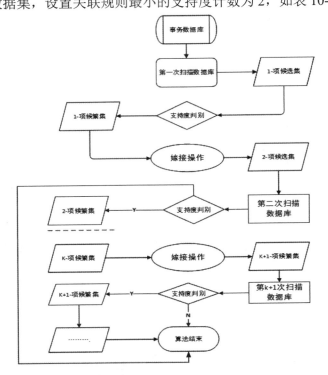

图 10-6　Apriori 算法流程图

表 10-8　某一事务数据库

TID	项集
T1	A，B，E
T2	B，D
T3	B，C

T4	A，B，D
T5	A，C
T6	B，C
T7	A，C
T8	A，B，C，E
T9	A，B，C

对事务数据库进行第一遍扫描,计算得出各项的支持度计数,结合最小支持度,最终生成一维的频繁项集。

A	B	C	D	E
6	7	6	2	2

将上一步生成的频繁项集按照支持度从大到小的顺序排列，得到一维的目标项集 N={{B:7}，{A:6}，{C:6}，{D:2}，{E，2}}。

B	A	C	D	E
7	6	6	2	2

重新调整事务数据库：

TID	项集
T1	B，A，E
T2	B，D
T3	B，C
T4	B，A，D
T5	A，C
T6	B，C
T7	A，C
T8	B，A，C，E
T9	B，A，C

接着开始构造 FP-tree，构造出树的根节点，并将其置为空。

然后开始进行最后一次的对数据事务库的扫描。事务数据库的每个事务中的项根据已经生成一维目标项集 N 中支持度按从大到小的顺序操作，每个事务都需要在根节点上构建出一条新的链接。

例如，扫描第一个事务"T1:A，B，E"包含三项，按 L 的顺序为"B，A，E"，将其中支持度最大 B 链接到 null 节点，顺序的将支持度其次的 A 作为 B 的子节点链接到一起，最后将 E 作为 A 的子节点链接起来，这样就构成了该事务在 FP-tree 中的映射关系，如图 10-7 所示。

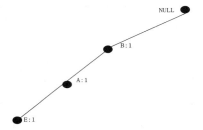

图 10-7   扫描第一个事物得到的结果

第二个事务 T2 包含项 B，D 两项，依据 N 中的顺序，应该重新建立新的 B 节点，作为 null 的子节点链接到一起，然而由于根节点的子节点中已经存在 B，所以不必重新建立新的子节点，而只是将节点 B 的支持度计数加 1，并创建一个新节点 D 作为 B 的子节点链接，并将新节点 D 的支持度技术置为 1 即可。该过程如图 10-8 所示。

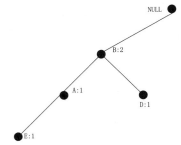

图 10-8   扫描第二个事物得到的结果

扫描第三个事务时，"T3:B，C"中 B 的操作如前一个事务的操作一样，只需要将 B 的支持度计数加 1，并在 B 节点处增加新的子节点 C，并将新增子节点 C 的计数置为 1。结果如图 10-9 所示。

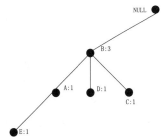

图 10-9   扫描第三个事物得到的结果

扫描到第 4 个事务"T4:A，B，D"时，需要按照降序排列的顺序，在 A 处增加链条指向新增子节点 D，将新增子节点的计数置为 1，同时将该事务中的前两项的支持度计数同时加 1，如图 10-10 所示。

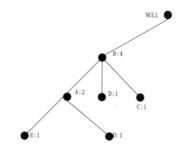

图 10-10　扫描第四个事物得到的结果

当扫描到事务数据库的第五个事务的时候情况比较特殊，"T5:A，C"该事物中两个项目 A 和 C 在已有 FP-tree 中并无任何一点与根节点相连，所以需要按照降序排列的顺序将 A 与根节点相连，形成新的分支，其方法与构建第一个事务时采取的操作是完全一样的，如图 10-11 所示。

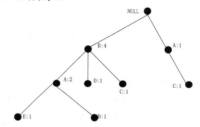

图 10-11　扫描第五个事物得到的结果

后面事务的增加方法与之前的几步基本相同，在此不做具体叙述，最终得到的 FP-tree 如图 10-12 所示。

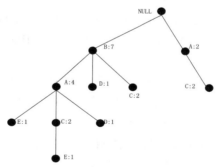

图 10-12　最终得到的 FP-tree

2.对 FP-tree 递归挖掘

挖掘 FP-tree 采用自底向上的迭代方式，为了之后对 FP-tree 的挖掘工作顺利，首先需要创建一张包含频繁集、支持度与节点链的对应表，每个频繁项的节点都应该顺序指向 FP-tree 中的该项节点，构成一个单向链接。扫描所有的事务之后得到的 FP-tree 在增加对应表之后如图 10-13 所示。通过把事务数据库中的频繁项映射到频繁模式树中，就不用未完成挖掘任务而对事务数据库多次进行读写操作，直接对已经构建好的 FP-tree 进行挖掘即可。

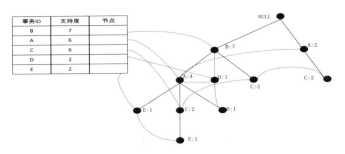

图 10-13　加入对应表的 FP-tree

接下来进入到 FP-tree 算法的第二部分，对已经构建好的 FP-tree 进行关联规则数据挖掘。挖掘的过程其实就是构建关联规则结果项对应的条件模式基和条件 FP-tree 的过程。

以上述实例为例，继续对 FP-tree 算法的挖掘进行说明。第一个需要考虑进行挖掘的项是在上一部分操作中完成最后支持度计数最小的一项。

在例子中 E 的支持度计数最小，首先查找以"E"为后缀的频繁项集，然后依次是"D""C""A""B"。

查找以"E"为后缀的频繁项集。E 的出现可以沿它的节点链找到。这些分枝形成的路径是<BAE:1>和<BACE:1>。考虑 E 为后缀，它的两个对应前缀是<BA:1> 和<BAC:1>，形成 E 的条件模式基。它的条件 FP-tree 只包含单个路径<B:2，A:2>；因为在构建条件 FP-tree 的时候仍然受到最小支持度的约束，所以不能把支持度为 1（小于最小支持度）的 C 项加入到条件 FP-tree 中。该单个路径产生频繁模式的所有组合：{BE:2}，{AE:2}，{BAE:2}。

查找以"D"为后缀的频繁项集。D 的两个前缀链接形成条件模式基为<（BA:1）>和<（B:1）>，产生的条件 FP-tree 包含单个路径<（B:2）>，并导出一个频繁模式{BD:2}。

查找以"C"为后缀的频繁项集。C 的两个前缀链接形成条件模式基为<（BA:2）>和<（B:2）>，产生的条件 FP-tree 包含单个路径<（B:4，A:2）>，并导出一个频繁模式{BC:4}，{AC:2}，{BAC:2}。

查找以"A"为后缀的频繁项集。A 的两个前缀链接形成条件模式基为<（B:4）>，产生的条件 FP-tree 包含单个路径<（B:4）>，并导出一个频繁模式{BA:4}。

具体的挖掘结果如表 10-9 所示。

表 10-9　数据挖掘产生的频繁模式集

项	条件模式基	条件 FP-tree	产生的频繁项集
E	{{BA:1}，{BAC:1}}	<B:2，A:2>	{BE:2}，{AE:2}，{BAE:2}
D	{{BA:1}，{B:1}}	<B:2>	{BD:2}
C	{{BA:2}，{B:2}，{A:2}}	<B:4，A:2>，<A:2>	{BC:4}，{AC:2}，{BAC:2}
A	{{B:4}}	<B:4>	{BA:4}

由表 10-9 中的频繁模式集可以推出相应的关联规则如下：

B⇒E；

A⇒E；

（A，B）⇒E；

B⇒D；

B⇒C；

A⇒C

（B，A）⇒C；

B⇒A

3.FP-tree 算法流程图

FP-tree 算法执行过程的流程图如图 10-14：

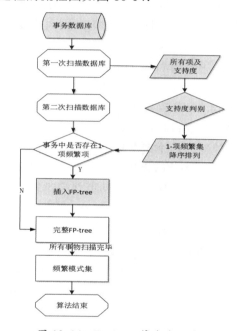

图 10-14　FP-tree 算法流程图

图 10-14 所示的是 FP-tree 算法的完整流程，从整个流程可以看出，该算法只对事务数据库进行了两次扫描，通过构建完整的 FP-tree，就可以得出最终的频繁模式集，进而得出关联规则挖掘结果。

10.7 基于链接分析的网页排序算法

随着网络信息量越来越大，如何有效地搜索出用户真正需要的信息变得十分重要。自 1998 年搜索引擎网站 Google 创立以来，网络搜索引擎成为解决上述问题的主要手段。

10.7.1 搜索引擎排序算法

搜索引擎排序算法，主要经历了三个阶段：

第一阶段，主要考虑关键词因素，统计关键词在文档中出现的频率和关键词在文档中出现的位置信息。词频位置加权算法是许多搜索引擎的核心排序算法，这类算法的代表为 TF-IDF。

第二阶段，考虑网页权重因素，网页本身的级别越高，在检索结果排序中越靠前。利用超链接分析，有效地计算网页的相关度与重要度，代表的算法有 PageRank，HITS 等。

第三阶段，有效利用用户日志数据与统计学习方法，使网页相关度与重要度计算的精度进一步提升，代表的方法包括排序学习、网页重要度学习、匹配学习、话题模型学习、查询语句转化学习。

超链接分析排序算法的思想起源于文献引文索引机制：一篇文章若被其他文章引用的次数越多或者被权威性的论文引用，则该文章被认为很有价值。超链接分析的思想与上述思想极为相似，一个网页被其他网页引用的次数越多，或者被某一权威性的网页所引用，该网页就显得越重要。

大部分链接分析算法建立在两个概念模型上：

（1）随机漫游模型：针对浏览网页用户行为建立的抽象概念模型，用户上网过程中会不断打开链接，在相互有链接指向的网页之间跳转，这是直接跳转，如果某个页面包含的所有链接用户都不感兴趣则可能会在浏览器中输入另外的网址，这是远程跳转。该模型就是对一个直接跳转和远程跳转两种用户浏览行为进行抽象的概念模型；典型的使用该模型的算法是 PageRank；

（2）子集传播模型：基本思想是把互联网网页按照一定规则划分，分为两个甚至是多个子集合。其中某个子集合具有特殊性质，很多算法从这个具有特殊性质的子集合出发，给予子集合内网页初始权值，之后根据这个特殊子集合内网页和其他网页的链接关系，按照一定方式将权值传递到其他网页。典型的使用该模型的算法有 HITS 和 Hilltop 算法。

从图 10-15 中可看出，在众多算法中，PageRank 和 HITS 算法可以说是最重要的两个具有代表性的链接分析算法，后续的很多链接分析算法都是在这两个算法基础上衍生出来的改进算法。

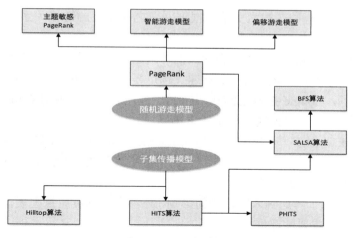

图 10-15　链接算法

10.7.2 PageRank 算法

互联网上的每一篇 html 文档都包含了大量的链接关系，直观地看，某网页 A 链向网页 B，则可以认为网页 A 觉得网页 B 有链接价值，是比较重要的网页。某网页被指向的次数越多，则它的重要性越高；越是重要的网页，所链接的网页的重要性也越高。

图 10-16　网页指向图

如图 10-17，链向网页 E 的链接远远多于链向网页 C 的链接，但是网页 C 的重要性却大于网页 E。这是因为网页 C 被网页 B 所链接，而网页 B 有很高的重要性。

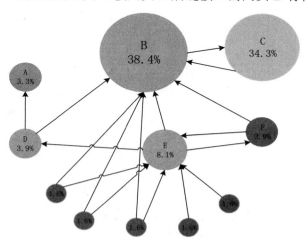

图 10-17　链接示意图

PageRank 是一种在搜索引擎中根据网页之间相互的链接关系计算网页排名的技术。

PageRank 是 Google 用来标识网页的等级或重要性的一种方法。其级别从 1 到 10 级，PR 值越高说明该网页越受欢迎（越重要），一般 PR 值达到 4，就算是一个不错的网站了。Google 把自己的网站的 PR 值定到 10，这说明 Google 这个网站是非常受欢迎的，也可以说这个网站非常重要。

PageRank 近似于一个用户，是指在 Internet 上随机地单击链接将会到达特定网页的可能性。通常，能够从更多地方到达的网页更为重要，因此具有更高的 PageRank。

1.基本概念与算法思想

PageRank 除了考虑到入链数量的影响，还参考了网页质量因素，两者相结合获得了更好的网页重要性评价标准。

对于某个互联网网页来说，该网页 PageRank 的计算基于以下两个基本假设：

（1） 数量假设：在 Web 图模型中，如果一个页面节点接收到的其他网页指向的入链数量越多，那么这个页面越重要。

（2）质量假设：指向页面 A 的入链质量不同，质量高的页面会通过链接向其他页面传递更多的权重。所以越是质量高的页面指向页面 A，则页面 A 越重要。

利用以上两个假设，PageRank 算法刚开始赋予每个网页相同的重要性得分，通过迭代递归计算来更新每个页面节点的 PageRank 得分，直到得分稳定为止。PageRank 计算得出的结果是网页的重要性评价，这和用户输入的查询是没有任何关系的，即算法是主题无关的。

PageRank 是基于从许多优质的网页链接过来的网页（必定还是优质网页）的回归关系，来判定所有网页的重要性如图 10-18。

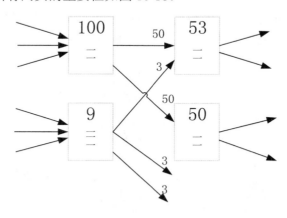

图 10-18　链接示意图

- 链入链接数 （单纯的意义上的受欢迎度指标）
- 链入链接是否来自推荐度高的页面 （有根据的受欢迎指标）
- 链入链接源页面的链接数 （被选中的几率指标）

PageRank 的计算充分利用了两个假设：数量假设和质量假设。步骤如下：

（1）在初始阶段：网页通过链接关系构 Web 图，每个页面设置相同的 PageRank 值，通过若干轮的计算，会得到每个页面所获得的最终 PageRank 值。随着每一轮的计算，网页当前的 PageRank 值会不断得到更新。

（2）在一轮中更新页面 PageRank 得分的计算方法：在一轮更新页面 PageRank 得分的计算中，每个页面将其当前的 PageRank 值平均分配到本页面包含的出链上，这样每个链接即获得了相应的权值。而每个页面将所有指向本页面的入链所传入的权值求和，即可得到新的 PageRank 得分。当每个页面都获得了更新后的 PageRank 值，就完成了一轮 PageRank 计算。

2.PageRank 算法步骤与实现

（1）用邻接矩阵来表示网页的连接状态。

计算公式　　　　　　　　　　　　$A=（1-d）×q+d×p$

A：网页的 PageRank 值

q：矩阵，每个值都为 1/m，表示每个网页都有 m 个链接出去的选择，概率为 1/m

p：概率转移矩阵

d：阻尼系数，$d×p$ 表示在随机模型中网页将自身的份额的 PageRank 值平均分给每个外链

（2）算法步骤

计算过程

①若网页 i 存在一个指向网页 j 的连接，则 $p_{ij}=1$，否则 $p_{ij}=0$；可以得到矩阵 p。

②然后将每一行除以该行数字之和。

③p=p'进行转置，即为概率转移矩阵。

④根据公式，计算 A 的初始值。

⑤Aa=a，令 a 的初始值为全 1 的列向量进行迭代，迭代结果的 a 即为相应的 PR 值。

⑥进行归一化。

（3）算法流程图如图 10-19.

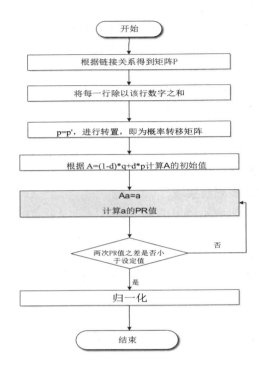

图 10-19　Pagerank 算法流程图

3.PageRank 算法评价

PageRank 优点：PageRank 算法是一个与查询无关的静态算法，所有网页的 PageRank 值通过离线计算获得；有效减少在线查询时的计算量，极大降低了查询响应时间。

PageRank 的缺点：

（1）过分相信链接关系。

（2）忽略了主题相关性，导致查询结果的相关性和主题性降低。

（3）旧的页面等级会比新页面高。

（4）没有区分站内导航链接。

（5）没有过滤广告链接和功能链接（例如常见的"分享到微博"）。

10.7.3 HITS 算法

HITS（Hyperlink-Induced Topic Search）算法是由康奈尔大学（ Cornell University ） 的 Jon Kleinberg 博士于 1997 年首先提出的基于链接分析的网页排名算法。

Hub 页面和 Authority 页面是 HITS 算法最基本的两个定义。Authority 页面，是指与某个领域或者某个话题相关的高质量网页，比如搜索引擎领域，Google 和百度首页即该领域的高质量网页，比如视频领域，优酷和土豆首页即该领域的高质量网页。Hub 页面，指的是包含了很多指向高质量"Authority"页面链接的网页，比如 hao123 首页可以认为是一个典型的高质量"Hub"网页。

HITS 算法的目的是通过一定的技术手段，在海量网页中找到与用户查询主题相关的高质量"Authority"页面和"Hub"页面，尤其是"Authority"页面，因为这些页面代表了能够满足用户查询的高质量内容，搜索引擎以此作为搜索结果返回给用户。

1.基本概念与算法思想

HITS 算法隐含并利用了两个基本假设：

基本假设 1：一个好的"Authority"页面会被很多好的"Hub"页面指向。

基本假设 2：一个好的"Hub"页面会指向很多好的"Authority"页面。

从以上两个基本假设可以推导出 Hub 页面和 Authority 页面之间的相互增强关系，即某个网页的 Hub 质量越高，则其链接指向的页面的 Authority 质量越好；反过来也是如此，一个网页的 Authority 质量越高，则那些有链接指向本网页的页面 Hub 质量越高。HITS 算法就是利用上面提到的两个基本思想，以及相互增强关系等原则进行多轮迭代计算，每轮迭代计算更新每个页面的两个权值，直到权值稳定不再发生明显的变化。

迭代计算方法为：

（1）页面 hub 值等于所有它指向页面的 authority 值之和。

（2）页面 authority 值等于所有指向它页面的 hub 值之和。

2.HITS 算法示例

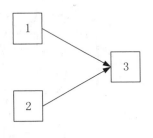

图 10-20　网页关系图

图 10-20 中共有 3 个网页，它们构成了一个有向图。我们设每个网页的初始 hub 值和 authority 值都为 1。记 $h(p)h(p)$ 为页面 pp 的 hub 值，$a(p)a(p)$ 为页面 pp 的 authority 值。则有 $h(1)=h(2)=h(3)=1h(1)=h(2)=h(3)=1$，$a(1)=a(2)=a(3)=1a(1)=a(2)=a(3)=1$。

HITS 算法的计算过程也是一个迭代的过程。在第一次迭代中，有：

$a(1)=0$，$a(2)=0$，$a(3)=h(1)+h(2)=2$(没有页面指向网页 1 和网页 2)

$h(1)=a(3)=2$，$h(2)=a(3)=2$，$h(3)=0$(网页 3 没有指向任何页面)

a(1)=0，a(2)=0，a(3)=h(1)+h(2)=2(没有页面指向网页 1 和网页 2)

h(1)=a(3)=2，h(2)=a(3)=2，h(3)=0(网页 3 没有指向任何页面)

这里就已经可以看出网页 3 是一个相对好的 authority 页面，而网页 1 和网页 2 是相对好的 hub 页面。其实到这里迭代也可以结束了，因为再迭代下去无非是 a(3)a(3)，h(1)h(1)与 h(2)h(2)的值不断增大，而哪个是 hub 页面，哪个是 authority 页面并不会改变。

3.HITS 算法步骤与实现

第一步：根集合。

将查询 q 提交给基于关键字查询的检索系统，从返回结果页面的集合总取前 n 个网页（如 n=200），作为根集合（root set），记为 root，则 root 满足：

（1）root 中的网页数量较少。

（2）root 中的网页是与查询 q 相关的网页。

（3）root 中的网页包含较多的权威（Authority）网页。

这个集合是个有向图结构：

第二步：扩展集合 base。

在根集 root 的基础上，HITS 算法对网页集合进行扩充（如图 10-21）集合 base，扩充原则是：凡是与根集内网页有直接链接指向关系的网页都被扩充到集合 base，无论是有链接指向根集内页面，或者是根集页面有链接指向的页面，都被扩充进入扩展网页集合 base。HITS 算法在这个扩充网页集合内寻找好的"Hub"页面与好的"Authority"页面。

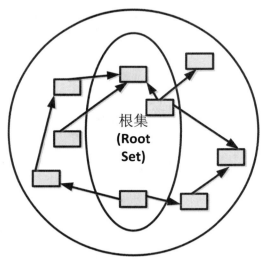

图 10-21　根基与扩展集

第三步：计算扩展集 base 中所有页面的 Hub 值（枢纽度）和 Authority 值（权威度）。

（1）分别表示网页结点 i 的 Authority 值（权威度）和 Hub 值（中心度）。

（2）对于"扩展集 base"来说，我们并不知道哪些页面是好的"Hub"或者好的"Authority"页面，每个网页都有潜在的可能，所以对于每个页面都设立两个权值，分别来记载这个页面是好的 Hub 或者 Authority 页面的可能性。在初始情况下，在没有更多可利用信息前，每个页面的这两个权值都是相同的，可以都设置为 1，即：

（3）每次迭代计算 Hub 权值和 Authority 权值

网页 a（i）在此轮迭代中的 Authority 权值即为所有指向网页 a（i）页面的 Hub 权值之和：

$$a （i） = \Sigma h （i） ；$$

网页 a（i）的 Hub 分值即为所指向的页面的 Authority 权值之和：

$$h （i） = \Sigma a （i）$$

（4）对 a（i）、h（i）进行规范化处理

将所有网页的中心度都除以最高中心度以将其标准化：

$$a （i） = a （i） /|a （i）|$$

将所有网页的权威度都除以最高权威度以将其标准化：

$$h （i） = h （i） / |h （i）|$$

（5）如此不断地重复第（4）：上一轮迭代计算中的权值和本轮迭代之后权值的差异，如果发现总体的权值没有明显变化，说明系统已进入稳定状态，则可以结束计算，即 a（u），h（v）收敛。

4.HITS 算法流程图，如图 10-22。

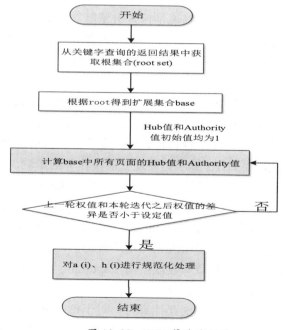

图 10-22　HITS 算法流程图

5.HITS 算法评价

HITS 优点：HITS 算法整体而言是个效果很好的算法，目前不仅应用在搜索引擎领域，而且被"自然语言处理"以及"社交分析"等很多其他计算机领域借鉴使用，并取得了很好的应用效果。

HITS 缺点：（1）计算效率较低：因为 HITS 算法是与查询相关的算法，所以必须在接收到用户查询后实时进行计算，而 HITS 算法本身需要进行很多轮迭代计算才能获得最终结果，这导致其计算效率较低。

（2）主题漂移问题：如果在扩展网页集合里包含部分与查询主题无关的页面，而且这些页面之间有较多的相互链接指向，那么使用 HITS 算法很可能会给予这些无关网页很高的排名，导致搜索结果发生主题漂移，这种现象被称为"紧密链接社区现象"。

（3）易被作弊者操纵结果：HITS 从机制上很容易被作弊者操纵，比如作弊者可以建立一个网页，页面内容增加很多指向高质量网页或者著名网站的网址，这就是一个很好的 Hub 页面，之后作弊者再将这个网页链接指向作弊网页，于是可以提升作弊网页的 Authority 得分。

（4）结构不稳定：所谓结构不稳定，就是说在原有的"扩充网页集合"内，如果添加删除个别网页或者改变少数链接关系，则 HITS 算法的排名结果就会有非常大的改变。

10.7.4 比较 PageRank 算法和 HITS 算法

HITS 算法和 PageRank 算法可以说是搜索引擎链接分析的两个最基础且最重要的算法。两者都利用了特征向量作为理论基础和收敛性依据，这也是超链接环境下此类算法的一个共同特征。但两种算法也有明显的不同点，下面着重阐述两种算法的不同点。

（1）权值传播类型方面：PageRank 算法基于随机冲浪（Random Surfer）模型，将网页权值直接从 authority 网页传递到 authority 网页；而 HITS 算法则是将 authority 网页的权值经过 hub 网页的传递进行传播。从链接反作弊的角度来看，PageRank 从机制上优于 HITS 算法，而 HITS 算法更易遭受链接作弊的影响。

（2）算法思想方面：HITs 的原理如前所述，其 authority 值只是相对于某个检索主题的权重，因此 HITS 算法也常被称为 query—dependent 算法。而 PageRank 算法独立于检索主题，因此也常被称为 query—independent 算法。

（3）运算效率方面：HITS 算法因为与用户查询密切相关，所以必须在接收到用户查询后实时进行计算，计算效率较低；而 PageRank 则可以在爬虫抓取完成后离线计算，在线直接使用计算结果，计算效率较高。

（4）处理机制方面：HITS 算法在计算时，对于每个页面需要计算两个分值，而 PageRank 只需计算一个分值即可；在搜索引擎领域，更重视 HITS 算法计算出的

Authority 权值，但是在很多应用 HITS 算法的其他领域，Hub 分值也有很重要的作用。

（5）处理的数据量及用户端等待时间方面：表面上看，HITS 算法对需排序的网页数量需求较小，所计算的网页数量一般为 1000 至 5000 个，但由于需要从基于内容分析的搜索引擎中提取根集并扩充基本集，这个过程需要耗费相当的时间，而 PageRank 算法表面上看，处理的数据数量上远远超过了 HITS 算法。

（6）稳定性方面：HITS 算法结构不稳定，当对"扩充网页集合"内链接关系作出很小改变，则对最终排名有很大影响；而 PageRank 相对 HITS 而言表现稳定，其根本原因在于 PageRank 计算时的"远程跳转"。

（7）处理对象方面：HITS 算法存在主题泛化问题，所以更适合处理具体化的用户查询；而 PageRank 在处理宽泛的用户查询时更有优势。

（8）具体应用方面：PageRank 更适合部署在服务器端，而 HITS 算法更适合部署在客户端。

参考文献

[1] Ernst CP H,Pfeiffer J,Rothlauf F.The Influence of Perceived Belonging on Social Network Site Adoption[C]//Proceedings of the Nineteenth Americas Conference on Information Systems（ACIS 2013）, Chicago, Illinois, USA:1-10.

[2] Liu,Bing.Sentiment analysis and opinion mining[M].Synthesis Lectures on Human Language Technologies 5.1 （2012）: 1-167.

[3] Ding, Xiaowen, Bing Liu, and Philip S. Yu. aholistic lexicon-based approach to opinion mining[C]. In Proceedings of the conference on Web Search and Web Data mining （WSDm-2008）.

[4] Kim,S.M.and E. Hovy.Automatic Detection of Opinion Bearing words and Sentences[C].Companion Volume to the Proceedings of IJCNLP-05.2005:6l-66.

[5] Pang,Bo,and Lillian Lee. "Opinion mining and sentiment analysis[M]."Foundations and trends in information retrieval 2.1-2 （2008）: 1-135.

[6] Hofmann,Thomas.Probabilistic latent semantic indexing.In Proceedings of conference .on uncertainty in artificial intelligence （uai-1999）. 1999

[7] Blei,David M.,Andrew Y.Ng, and Michael I.Jordan.Latent dirichlet allocation.the Journal of machine Learning research 3 （2003）: 993-1022.

[8] Liu W P,Lv L. Link prediction based on local random walk[J].Europhysics Lett- ers, 2010,89（5）:58007

[9] Adamic L A,Adar E. Friends and neighbors on the web [J].Social Networks,2003,

25（3）:211-230.

[10] Zhou Tao，Lü，L.，and Zhang，Y.-C.: 'Predicting missing links via local informat-ion'，The European Physical Journal B，2009，71，(4)，pp. 623-630.

[11] Kwak H, Lee C, Park H, et al. What is Twitter, a social network or a news media[C]. //Proceedings of the 19th international conference on World wide web. ACM, 2010: 591-600.

[12] Riley C, Didier S. Robust dynamic classes revealed by measuring the response function of a social system.[J]. Proceedings of the National Academy of Sciences of the United States of America, 2008, 105(41):15649-15653.

[13] Yan Q, Wu L, Zheng L. Social network based microblog user behavior analysis[J]. Physica A Statistical Mechanics & Its Applications, 2013, 392（7）:1712-1723.

[14] Albert-László B. The origin of bursts and heavy tails in human dynamics.[J]. Nature, 2005, 435（7039）:207-211.

[15] Han X P,Zhou T,Wang B H. Modeling Human Dynamics with Adaptive Interest[J]. New Journal of Physics,2008,10（13）:1983-1989.

[16] Sobkowicz P. Modelling Opinion Formation with Physics Tools: Call for Closer Link with Reality[J]. Journal of Artificial Societies & Social Simulation, 2009, 12(12):11.

[17] Guillaume Deffuant, David Neau, Frederic Amblard, et al. Mixing beliefs among interacting agents[J]. Advances in Complex Systems, 2000, 3（1n04）:87-98.

[18] Amblard F, Deffuant G, Weisbuch G. How Can Extremism Prevail? a Study Based on the Relative Agreement Interaction Model[J]. Journal of Artificial Societies & Social Simulation, 2002, 5(4):1.

[19] Di Mare A, Latora V. Opinion formation models based on game theory[J]. International Journal of Modern Physics C, 2007, 18(09): 1377-1395.

[20] Kacperski K, Hołyst J A. Phase transitions as a persistent feature of groups with leaders in models of opinion formation[J]. Physica A Statistical Mechanics & Its Applications, 2000, 287(3):631-643.

[21] Han-Xin Y, Zhi-Xi W, Changsong Z, et al. Effects of social diversity on the emergence of global consensus in opinion dynamics.[J]. Physical Review E Statistical Nonlinear & Soft Matter Physics, 2009, 80(4).

[22] Hunter M G,Stockdale R.Taxonomy of Online Communities:Ownership and Value Propositions[C]//Proceedings of the 42nd Hawaii International Conference on System Sciences.IEEE Computer Society, 2009:1-7.

[23] Szabó G, Fath G. Evolutionary games on graphs[J]. Physics reports, 2007, 446（4）: 97-216.

[24] Treuille A, Cooper S, Popović Z. Continuum crowds[C]//ACM Transactions on

Graphics （TOG）. ACM, 2006, 25（3）: 1160-1168.

[25] Saramäki J, Onnela J P. Structure and tie strengths in mobile communication networks[J]. Proceedings of the National Academy of Sciences, 2007: 7332-7336.

[26] Balcan D, Colizza V, Gonçalves B, et al. Multiscale mobility networks and the spatial spreading of infectious diseases[J]. Proceedings of the National Academy of Sciences, 2009, 106(51): 21484-21489.

[27] Hofbauer J, Sigmund K. Evolutionary game dynamics[J]. Bulletin of the American Mathematical Society, 2003, 40（4）: 479-519.

[28] Traulsen A, Santos F C, Pacheco J M. Evolutionary Games in Self-Organizing Populations[M]// Adaptive Networks. Springer Berlin Heidelberg, 2009:253-267.

[29] Santos F C, Rodrigues J F, Pacheco J M. Graph topology plays a determinant role in the evolution of cooperation[J]. Proceedings of the Royal Society of London B: Biological Sciences, 2006, 273(1582): 51-55.

[30] Hierarchical Stochastic Game Nets Model[C]//GLOBECOM. 2009: 1-6.Wang Y, Lin C, Wang Y, et al. Security analysis of enterprise network based on stochastic game nets model[C]//Communications, 2009. ICC'09. IEEE International Conference on. IEEE, 2009: 1-5.

[31] Wang Y, Li J, Meng K, et al. Modeling and security analysis of enterprise network using attack–defense stochastic game Petri nets[J]. Security and Communication Networks, 2013, 6（1）: 89-99.

[32] Riley C, Didier S. Robust dynamic classes revealed by measuring the response function of a social system.[J]. Proceedings of the National Academy of Sciences of the United States of America, 2008, 105（41）:15649-15653.

[33] Jung S Y, Hong J H, Kim T S. A Formal Model for User Preference[C]// Proceedings of the 2002 IEEE International Conference on Data Mining.IEEE Computer Society, 2002:235-235.

[34] Lakiotaki K, Matsatsinis N F, TsoukiàS A. Multicriteria User Modeling in Recommender Systems[C]// In Proceedings of IEEE Intelligent Systems. 2011:64 - 76.

[35] Savia E, Kai P, Kaski S. Latent grouping models for user preference prediction[J]. Proceedings of the Uai, 2009, 74(1):75-109.

[36] García J M, Ruiz D, Ruiz-Cortés A. A Model of User Preferences for Semantic Services Discovery and Ranking[M]// The Semantic Web: Research and Applications. Springer Berlin Heidelberg, 2010:1-14.

[37] 林霜梅,汪更生,陈弈秋. 个性化推荐系统中的用户建模及特征选择[J].计算机工程,2007, 33（17）: 196-198.

[38] 杨继萍,王跃,高雪松.个性化流媒体服务中基于行为分析的用户兴趣建模[J].计算机应用与软件, 2011, 28（8）: 247-250.

[39] 费洪晓,戴弋,穆珺,等. 基于优化时间窗的用户兴趣漂移方法[J].计算机工程, 2008, 34（16）：210-211.

[40] 郭新明,弋改珍.混合模型的用户兴趣漂移算法[J].智能系统学报,2010, 5（2）：181-184.

[41] Zhou B, Zhang B, Liu Y, et al. User Model Evolution Algorithm: Forgetting and Reenergizing User Preference[C]// 2011 IEEE International Conferences on Internet of Things, and Cyber, Physical and Social Computing. IEEE Computer Society, 2011:444-447.

[42] 范聪贤,徐汀荣,范强贤.Web 结构挖掘中 HITS 算法改进的研究[J]. 微计算机信息，2010,（3）.

[43] 何晓阳,吴强,吴治蓉.HITS 算法与 PageRank 算法比较分析[J].情报杂志,2004（2）.